無敵のバイオテクニカルシリーズ

改訂 細胞培養入門ノート

著／井出利憲, 田原栄俊

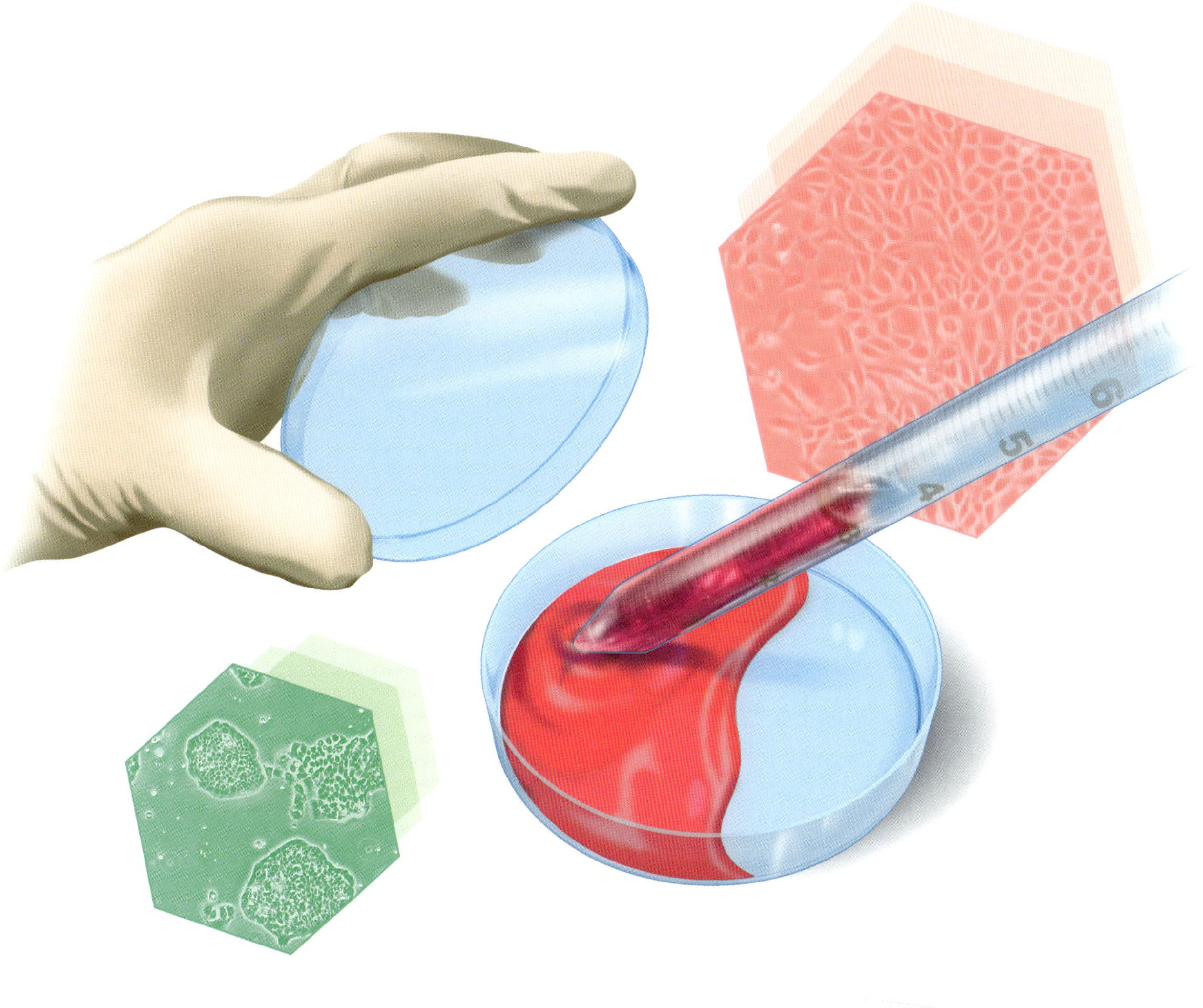

【注意事項】本書の情報について ──────────────────────────────
　本書に記載されている内容は，発行時点における最新の情報に基づき，正確を期するよう，執筆者，監修・編者ならびに出版社はそれぞれ最善の努力を払っております．しかし科学・医学・医療の進歩により，定義や概念，技術の操作方法や診療の方針が変更となり，本書をご使用になる時点においては記載された内容が正確かつ完全ではなくなる場合がございます．また，本書に記載されている企業名や商品名，URL等の情報が予告なく変更される場合もございますのでご了承ください．

❖ 本書関連情報のメール通知サービスをご利用ください

メール通知サービスにご登録いただいた方には，本書に関する下記情報をメールにてお知らせいたしますので，ご登録ください．
・本書発行後の更新情報や修正情報（正誤表情報）
・本書の改訂情報
・本書に関連した書籍やコンテンツ，セミナーなどに関する情報
※ご登録の際は，羊土社会員のログイン／新規登録が必要です

ご登録はこちらから

改訂版　序

　生命科学教科書の多くの領域が，細胞培養を用いた研究成果で満ち溢れている．これは，生命科学の研究分野で細胞培養が汎用されていることの反映であり，最近の例では，iPS細胞の研究でも培養技術が使われている．

　1999年の第1刷から2009年の第9刷まで，本書の初版はおよそ1年に1刷のペースで増刷を続けた．さまざまな実験技術が日進月歩するなかで，本書が長い間支持され続けたのは，初心者のニーズに応える優れた内容であったためとの自負もあるが，細胞培養に関する最も基本的な技術の領域には変化が小さかったためでもあろう．とはいえ，当時は常識であった方法が最近では使われなくなったり，逆に今では常識として加えておくことがあるなど，見直しを要する部分が出てきたので改訂版を出すことにした．ただ，「車を発進・停車させる初歩だけを懇切丁寧に教える」という初心者向けの基本線にはいささかの変更もないので，本書の目的・狙いについては初版の序を再掲した．なお，改訂版の1つの試みとして，実験操作の動画を羊土社実験医学OnlineのPodcastで提供することとした（http://www.yodosha.co.jp/jikkenigaku）．初心者への技術指導には動画が大きな参考になると期待しており，ご利用頂ければ幸甚である．

　初版の著者であった井出は，2006年に広島大学を定年退職し，広島国際大学を経て，現在は愛媛県立医療技術大学学長として管理職にあり，現場を離れている．このため改訂にあたっては，広島大学の後任教授である田原との共著として，同研究室の教員・大学院生・学生など現場の声も取り入れながら改訂作業を進めた．准教授：嶋本　顕，助教：阿武久美子，ポスドク：徐　丹，研究員：青木絵里子，大学院生：小島安由里・鳩岡未沙子・松永純子・安野さやか・世良行寛・田村知子・平田直之，学部学生：喜々津彩・中村亜由美・須藤優樹・禅正和真・玉置　彩・坂田豊典・福永早央里・日野由美子・渕上真吾・森田博人の名を記して協力に感謝する．羊土社の編集担当は安西志保さんと熊谷　諭さんで，動画については蜂須賀修司さんの手も借りた．さまざまに工夫し知恵を絞って良い本に仕上げてくれたことを感謝する．

2010年4月

井出利憲，田原栄俊

初版　序

　すでにたくさんの細胞培養実験書が出ている．あえて屋上屋を架す理由は，研究室へ入ってきた新人が参考にするには，既成の実験書はまだ高級すぎるという声があるからである．本書の目的は，他の実験書へのつなぎになるような，本当の初歩・基礎を学んでもらうことである．自動車教習所の初歩コースとして，とりあえず車を発進させ，停車させられるあたりのことをまず習うことと似ている．

　培養細胞の維持は，実験のためにマウスを飼うようなものである．いまどき，完備した飼育舎のあるところなら世話までしてくれるから，マウスを飼うだけなら実験者にはほとんど何の技術もいらないかもしれないが，それでもマウスのつかみ方くらいは知らないと実験にならないだろう．培養細胞についても，テクニシャンがいて実験用の細胞を全部用意してくれる大学もあるらしい．しかし，多くの場合に培養細胞は自分で世話しなければならず，用意してくれた場合でもあとの実験は自分でするとなれば，もう少しよけいな注意と技術がいる．その基礎ができていれば，あとは応用で次第に難しい技術にも挑戦できる．細かい注意も書いてはあるが，分厚いマニュアルを全部身につけてから始めるのではなく（読んでおくことは勧めるが），最低の注意（他人の迷惑にならないこと）だけを守ってまず手を動かしてみよう．手を動かしながら必要な周辺知識を増やし，応用技術を身につけて行くやり方は，パソコン世代には身近なものだろう．

　ただ，ここに示すのはあくまでひとつのモデルである．各研究室ではそれぞれ異なったやり方・工夫があり，注意点も異なるはずである．クリーンベンチを置いてある部屋のきれいさ（雑菌の数）は研究室によって異なるだろう．培養専用の部屋があれば一番よいが，普通の実験室に置かれていて，他の実験者と一緒に作業する場合も少なくないだろう．隔離された部屋であっても，他の実験室と行き来するとすれば，他の部屋のきれいさも関係する．廊下から直接に入るか，前室があるか，なども研究室によって違う．チリひとつない清浄な廊下が維持されているところもあれば，砂ホコリが絶えない廊下もある．それによってコンタミ（雑菌やカビが混入することを contamination，通常コンタミという）に対する注意点の重要性も異なる（例えば実験着を着替えるかどうかなど）．

　モデルとしての標準操作法から手を抜くこともできるし，目的によってはもっと厳密さを要求されることもある．体細胞は本来直射光にさらされているはずはないから，細胞の扱いはすべて赤色光の下で行っているところさえある．ここではそこまで

気を遣ってはいないけれども，無菌操作としては，かつて無菌箱で操作していたころの厳密さを一部含んでいる．コンタミを起こすのは恥である，コンタミを起こしても気にしないようないい加減な実験態度では，他の実験操作に関しても信頼がおけない，と本書では考える．それでも，かつて無菌箱を使用して，しかも抗生物質も入れずに培養していた大先輩から見れば，ここに書かれたやり方はとんでもない手抜き操作であるかもしれない．

　1枚のディッシュを，培地替えを繰り返して何カ月も維持する必要があるときには，標準法よりはるかに厳密にコンタミに注意する必要がある．培地替えなどの無菌操作だけでなく，検鏡のためにディッシュに触れる際にも注意が必要である．長期の間に，操作中の雑菌の落下や混入だけでなく，ディッシュの外側にカビの菌糸が成長し，やがてディッシュ内にまで延びてくることさえあるからである．

　他方，クリーンベンチではコンタミは滅多に起きないから，無菌操作の厳密さをできるだけ省いて，多少コンタミの可能性が増えても，操作を簡単にして実験の能率を上げる方がよいと，大腸菌を扱うのに近い感覚で扱うのもひとつの考え方である．極論すれば，ちょっときれいな実験室なら，クリーンベンチを使わなくてもそんなにひどくコンタミするとは限らない．ときどきしか起きないコンタミを気にして，日常操作を必要以上に煩雑にすることは能率が悪い．もしコンタミが起きたら，捨てて再実験すればよい，と考えるのもひとつの能率向上の方法であろう．ただ，本書ではこの立場はとらない．一応の基本操作に慣れてから手抜きをする方がよいと考えるからである．

　本書では，とりあえず細胞が無事に継代維持できることを目標に，無菌操作に慣れ，元気な細胞を維持するという基本に集中する．これができるだけでも，すでに樹立されている比較的維持のやさしい培養細胞を使って，さまざまな実験ができるようになるだろう．ここでは，研究室としてはすでに培養をやっている先輩がいて，設備も整っていることを前提として，そこで，培養に関しては素人の新人が習い始める，という状況を頭に描いている．習うより慣れろということである．とにかく始めてみることにしよう．あとは練習次第だ．

1998年11月

井出利憲

Color Graphics

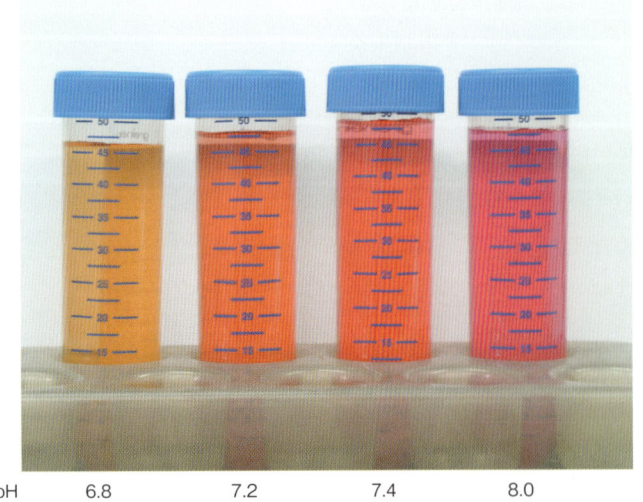

培地のpH	6.8	7.2	7.4	8.0
	pHが低く培養に不適当	培養に適したpH範囲		pHが高く培養に不適当

1 フェノールレッドを添加した培地の pH変化による色の変化
本文47ページ，第1日実習1参照
（『細胞培養なるほどQ＆A』（許　南浩／編），羊土社，2002より転載）

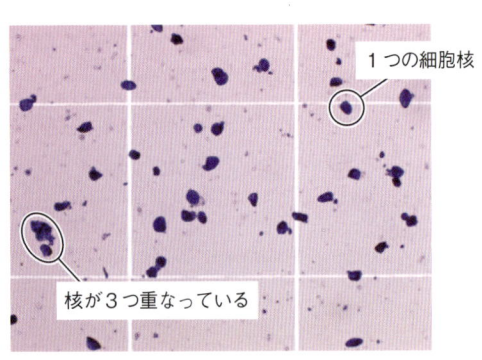

2 クリスタルバイオレット染色した細胞核
本文81ページ，第2日実習2-1参照

3 カバーグラスの重なりの確認
本文110ページ，第4日実習1参照

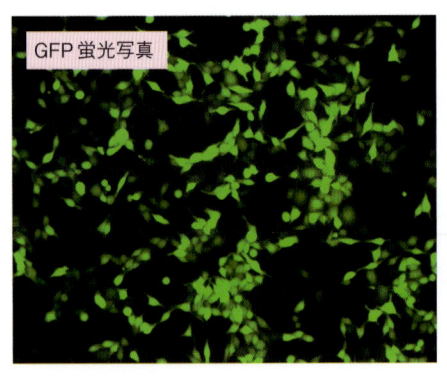
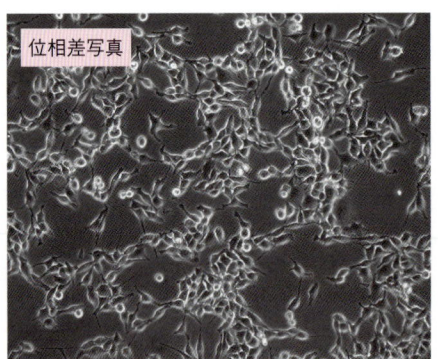
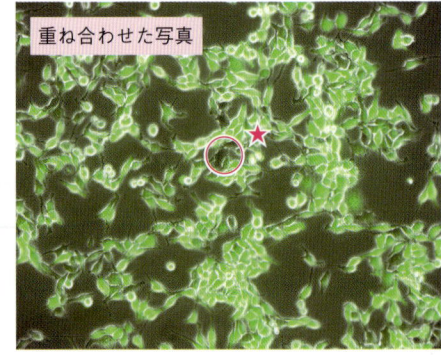

4 GFP遺伝子を発現させた細胞
★印の細胞のように，左の2枚の写真を重ね合わせたときに蛍光像が見えない細胞は，遺伝子が導入されていないかごくわずかしかGFPを発現していないと考えられる（本文137ページ，第5日実習2-2参照）

本書の構成と使い方

　本書は**細胞培養の基本操作**をたくさんの図を交えて解説しており，初心者の方が培養実験を行う際の予習・復習に最適です．また，実験操作のみでなく「なぜこんな操作をするのか？」「こんな失敗時はどうするのか？」など今さら聞けないような疑問点やよりよい状態で細胞を培養するためのコツやポイントについても触れていますので，経験者の方にもお役に立つことと思います．

【構　成】

　まったくの初心者が一から培養を習うという状況を想定し，培養室の見学から始まって，細胞を元気に維持できるようになるまでを事前講義と5日間の実習を通じて学んでいく形式で，細胞培養に関するいろいろな手技を解説しています．経験者の方は，自分の不得意とする項目を中心にお読み下さい．

　また，巻末には特別実習として，器具・試薬の準備や細胞の凍結法など，培養に関連する準備についてまとめて掲載してありますので，各実習の合間や必要となった際にお読み下さい．

【使い方】

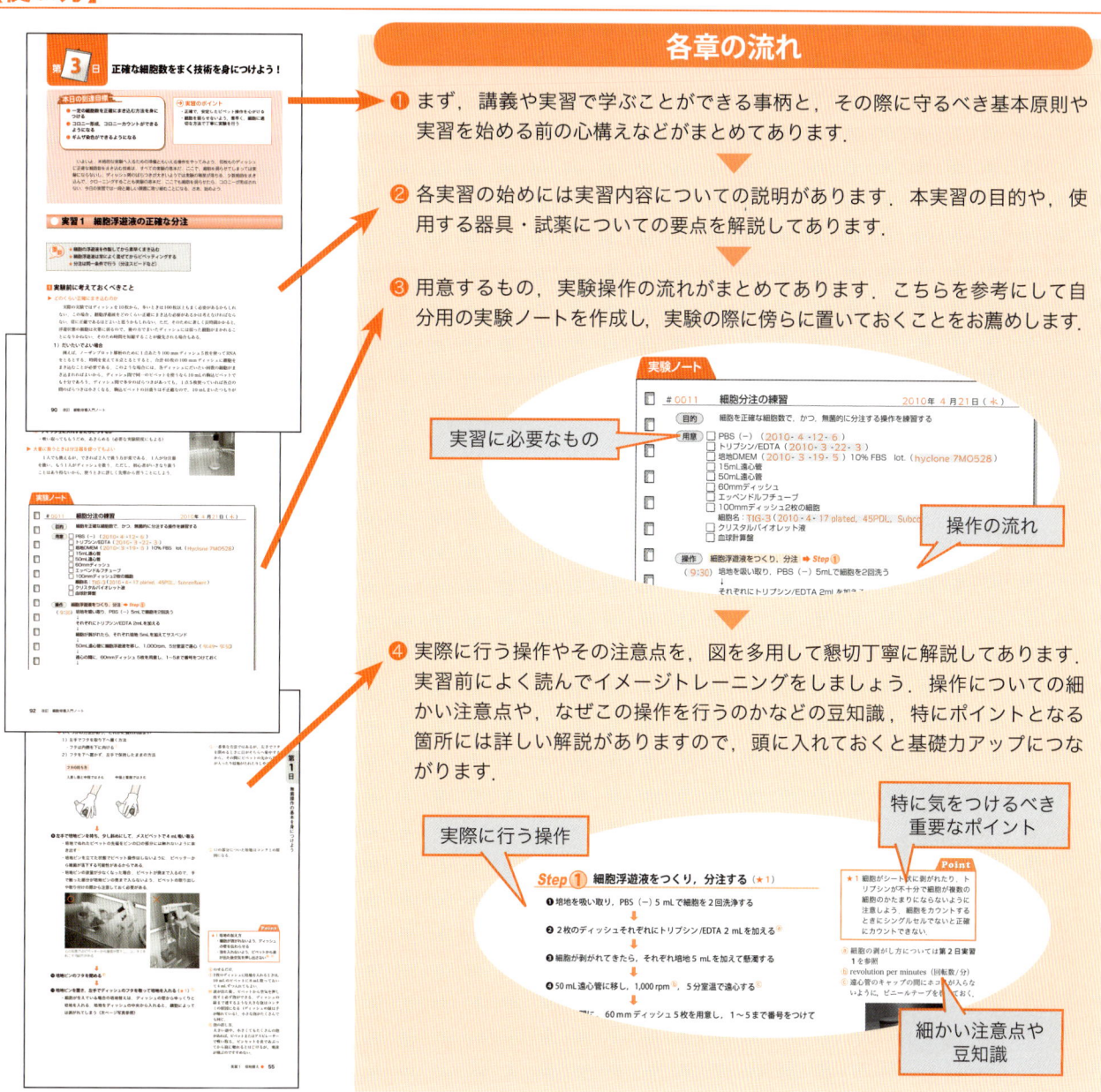

各章の流れ

❶ まず，講義や実習で学ぶことができる事柄と，その際に守るべき基本原則や実習を始める前の心構えなどがまとめてあります．

❷ 各実習の始めには実習内容についての説明があります．本実習の目的や，使用する器具・試薬についての要点を解説してあります．

❸ 用意するもの，実験操作の流れがまとめてあります．こちらを参考にして自分用の実験ノートを作成し，実験の際に傍らに置いておくことをお薦めします．

❹ 実際に行う操作やその注意点を，図を多用して懇切丁寧に解説してあります．実習前によく読んでイメージトレーニングをしましょう．操作についての細かい注意点や，なぜこの操作を行うのかなどの豆知識，特にポイントとなる箇所には詳しい解説がありますので，頭に入れておくと基礎力アップにつながります．

【参考動画について】

　実験医学OnlineのPodcast（羊土社HP）から細胞の継代実験とその準備の様子を撮影した動画がご覧いただけます．基本操作の確認や実験前のイメージトレーニングなどに，ぜひ，ご活用ください．

　※この動画は著者の田原栄俊先生が行った実習の映像をご好意で提供していただいたものです．

無敵のバイオテクニカルシリーズ

改訂 細胞培養入門ノート

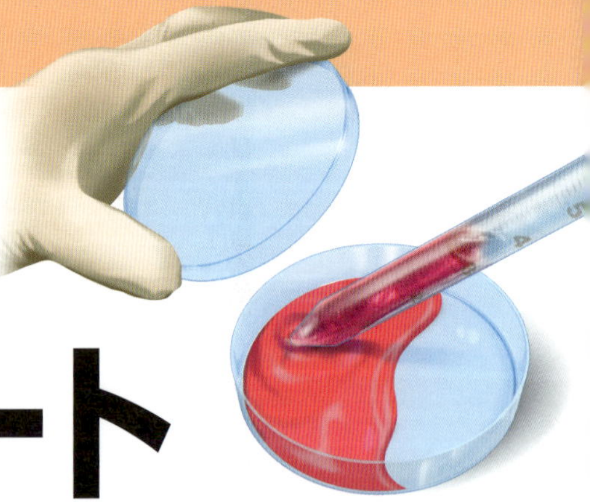

- 改訂版　序 ……………………………………………… 井出利憲，田原栄俊
- 初版　序 ……………………………………………………………… 井出利憲

事前講義

細胞培養の基礎知識を学ぼう！　14

| 講義1 ● 細胞培養とは ……………… 14
| 講義2 ● 培養細胞の種類と特徴 …… 15
|　1 細胞の一般的な性質 ———— 15
|　2 代表的な培養細胞 ————— 17
| 講義3 ● 細胞培養でよく使う
|　　　　試薬や器具 …………… 19

| 講義4 ● 培養室の見学 ……………… 22
|　1 培養室の意義 ———————— 23
|　2 培養室へ入る前の注意 ——— 24
|　3 まず前室へ入る ——————— 25
|　4 無菌室へ入る ———————— 28

解説

- 継代とPDL ———————————— 16
- 癌細胞とトランスフォーム細胞 ——— 18
- 初代培養と株細胞 ————————— 19
- 線維芽細胞と細胞増殖因子 ————— 19
- 空気（ホコリ）以外のコンタミのルート ——— 23
- クレゾール石けん液の廃液について ——— 26

第1日

無菌操作の基本を身につけよう！　34

| 実習1 ● 培地替え ………………… 34
| Step1　前室での準備 ————— 37
| Step2　無菌室へ入る ————— 38
| Step3　クリーンベンチの用意 — 40
| Step4　必要なものをクリーンベンチへ
|　　　　入れる ———————— 41
| Step5　インキュベーターから細胞を出す — 43

| Step6　ディッシュの観察 ———— 45
| Step7　培地替えのために培地を吸い取る — 49
| Step8　新しい培地を加える ——— 53
| Step9　ディッシュをインキュベーターに
|　　　　しまう ———————— 57
| Step10　あとしまつ ——————— 58

解説

- ピペッター使用の必要性 35
- はじめから自分で工夫することの利点と欠点 36
- 殺菌灯についてのQ&A 41
- ビンのあぶり方 43
- トレイでディッシュを運ぶときの注意 44
- 培地の色は重要（pH指示薬としてのフェノールレッド） 47
- 色のついていない培地もある 48
- コンタミを見つける 48
- ピペット捨てについて 52
- クリーンベンチ内での操作について 52
- 一度使用したピペットは再び培地ビンに戻さないこと！ 57
- 培地をこぼしたら 57
- ゴミの始末 59

第2日 継代の方法と細胞数の計測法を身につけよう！ 62

実習1 ● 細胞の継代 62
1. 継代を行う前に知っておくべきこと 62
2. 無菌室へ入る前に準備しておくこと 63
- **Step1** 前準備 64
- **Step2** 無菌室へ入る 66
- **Step3** 細胞の確認と培地の準備 67
- **Step4** 細胞を剥がす 68
- **Step5** 培地を加え，トリプシンの作用を止める 72
- **Step6** 細胞の観察とあとしまつ 75

実習2 ● 細胞を数える 77
実習2-1 裸核にして細胞を数える 77
- **Step1** 核浮遊液の調製 79
- **Step2** 細胞の数え方 81

実習2-2 裸核にしないで数える 84
1. 生きた浮遊細胞をそのまま数える（細胞を染色しない） 84
2. 生細胞のみを数える（トリパンブルー液を用いた計測法） 85

実習2-3 ディッシュに付着したままの細胞を数える 87

解説

- トリプシン/EDTAの溶かし方 65
- 研究室でまとめて作って管理する！ 65
- なぜロット番号まで記録しておくのか 66
- 新しいディッシュの取り出し方 66
- 前もって観察しておいてから実験を開始すべきである 68
- 細胞の剥がれ方を観察してみよう 70
- 剥がれたところと剥がれていないところの見分け方 73
- ピペッティングによる細胞の損傷 73
- 希釈について 74
- ディッシュに均一に分散させるには 74
- トリプシン/EDTAの持ち込みについて 75
- 継代は最低2枚のディッシュにまく 76
- ラバーポリスマンの使い方 80
- アスピレートのやり方 80
- クリスタルバイオレット液による核浮遊液の調製ついて 81
- 細胞の数え方 82
- 酔う人が少なくない 83
- 混ぜた後どのくらい時間をおけば染色されるか，どのくらいの時間保てるか 87
- 生細胞，死細胞の見分け方 87

正確な細胞数をまく技術を身につけよう！ 90

実習1 ● 細胞浮遊液の正確な分注 …… 90
    1 実験前に考えておくべきこと …… 90
    2 正確な分注のしかた …… 91
    Step1 細胞浮遊液をつくり，分注する …… 93
    Step2 細胞を数える …… 94

実習2 ● 少数細胞のまき込みによる コロニー形成 …… 95
実習3 ● コロニーのギムザ染色 …… 99
    Step1 細胞を固定する …… 100
    Step2 染色する …… 101
    Step3 観察／コロニーを数える …… 102

解説
- 一般的な懸濁のやり方 …… 94
- コロニーを数える …… 102
- 顕微鏡での観察について …… 103

マルチウェルプレートの扱いと クローニングの方法を学ぼう！ 107

実習1 ● マルチウェルプレートに まく …… 107
    Step1 カバーグラスを マルチウェルプレートに入れる …… 110
    Step2 細胞をまき込む …… 110

実習2 ● 細胞のクローニング …… 112
    Step1 コロニーを選択する …… 115
    Step2 コロニーを回収する …… 117

解説
- カバーグラスへまき込むときのポイント …… 111
- ディッシュにカバーグラスを入れて 細胞をまく場合 …… 112
- クローニングの目的と方法 …… 113
- どのコロニーを選ぶか …… 115
- 必要なコロニーに印をつける …… 116
- 細胞は乾かさないように …… 118
- いくつぐらいのコロニーを拾うか …… 120

増殖曲線の作成と応用実習にチャレンジしよう！ 122

実習1 ● 増殖曲線を描く …… 122
    1 実験操作で注意すべきこと …… 125
    2 増殖曲線の描き方 …… 127

contents

実習2 ● 応用実習 130
- 実習2-0　実験材料となる細胞の準備 130
- 実習2-1　免疫染色 131
- 実習2-2　細胞への遺伝子導入（トランスフェクション） 135
- 実習2-3　放射性同位元素で標識する 138

解説
- 増殖曲線についての解説 126
- カバーグラス上の細胞の洗い方 130
- カバーグラスを培養器から出して固定する場合 131
- チミジンをチップで加えるときのコツ 139
- 取り込まれたチミジンの算出法 140

特別実習

細胞培養に必要な準備を学ぼう！　141

実習1 ● 培養室のメンテナンス 141
- 実習1-1　培養室の掃除 141
- 実習1-2　インキュベーターの掃除 142
- 実習1-3　炭酸ガスボンベの交換 143
  - 1 炭酸ガスゲージの見かた 143
  - 2 炭酸ガスボンベの交換 143

実習2 ● 器具・試薬の滅菌 145
- 実習2-1　オートクレーブ 145
- 実習2-2　乾熱滅菌 147
- 実習2-3　濾過滅菌 147
  - 1 数十mLまでの濾過 148
  - 2 数十mLから数百mL程度の濾過 149
  - 3 大量の溶液（数Lから10Lまで）の濾過 150
- 実習2-4　ガラスピペットの洗浄と滅菌 150
  - Step1　ピペットの洗浄 150
  - Step2　ピペットの準備 151
  - Step3　乾熱滅菌 151

実習3 ● 共通試薬の調製 152
- 実習3-1　培地を作る 152
- 実習3-2　血清を非動化する 155
- 実習3-3　トリプシン/EDTAを作る 157
- 実習3-4　血清のロットチェック 158

実習4 ● 細胞の管理 160
- 実習4-1　細胞を凍結保存する 160
- 実習4-2　細胞を解凍する 164
- 実習4-3　マイコプラズマの検出 166

● 特別実習を通じて 168

解説
- なぜ綿を詰めるのか 151
- 血清の非動化処理のしかた 156
- 凍傷に対する注意 165
- 爆発に対する注意 165
- 温め方：液体窒素が消えたらなるべく急速に解凍する 166

● 索引 169

無敵のバイオテクニカルシリーズ

改訂 細胞培養入門ノート

事前講義　細胞培養の基礎知識を学ぼう！

本日の到達目標
- 代表的な培養細胞株とその特徴を知る
- 細胞培養でよく使われる試薬や機器について学ぶ
- 培養室入室の"作法"を身につける

講義のポイント
・疑問点があったら遠慮なく質問しておこう
・見学は，注意を守って慎重に

　細胞培養の基礎の基礎について，少しだけ総論的な講義をしておく．技術や操作を中心にした実習書ではあるが，培養で使われる基本的な言葉や，よく使う道具くらいは知っておいた方がよい．ただ，実習を始めるに際してのとりあえずの事前講義なので，本格的に細胞培養を使って研究していこうと考えているなら，技術の修得と平行して，専門的な参考書で学ぶことをおすすめする．

● 講義1　細胞培養とは

1）細胞培養の定義

　細胞培養とは，体の中から組織や細胞を取り出し，ディッシュやその他の培養容器の中で細胞を生かし続けたり増殖させたりすることである．
　狭義には，1つ1つにばらした細胞の培養が細胞培養であるが，広義には，組織培養や器官培養についても総称することがある．
　扱う細胞の由来は動物も植物もある．もともと単細胞の大腸菌のような生物を培養しても，細胞培養とよばないことが多い．ヒトの細胞が多く使われる理由は，ヒトのことを知りたいという願望によるが，同じ哺乳類で実験動物として汎用されるマウス細胞もよく使われる．研究目的によって，ラット，ウシ，ウマ，ウサギや，ミンク，カンガルーなど多くの哺乳類細胞のほか，爬虫類，鳥類，両生類，魚類などの脊椎動物だけでなく，昆虫やその他の無脊椎動物でも多くの細胞培養の例がある．もちろん，植物の培養細胞もある．

2）細胞培養でわかること

　体内という複雑きわまりない環境から取り出して，単純な系として細胞を取り扱うことで，まるのままの個体では解析することが難しかったさまざまな環境変化や遺伝子の変化に対する細胞の応答を知ることができるようになった．これにより，さまざまな細胞機能の詳細が明らかになってきている．今日，生命科学や分子生物学あるいは細胞生物学などの教科書を見ていると，ほとんどの領域の成果が，細胞培養の系を使って得られたものであることに驚くだろう．分子生物学的な分野として例えば，遺伝子の働きを調べるうえでの遺伝子発現調節，エピジェネティクス，遺伝子導入，導入細胞のクローニングなど，細胞培養なしでは解析が進まない．細胞生物学的な分野としては，細胞内の微細構造から，細胞膜の機能，シグナル伝達系，細胞増殖や細胞分化の機構，細胞の運動や移動など，あらゆる分野で細胞培養が利用されている．最近のトピックスでいえば，iPS細胞の研究は細胞培養の技術なしには進めることができない．

3）細胞培養の課題

ただ，初期から言われているように，培養という環境は生体内とは異なっており，培養された細胞は生体内にあったときと全く同じとはいえない．したがって，培養細胞で得られた細胞の性質が，そのまま生体内にある細胞の性質であると信じてはいけない．また，培養技術の進んだ今日でも，多くのヒト細胞は培養系に移したとき，分化機能を喪失することが多く，増殖させられないことも多い．分化能や増殖能を維持する培養条件がまだわかっていないのである．培養細胞を使った多くのテーマがあるだけでなく，細胞培養自身についてもまだ多くのテーマが残されているわけである．

講義2　培養細胞の種類と特徴

1 細胞の一般的な性質

1）細胞の増殖

ディッシュなどの培養容器中で細胞培養を始めた後，細胞数の変化を経時的に追いかけて描いたものが**増殖曲線**（growth curve，右図）である．簡単ではあるが，これによってさまざまな細胞の性質を知ることができる．細胞培養を行うと通常は1〜2日ほど増殖のみられない遅滞期（lag phase）を経て，旺盛な増殖をする対数増殖期（log phase）に入る．その後，正常細胞では，ディッシュに細胞がいっぱいになってくると増殖が遅くなり，やがて増殖停止（コンタクトインヒビション：contact inhibition）し，細胞層が1層の状態（monolayer）で飽和密度（コンフルエント：confluent）に達する．一方，癌細胞ではコンタクトインヒビションが起こらないため，細胞がディッシュいっぱいになっても増殖が止まらず，細胞が互いの上に重層（pile-up）して厚い細胞層（multilayer）を作る．

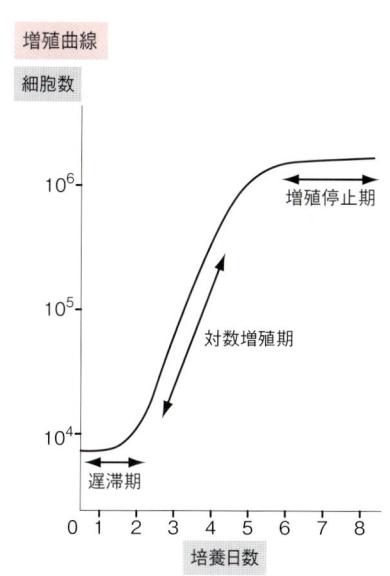

2）細胞周期

盛んに増殖している細胞1つに注目すると，細胞分裂期（M期）が終わった後，次第に細胞が大きくなる時期（G1期）があり，やがてDNA合成期（S期）を経て，G2期を通って再びM期に入る．この繰り返しを細胞周期という．体内には一次的に増殖を停止した状態にいる細胞が多く，これをG0期という（右図）．正常な細胞は状況に応じてG0期にとどまることができるが，癌細胞は安定にG0期にとどまることが難しく，増殖を続けるかまたは死滅する．

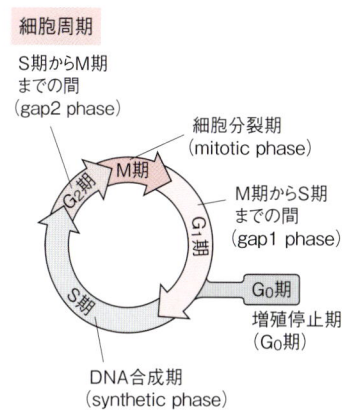

☞ 細胞分裂像をしっかり覚えよう

細胞がよく増殖しているかどうかは，顕微鏡下で細胞の分裂像がよく見えるかどうかで判断できる．細胞周期をまわるのに24時間かかり，分裂像が見える時間が30分とすれば，全部の細胞がよく増殖しているときは約2％の細胞が分裂像として観察されることになる．

死んだ細胞も丸くなるので，死んだ細胞と分裂像とがしっかり区別できることが必要である．死んだ細胞が多い集団と，分裂像が多い集団を見誤っては一大事であろう．分裂像では赤道板に集まった染色体の集合

が見えるが，死んだ細胞では見えない．

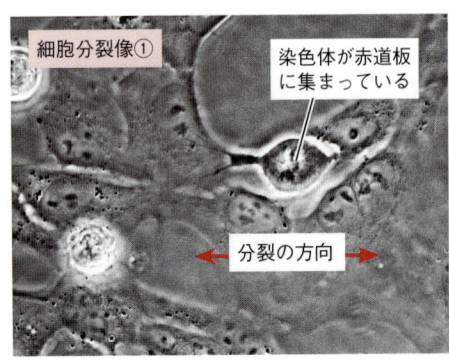
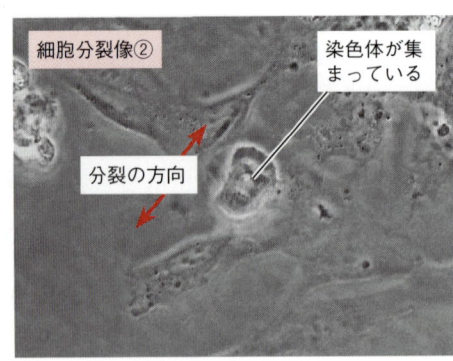

高倍率でこういう形を見ておくと，低倍率でもわかるようになる．分裂像は丸いので，赤道板に焦点を合わせると，器の底に付いている細胞はボケる

3）細胞の分裂寿命

◆ 細胞の継代

　ディッシュに付着して増殖する細胞は，適当に培地替えをして維持すると，やがてディッシュいっぱいにまで増殖する．正常に近い性質をもった細胞は，コンフルエントの状態になり増殖する余地がなくなると，増殖できなくなる．その一方で，癌細胞はしばしば重なって増殖（pile-up）できるため，細胞層が厚くなっても増殖を続ける．しかし，いずれの場合も，培地の消耗も速くなるので細胞の状態が悪くなり，放置すると性質が変わることもある．そのため，元気な細胞を維持するには，細胞を剥がして単一細胞の浮遊液を作り，希釈して新しいディッシュにまき替える．これを**細胞の継代**という．浮遊状態で増殖する細胞の場合も，細胞密度が高くなると健全さを維持することが困難になるので，希釈してまき直すことが必要である．これも継代という．

◆ 細胞の分裂寿命

　正常なヒト体細胞には分裂寿命がある．継代を繰り返し，一定の回数分裂すると，それ以上分裂できなくなる．これを，**有限分裂寿命**であるという．この原因は，DNA複製のたびに直鎖状DNAの末端にあるテロメアDNAが少しずつ短縮し，一定の長さまで短縮すると細胞の防御機構が働いてそれ以上のDNA複製ができなくなるためであり，この結果，細胞は分裂できなくなる．生殖細胞や発生過程の細胞にはテロメア末端を延長するテロメラーゼがあってテロメア短縮が起きない（そのために分裂寿命がなく，**不死化細胞**とよぶ）が，ヒトでは体細胞の分化とともにテロメラーゼの発現が抑制されて，有限分裂寿命になる．原生生物やほとんどの動植物の細胞はテロメラーゼが発現している不死化細胞であり，哺乳類の体細胞でもテロメラーゼが発現しているか，あるいは培養中に容易に発現する場合が多い．しかし，分化したヒトの体細胞はテロメラーゼ発現がなく，発現させることも難しい．癌細胞ではテロメラーゼが発現していて，不死化細胞になっている．

継代とPDL

　有限分裂寿命のヒト体細胞は，分裂回数の増加とともに増殖能だけでなくさまざまな性質も変化するので，扱っている細胞の分裂可能回数と，現在の分裂回数が何回目であるかを把握して実験に使う必要がある．ヒト組織を切り出して培養に移し，生え出した細胞がディッシュいっぱいになったところで分裂回数0とする．それ以前の分裂回数は無視して，ここから培養系での分裂回数を数えはじめる．細胞を剥がして2倍希釈してまき，再びディッシュ一杯にまで増えたとき，集団として分裂回数が1回増えたと考え，1 PDL目の細胞とする（正確にはそのつど細胞数を数えて補正する）．PDL（population doubling level）は**集団倍加レベル**といい，細胞集団として何回分裂したかを表す数字である．4倍希釈してまいた細胞がいっぱいに

なれば 2 PDL になる．細胞集団の中には，分裂速度の速いものも遅いものも混じっており，全く分裂しないものや死ぬものもいるので，実際に細胞が分裂した回数は PDL より大きいはずである．また，技術の低い者が細胞をまき替えると死ぬ細胞が多くなるため，低い PDL で増殖限界に達してしまうように見える．

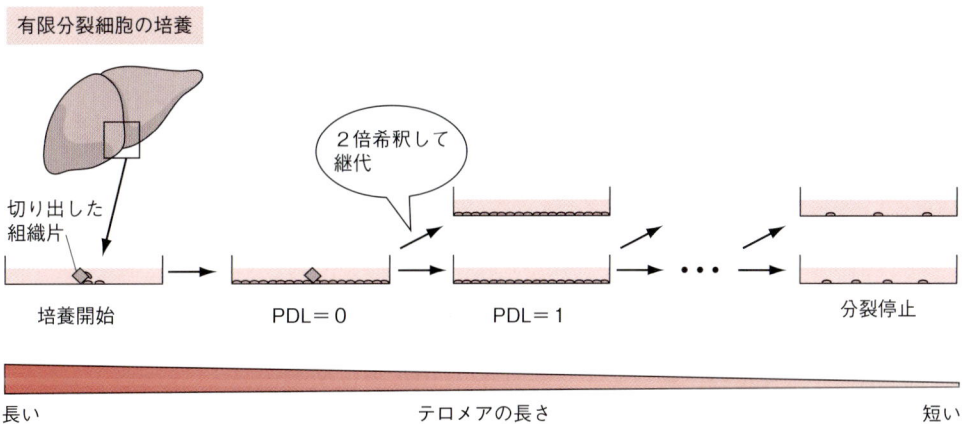

2 代表的な培養細胞

ここでは，本研究室で使われている細胞の一部を紹介しておく．

1）正常細胞と不死化細胞

生体から取り出したままの正常な性質を保った細胞．ただ，ほとんどの培養細胞は継代培養を続ける間に性質が変化することが多い．ヒトの体細胞は分裂可能回数が有限（有限分裂寿命）であるが，マウスなどの体細胞ははじめから無限の分裂寿命をもつかあるいは培養によって容易に無限の分裂寿命を獲得する（不死化細胞）．哺乳類以外の細胞の多くははじめから不死化細胞である．どちらのタイプの細胞も，増殖因子依存性が高い，ディッシュいっぱいになると増殖が停止する（コンタクトインヒビション：contact inhibition），細胞層が単層（モノレイヤー：monolayer）に保たれる，浮遊状態で増殖できない（足場依存性：anchorage-dependency）などの性質があり，これらが正常細胞の性質とされる．

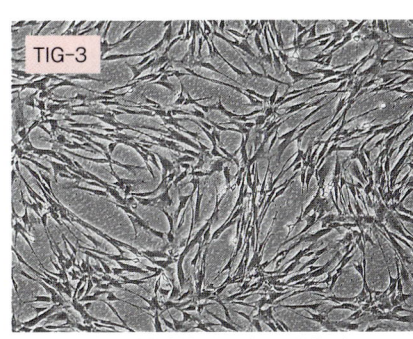

ヒトの正常な線維芽細胞．細長く伸びている．TIG-3細胞は東京都老人研究所でとられた，ヒト胎児由来の有限分裂寿命細胞である

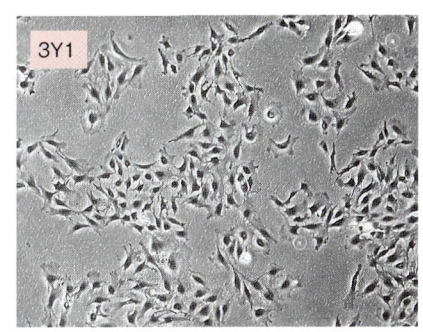

ラットの線維芽細胞．正常の表現型をもっているが，不死化細胞で永久継代できる

2）癌細胞とトランスフォーム細胞

体内の癌組織から取り出して培養した細胞が癌細胞で，不死化細胞である．培養系で発癌剤やウイルスなどによって癌化させた細胞はトランスフォーム細胞とよび，癌細胞の性質の一部しか有しないことが多い．トランスフォームしたばかりのヒト細胞の多くは有限分裂寿命であるが，そのなかから稀に不死化細胞があらわれる．よく利用されるのは不死化した細胞である．

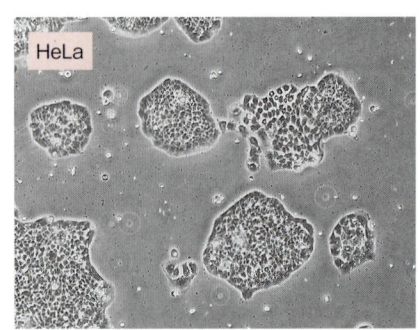
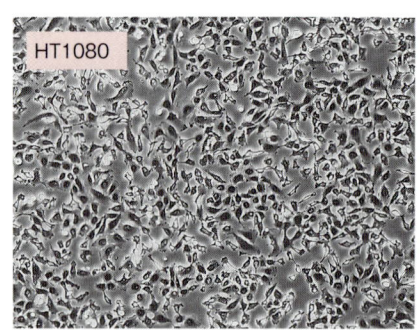
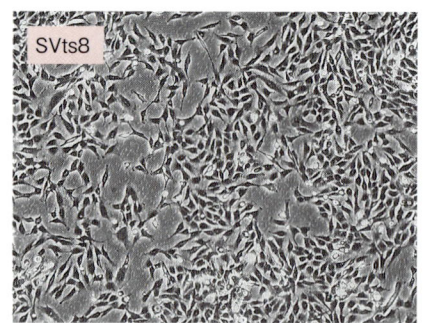

ヒトの癌（子宮頸部の扁平上皮癌）から樹立された癌細胞．上皮細胞らしく互いによく接触して（敷石状とよく言われる）島状に増える．もう少し増えると積み重なって増える様子が見られる

ヒトの癌（線維肉腫）から樹立された癌細胞

TIG-3細胞にSV40（癌ウイルス）を感染させてトランスフォーム（培養細胞の癌化）させた細胞．もとの細胞ほど細長くない

解説　癌細胞とトランスフォーム細胞

　厳密に区別しないこともあるが，原則として，癌細胞は体内で癌化した細胞（体内にある場合と培養系に移した場合の両方を含む）をいい，トランスフォーム細胞は培養系で癌化した細胞をいう．トランスフォーム細胞は，正常な細胞を培養系で癌遺伝子導入，化学発癌剤処理，放射線照射などの方法で癌化させた細胞であるが，癌細胞のもつ形質の一部でも獲得すればトランスフォーム細胞と称することが多く，動物に移植しても生着しないことが多い．

　癌細胞のもつ形質としては，例えば，増殖因子依存性の低下（増殖因子が少なくても，場合によっては全然なくても増殖するようになる），形態の変化（広がらず，丸くなる傾向がある），配列の乱れ（細胞同士の認識が低下して勝手な方向を向く），接触阻止能の喪失（多層になって増殖できる．pile-upという），足場依存性の喪失（足場のない寒天やアガロースゲルの中でも増殖できるようになる．anchorage-independentという）などがあげられる．

3）特殊な培養細胞

　特殊というわけではないが，ここでは体細胞から誘導された幹細胞であるiPS細胞，肝細胞（肝実質細胞），浮遊細胞（HeLa S3）の例をあげた．

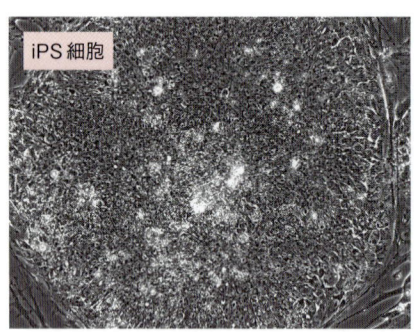
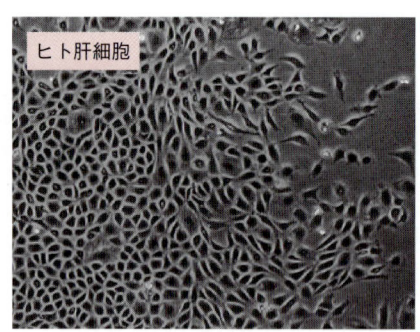
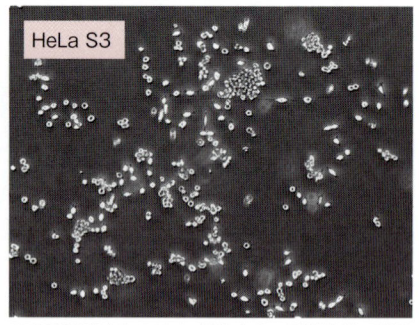

ヒト線維芽細胞TIG-3細胞に山中4因子を導入して作製した人工多能性幹細胞（Induced pluripotent stem cells）．コロニー状に増える細胞で，すべての細胞をバラバラにするとiPSとしての性質が維持できなくなる．通常の培養細胞と異なり特殊な培養条件と継代方法が必要で難しい

ヒトの肝細胞は，初代培養が難しくすぐに増殖停止する．ヒトの血清と特殊な培地を用いることで，通常よりも分裂できる細胞が得られる．培地，血清の重要性を示す例である．形態は，肝細胞らしくきれいな敷石状の形態である

子宮頸部癌由来のHeLa細胞から，浮遊状態で増殖できるように変化した細胞

初代培養と株細胞

生体から組織や細胞を取り出して培養したものを**初代培養**（primary culture）という．小さな組織片から細胞がディッシュ表面に這い出して，ディッシュいっぱいになる．通常ここで継代（細胞を剝して希釈し新しいディッシュに植え替える）するが，継代するまでが初代培養である．このあと，細胞が順調に増えだして順調に継代を繰り返せるようになったとき，**株細胞**（**cell line**）**として樹立**した，あるいは**株化**したという．不死化細胞は株細胞（細胞株）であるが，有限分裂寿命の細胞でも，20代とか30代とか順調に継代できるとき，株化した（細胞株である）という．ちょっと紛らわしいのは，日本語として細胞株というとき，もう1つのcell strainという意味があって，これは特定のマーカーをもつ細胞をクローニングして得られる，クローンであることを示す．ただ多くの場合，cell lineの意味で使われる．

線維芽細胞と細胞増殖因子

培養系で使われる細胞の種類は，線維芽細胞が多い．例にあげたTIG-3も線維芽細胞である．肝臓や腎臓や肺などの臓器，筋肉や皮膚など，体内の組織を小さく切り出し，ディッシュ内で血清入りの培地とともに静置すると，やがて細胞が周囲に這い出し増殖しつつ面積を広げる．組織や器官によらず，出てくる細胞は線維芽細胞である．あらゆる組織・臓器には，細胞同士や組織同士を結合させたり，間を埋める役割をもつ間充質（間葉系組織）が存在し，この主要な細胞が線維芽細胞である．真皮のような緩い結合組織には沢山の線維芽細胞が存在する．線維芽細胞が歴史的に最も古くから利用され，現在でも培養細胞の代表として使われるのは，血清が増殖因子として働くためである．臓器の実質細胞など多くの細胞は，増殖のために血清以外の独自の増殖因子を必要とし，細胞によっては血清の存在が妨害的に働くことさえある．現在でも多くの種類の体細胞が培養できないのは，適切な増殖因子（と，その組合わせ）が発見されていないためと考えられる．増殖因子としては，可溶性のものだけでなく，高分子の細胞基質成分や，近傍の細胞との接触なども増殖に関わるシグナルとして働く場合があり，複雑なものである．

講義3　細胞培養でよく使う試薬や器具

ここでは，これからの実習で使用する基本的な培養試薬や器具について，簡単に学んでおこう．

1）培地

マウスの飼育に"えさ"が必要なように，細胞を培養し，増殖させるためには"栄養素"が必要となる．それを供給するのが培地である．

ヒトを含めた哺乳類細胞の培養に使う培地には，いくつかの特徴がある．いずれも，先人が多くの努力を払って工夫を重ねてきたものである．

◆ 培地の組成

第一の特徴は，大腸菌や酵母を培養するための培地と違って，基本的な栄養素としてアミノ酸や，ビタミン，ミネラル，ブドウ糖その他の栄養素をかなり豊富に含んでいることである（したがって，バクテリアやカビは非常によく生える）．細胞によって，必要な栄養素の特徴や，最適な栄養素のバランスがあり，現在でも体内のすべての細胞を維持，培養できるわ

けではない．自分が対象とする細胞について最適の培地成分を検討することは大変な仕事なので，市販の培地を利用することが多いであろう．組成の明らかな多くの種類の培地が工夫され，市販されているので，カタログや参考書を見てみよう．特に，自分がこれから使う培地については，組成をコピーしておこう．

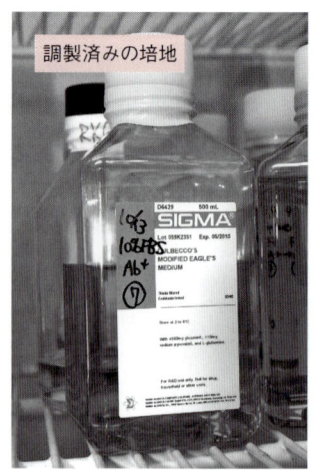

調製済みの培地

◆ 増殖因子の添加

第二の特徴は，細胞を増殖させるためには，基本的な培地に増殖因子を加える必要があることである．単細胞生物と異なり，多細胞生物の体細胞は，特定の増殖因子がないと増殖できない．これは，体内の細胞が必要に応じて増殖し，生体のホメオスタシス（恒常性）を保つために，基本的に必要な性質なのである．線維芽細胞や平滑筋細胞は血清に含まれる増殖因子でよく増殖する．通常は仔ウシ血清（calf serum）が用いられるが，ウシ胎仔血清（fetal calf serum, fetal bovine serum：FBS）を用いないと上手く生えない（増殖しない）細胞も少なくない．ほとんどの上皮系の細胞は，血清に含まれていない増殖因子を必要とするため（場合によっては血清は有害である），それぞれ精製された増殖因子や，それを含む組織の抽出液を添加するなどの工夫が必要である．

◆ pH緩衝作用

もう1つの特徴は，緩衝液として重炭酸が使われることである．生体内の緩衝作用（pHの調節）は，主に重炭酸イオンによってなされていることは知っていると思うが，リン酸やその他の緩衝液に比べて細胞毒性が小さい．通常の気相中では炭酸ガスが逃げてpHがアルカリ性に傾く．そのため，通常は5％CO_2を含む気相を保つためにCO_2インキュベータが使われる．pH指示薬としてはフェノールレッドを加えるのが普通である．ただ，フェノールレッドを添加しない培地が必要な細胞や実験系もある（第1日48ページの解説「**色のついていない培地もある**」を参照）

2）PBS（−）

食塩で等張にしたリン酸緩衝液で，Dulbecco's phosphate buffered saline（PBS）をもとにし，二価イオンを含まない（Ca^{2+}, Mg^{2+}-free）ものをPBS（−）という．細胞同士の接着や細胞と基質との接着にはカルシウムを介したものがあるため，細胞浮遊液を作るときはPBS（−）で洗浄する．細胞が剥がれた後も細胞同士の接着を防ぐためにしばしばPBS（−）を用いるが，細胞の生存にはよい条件ではないので，30分以上浮遊液として保存するときは培地の方がよい．細胞の種類によってPBSへの耐性に違いがあるので，弱い細胞の場合は特別な工夫が必要である．

3）トリプシン/EDTA

ディッシュに付着して増殖する細胞を継代するには，細胞と細胞同士，細胞とディッシュとの間の接着を剥がして，単一細胞からなる浮遊液（cell suspension）を作り，これを希釈してまく．このときタンパク質による接着をトリプシンで，カルシウムを介した結合をEDTAで壊すことによって，細胞をバラバラにする．これらを溶かす緩衝液には，生理的な濃度の食塩を含み，二価イオンを含まないリン酸緩衝液〔PBS（−）〕を用いる．細胞によって，最適なトリプシン濃度，EDTA濃度に違いがあるのは当然であるが，**特別実習3−3**で紹介する組成のものは比較的多くの細胞に応用できる．

細胞によっては，コラゲナーゼやディスパーゼなど，他の酵素によって処理することが必要な場合もある．また，細胞の種類によって感受性に大きな差があり，トリプシン/EDTAを加えてすぐに吸い取ってしまっても，残ったわずかのトリプシン/EDTAによって速やかに剥

がれてしまう細胞がある一方で，トリプシン/EDTA を加えたまま 37℃ インキュベーターに 5 〜 10 分入れておいてようやく剥がれ始める細胞もある[a]．

処理を止めるには，一般的には血清を含んだ培地を加えることによって行う．血清を含まない培地に細胞をまき込みたい場合など特別な場合には，血清ではなくトリプシンインヒビターを加えるなどの工夫をすることがあるが，本書ではそこまでは解説しない．

最近では，トリプシンなどにマイコプラズマ感染がないかどうかを確認した培養専用のトリプシン（液体）が市販されており，ロットによる効きの違いもほとんどなく便利である．

[a] 各細胞によって，どれくらいの違いがあるかについては「『細胞・培地活用ハンドブック』（秋山 徹，河府和義 編），羊土社，2007」を参照するとよい．

4）CO_2 インキュベーター

細胞を培養する際の標準的な培養器が CO_2 インキュベーターである．ディッシュのような開放系（ディッシュ内の気相がディッシュ外と通じている）で培養する際，培地の標準的な緩衝剤である重炭酸緩衝液によって pH を 7.4 に保つには，気相の炭酸ガス濃度を 5 ％ に保つ必要がある．このため，炭酸ガスボンベから炭酸ガスを供給して培養するのが CO_2 インキュベーターである．連続的に炭酸ガスを供給するタイプと，濃度が低下したときに急速にフラッシュ注入するタイプがあるが，扉を開けた後などは後者の方が回復が早い．また，温度 37℃，湿度 100 ％ に保つのが標準である．庫内温度を保つため周囲を 37℃ の水浴で覆った，ウォータージャケット型が多い．炭酸ガス濃度，温度，湿度のみならず，酸素濃度のモニターがついていて表示されるタイプもある．炭酸ガスモニターなどはいくつかのタイプがあり，使用上で注意すべき点がそれぞれ違うので，説明書などを見て勉強しておくとよい．研究室によっては，温度，湿度，炭酸ガス濃度，酸素濃度を変更して培養している場合があるので，注意する．

5）培養容器の種類

多くの研究室では，滅菌されたプラスチック培養容器が利用されている．一番汎用されるのは直径 35 mm，60 mm，90 mm（100 mm）のディッシュ（シャーレ）であろう．大量の培養には，角型の大きなディッシュもある．種々のアッセイやスクリーニングなどには 4 ウェル，6 ウェル，24 ウェル，96 ウェルなどのマルチウェルプレートが便利である．また，種々のサイズのフラスコも市販されている．やや特殊な目的として，細胞外マトリックスなどをコートしたディッシュや，細胞が通過しないメンブランフィルターで隔てた二重になったマルチウェルプレートなども市販されている．カタログを見ると，もっとさまざまなものがあるかもしれない．だいたい，めずらしいものほど値段が高いが，必要に応じて使い分ければよい．

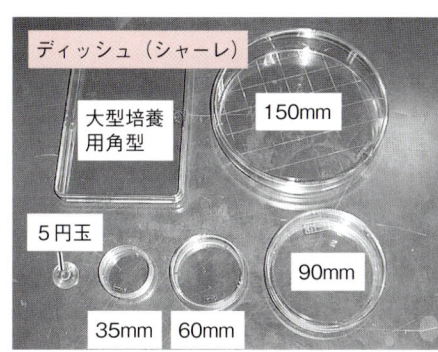
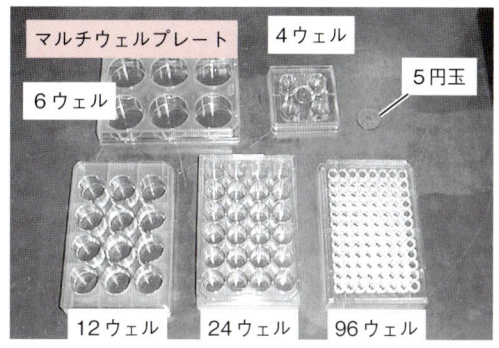

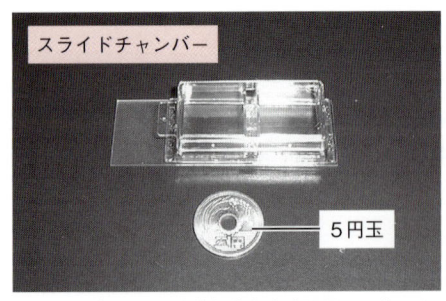 

スライドグラス上に直接細胞をまく器具．4ウェル，6ウェルもある

6）ピペットの種類と特徴

◆ ピペットの種類

培養に使うメスピペットには，1 mL，2 mL，5 mL，10 mLなどがよく使われる．少数の細胞をまいたり，試薬を添加するときなどには，0.5 mLや0.1 mLのピペットが使われることもある．また，20 mLのピペットもよく使われる．メスピペットの他，パスツールピペットや駒込ピペットもよく使われる．

◆ メスピペットの種類

メスピペットには，先端までメモリをふった吹き出し型と，途中までの2種類があるが，培養ではしばしば吹き出し型が使われる．1つの理由は，細胞浮遊液を何枚ものディッシュにまきこむ際に，吹き出し型でない場合には，先端に残った液をまず排出してから次の液を吸い上げる必要があり，面倒なだけでなく細胞を余計に弱らせるためである．2種類のピペットが混在していると間違いが起きるので，吹き出し型に統一することが多い．

◆ メスピペットの特徴

培養用のメスピペットには，生化学用と違って，直径が大きく長さの短い特殊なものが使われる．ピペッターに取り付けたとき，長いピペットでは手元とピペット先端の距離が離れて不安定になることによって，ピペット先端が培地ビンの口に上手く入らなかったり，培地ビンや培養器等に触れては困るからである．太短いピペットは細長いピペットに比べて精密さに欠けるが，細胞のまき込みや培地替えには，高度の正確さを要求しない．

また，5，10，20 mLの培養用メスピペットでは，先端の孔が生化学用に比べて大きいが，これは，細胞浮遊液をまき込む際にはある程度速い落下速度が要求されるためである．液の落下速度が遅いと，ピペット内で細胞が沈降する速度の方が速くなり，ピペット内で細胞濃度に不均一性が生じる．

培養用のピペットは，もとの方に綿を詰めて用いる．吸った液（培地等）が誤ってピペッターへ入り込むことのないように，また，ピペッター側から空気を通じて雑菌などが落ち込まないようにするためである．市販のものでは同じ目的でプラスチック製のフィルターが使われている．培地をアスピレーターで吸い取るときのパスツールピペットは，綿の入っていないものを使用する．

1本ずつ無菌的に包装された使い捨てピペットもある．プラスチック製もガラス製もある．回収して再利用するには適さないような場合に，目的・必要に応じて使えばよい．

講義4　培養室の見学

一通り，細胞培養に関する基礎知識を学んだところで，今度は細胞培養が実際にどのよう

に行われているのか，培養室を見学してみよう（24ページの図参照）

★ 培養は専門の無菌室で行うことが望ましい
★ 見学するときは，培養室へ勝手に入らないこと
★ 勝手に触ってはいけないものもある

1 培養室の意義

　細胞培養で一番気を使うことは，雑菌の混入である．動物細胞等を培養中に，余計な雑菌（バクテリアやカビの類）が入り込んで増殖することを**コンタミネーション**（contamination：通称**コンタミ**[a]）といって，これが起きないように注意する必要がある．動物細胞は増殖するときに多くの栄養素に加えて増殖因子を必要とし，増殖速度が遅い．それに対してコンタミする雑菌は増殖因子を必要とせず，細胞培養の培地のように栄養豊富な環境に飛び込むと，激しい勢いで増殖し，多くの場合，大切な細胞を死滅させる．ひとたび雑菌がコンタミすれば，雑菌を除去することはほとんどの場合，不可能である．

　一般に，欧米に比べて日本は湿度が高く，空気中の雑菌が多いためにコンタミが起きやすい．また，以前に比べて格段によくなったとはいえ，大学の通常の研究室では廊下や実験室にもホコリが多く，雑菌の大部分はホコリとともに侵入する．無菌箱の時代からクリーンベンチの時代になって，無菌操作中のコンタミは格段に減少したが，培養中に，空気を通じて培養器にコンタミすることを避けるためにも，専用の培養無菌室（完全に無菌にすることは不必要であるが，一般実験室に比べて雑菌が少ない部屋）を設け，その中で行うことが望ましい[b]．

[a] 日本中の多くの研究室でコンタミという言葉を使っており，ときには学会の発表でもコンタミと称することがあるが，これは正式の言葉ではなく，もちろん英語としては通用しない．

[b] 研究者の数に応じて，小規模でもよい．

 **空気（ホコリ）以外のコンタミのルート**

　コンタミは，空気（ホコリ）によって運ばれるルートが大半であるが，その他に滅菌不十分な器具や試薬と，ヒトを通じたルートがある．**ヒトの手はどんなに洗浄消毒しても，雑菌をゼロにはできない．無菌の手袋をしても，操作中に無菌状態でない部分に触れることが避けられない．**手袋をして安心してか，顔を触ったりする人がいるが，手袋をした意味がない．また，ヒトの唾液には多くの雑菌がいる．しゃべらなくても，口を開け閉めするだけでも，微細な飛沫が口から飛び出すものである．この飛沫が培養器に飛び込めば，細胞に感染する．

　なかでも，多くのヒトに不顕性感染している**マイコプラズマ**は，培養細胞に感染しても細胞を殺さずに共存して増殖することも多いため，他の雑菌に比べてコンタミを発見しにくいうえに，実験結果を大きく狂わせることがあり，細胞培養にとって大きな脅威である．培養細胞への感染調査をはじめた1980年代には，日本で培養している培養細胞の60〜70％（あるいはそれ以上）にヒト由来を含めたマイコプラズマの汚染が認められて，大騒動になった．

　クリーンベンチの普及と，ピペットを口で吸わずにピペッターを使うことによって，マイコプラズマの汚染は大きく改善されたが，新たな感染がないわけではない．定期的に培養細胞のマイコプラズマ汚染をチェックすることは不可欠である（**特別実習4-3「マイコプラズマの検出」**を参照）．研究室同士で細胞をやりとりすることも多いが，欧米の研究所や大学では1980年代以降，組織的にマイコプラズマの感染をチェックし，感染した細胞は受け入れない（廃棄する）ようにシステム化されているところが多い．

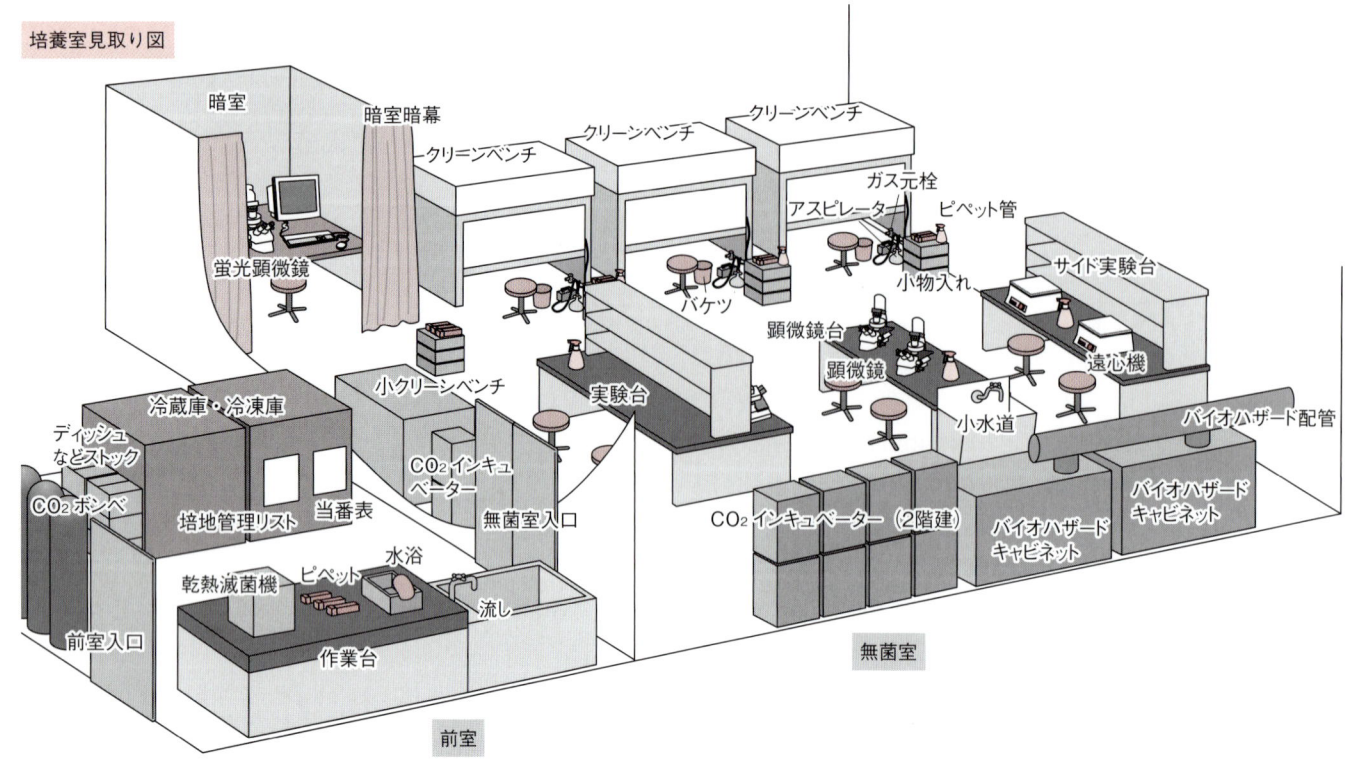

培養室見取り図

2 培養室へ入る前の注意

★ 重要なことは雑菌を持ち込まないこと
★ 雑菌は衣服やホコリとともに持ち込まれる
→一般に，欧米に比べて日本は湿度が高いため，空気中の雑菌が多い
→たいていの大学の廊下や実験室はホコリも多い

▶ 雑菌やホコリを持ち込まない！

- 体がホコリっぽくはないか？ 少なくとも，ホコリのついた白衣は脱ぐ
- 昼休みにグラウンドでサッカーをやって，そのまま培養室へ直行する，などということでは皆に嫌われる
- 動物室で実験した後は，動物の毛や餌や排泄物が体についているかもしれない．そんなときは，下宿へ帰ってシャワーを浴びてからでないと培養室へ入らない学生がいた．そのくらいの気遣いはほしい
- 家でペットを飼っている場合も要注意．動物（人間もだが）には，マイコプラズマがあり，培養細胞がマイコプラズマに感染する危険がある．マイコプラズマ感染は，見た目ではわからない場合が多いが，実験の結果に大きな影響を及ぼす
- パン屋さんで朝アルバイトをしている大学生は，シャワーを浴びてから登校していた．酵母のコンタミは多いので気をつけたい．生ビールを飲んで無菌室へ入るのは別の意味でも問題だ

▶ メモあるいは実験ノートくらいは持って，気付いたことは書きとめておこう

先輩は，一度注意したことは覚えているものと思う（期待する）だろう．「さっき注意したじゃないか」とか「昨日ちゃんと注意しただろう」と言われないように．優しい先輩でも同じ注意を3回もすると「コイツは覚える気がない」と思うかもしれない．

3 まず前室へ入る

▶ 前室の必要性

無菌操作の準備をするための場所として、また、廊下の空気が直接に無菌室へ入らないようにするため、無菌室の手前に前室をおくことが望ましい。

▶ 前室への入室～培養室入室の準備

1) 前室へ入る

廊下側の扉と前室から無菌室に入る扉が同時に開いた状態にならないように注意してドアを開く。具体的には無菌室の扉が開いていないことを前室の扉のガラス越しに確認してから前室の扉を開く。

また履き終ったスリッパは整理して収納する。

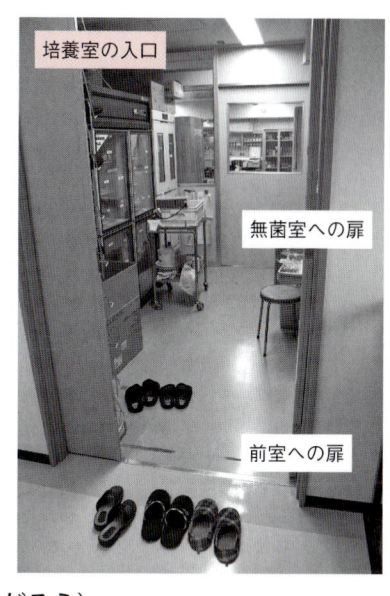

2) 白衣（実験衣）などを清潔なものに替える（研究室によってルールがあるだろう）

- 普段白衣を着ないで実験しているなら、培養室では専用の白衣を着る（体側から細胞側へ、細胞側から体側への雑菌の移動を防ぐ）
- 汚い白衣では、着替えても意味がない。定期的に洗濯したきれいな白衣を使う
- 長い髪はまとめておく
- 毛糸などを使ったセーターはぬぐ

3) 手をよく洗う

培養室へ入って、何にも触らないということはありえないのだから、入る前には以下の手順で必ず手を洗う。

① 石けんで手をよく洗う（★1）

無菌室では、手はもちろんのこと腕についても石けんできれいに洗う。長袖の場合も、腕をまくって実験を行うため、クリーンベンチに入る部分まできれいにする必要がある。昔は、手も腕も殺菌力の強いクレゾール石けんで洗っていたが、頻繁に使用すると手が荒れやすいために、通常の家庭用の消毒石けんなどを用いて洗う。

② 殺菌用の液に手をつける（腕の部分までしっかりと殺菌しよう）

クレゾール石けん液を50～100倍希釈したもの、あるいはヒビテン液（5％グルコン酸クロロヘキシジン）を50～100倍希釈したものなど。長時間つけなくてよく、浸せばよい。見学だけなら70％アルコールあるいはオスバン（0.2％塩化ベンザルコニウムの70％アルコール液）などを手に噴霧してもよい（次ページの写真を参照）。

③ 殺菌用の液につけてある手拭きを絞ってよく拭く（次ページの写真を参照）

④ 手袋をはめる

昔は素手で細胞実験を行っていたが、細胞への雑菌のコンタミ防止には、手袋着用が望ましい[a]。

ここでの手袋は、自分の身を守るための手袋というよりは、自分自身の雑菌などから細胞を守る目的が主であり、無菌的に扱うためであることを念頭に入れておく。

> **Point**
> ★1 手は肘まできれい洗う！

流しが深いタイプになっているのはいくつか理由がある。手の洗浄は、腕まで洗う必要があるので、腕まで洗いやすいように深いタイプになっている。また、ピペット洗浄槽（洗剤につけるとき）に水を入れたり、捨てたりするときに深い方がやりやすい。さらに、ピペット洗浄液の水のあふれ出し防止にもなる

[a] 無菌操作のために、手袋をはめた後で汚いものをさわったりしないように注意する。手袋を70％エタノールなどを噴霧して殺菌してもよいが、必ずよく乾燥させたうえで実験する。特に、火気を用いる場合、よく乾燥していないと引火することがある！

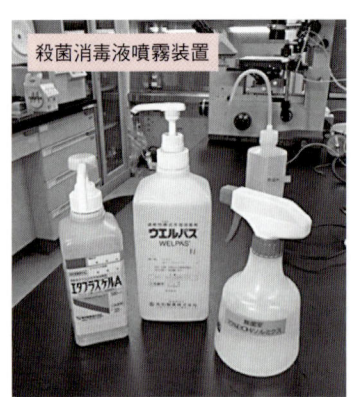殺菌消毒液噴霧装置

クレゾール石けん

解説 クレゾール石けん液の廃液について

　クレゾールは，クレゾール石けん消毒液として使用するなどきわめて薄い場合は，排水として流しに流してもよいが，細胞培養液を吸引する際の廃液トラップの防腐剤として用いる場合は，フェノール系廃液としてタンクに貯蔵する必要がある．貯蔵したタンクは，廃液処理日に廃液処理機関に提出して処理してもらう．なお，クレゾール液をアスピレーターの廃液トラップに入れておかないと，一晩でバクテリアが増えて，無菌室が異臭だらけになり無菌室として機能しなくなるので注意が必要である．

　廃液処理の手間を考え，クレゾールの使用を避けたい場合は，使用するたびにトラップにたまった細胞培養液を破棄してきれいに洗浄して使用することも可能である．これなら廃液の心配をしなくていい．いずれにしても，研究室で統一したルールを作ることが大事である．

▶ どんな機器があるか，先輩の説明を聞こう

1) 冷凍庫，冷蔵庫

　共通用冷凍庫の扉にはトリプシン/EDTA（細胞を継代するときに使うトリプシンとEDTAを含む溶液），血清の使用状況を記録するリストを貼っておくと扉を開けなくても，あと何本残っているかわかる．ビンを出す前にチェックすること．

◆ ちょっと開けて中を見せてもらう
- 冷凍庫には，普段よく使うトリプシン/EDTAや増殖因子，その他の試薬が入っている
- 容器には，物の名前，所有者の名前，日付が必ず記入されている
- 冷蔵庫には，培地や試薬が入っている

個人冷蔵庫
共通冷蔵庫
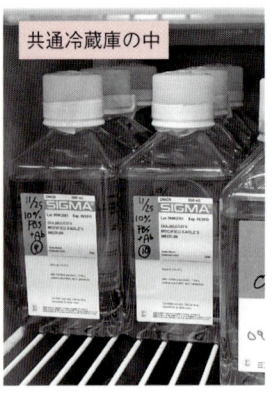共通冷蔵庫の中
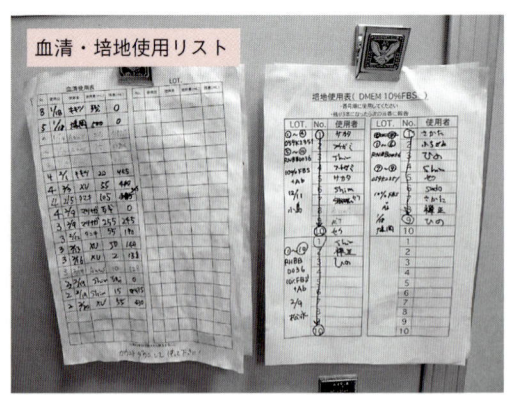血清・培地使用リスト

☞ **共通で使用する物と個人で使用する物を置くスペースをきっちりと分ける**
　重要なことは，共通で使用する物と個人で使用する物を置くスペースをきっちりと分ける

ことである．冷蔵保存する培地に関しても，血清や抗生物質を含まない物のスペースと，血清や抗生物質を含む物のスペースを分けること．

培地を保存した共通用冷蔵庫では，自分用に培地を取り出すたびに本数を記録すること（あと何本残っているか，開けなくてもわかる）．

☞ **共通使用する培地はロット管理**

培地を自分たちで作製する場合は，必ず作製日などで培地のロットを管理すること．09-12-24-1～09-12-24-12（2009年の12月24日に作製した12本の培地に番号付けをした例）など番号をふって管理するとよい．

☞ **培地使用リストを作る**

誰がどのロットの培地を使用したかわかるように冷蔵庫にこれらのロットを記入した培地使用リストを作成し，貼っておくとよい．

☞ **冷蔵庫も冷凍庫も開けたら必ず閉めること**

閉めたつもりが閉まっていないと，中の物がダメになる．増殖因子など高価な物や貴重な物がダメになるのはつらい．自動ドアや，手を離せば自然に閉まるドアが普及しているために，開けた後はキチンと閉めるという当り前の確認ができない人がいる．閉めたつもりではなく，**「ドアを手で押さえて閉め，閉まったことを確認する」**までを習慣づける．

2）水浴（ウォーターバス）

- トリプシン/EDTAや培地を温めるためや凍結した細胞を溶かすのにも使う
- 水浴に入れる水は水道水でよい．掃除はできれば毎日やる方がよい
- 小さいビン，中身の少なくなったビンが倒れないように，試験管立てを入れておく

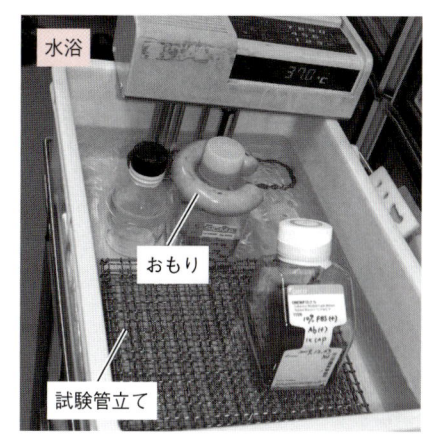

☞ **繁殖しやすいバクテリアは防腐剤で撃退！**

水浴の水は，毎日交換する．水に防腐剤を入れておくとバクテリアの繁殖を防ぐことができる．防腐剤がないと1～2日もすれば，水が濁ってくるが，防腐剤を入れておくと濁ったりはしない．防腐剤としては，クリアーバス（Spectrum Laboratories, Inc）などを使用する．CO_2インキュベータには用いないこと．

3）炭酸ガスボンベ

CO_2インキュベーターに供給するCO_2は，炭酸ガスボンベから供給する．施設によって供給方法が異なるが，多くは写真のような炭酸ガスボンベを用いて行っているところが多い．

- ゲージの見方や取りつけ方は，後で先輩に聞こう（**特別実習1-3を参照**）
- バルブの開け方，閉め方も，取り替える際によく聞いておこう

☞ **労働安全衛生法でガスボンベは，所定の方法での固定が義務づけられている**

労働安全衛生法によりガスボンベは，必ず下部と上部の2カ所をチェーンで止めなければいけない．

☞ **なくなった炭酸ガスは，すぐに注文！**

炭酸ガスがなくなると細胞は死んでしまう．通常，最低でも予備を1本は置いておく．交換したら，すぐに新しいものを発注しておくこと．

4 無菌室へ入る

★ 廊下から前室へ入るドアと，前室から無菌室へ入るドアを同時に開けないこと
→同時に開けると，外の風が無菌室まで吹き込む（25ページ「**前室の必要性**」を参照）．
★ 床はピカピカ（古くても）で，ホコリ1つ落ちていないくらいに清潔にすること（特別実習1-1を参照）
→毎日掃除し，1週間に1度は水拭きする．もちろん水が残っていてはいけない．
→掃除機は基本的に使わない．モップや，いわゆる化学ぞうきんを用いよう．机の上，棚などはハンディモップを使い，極力ホコリがない状態にしよう．

▶ 無菌室の特徴

通常の培養室では，無菌室と称しても，無菌操作をする部屋という程度であって，部屋として無菌状態を保てるわけではない．普通の実験室より浮遊する雑菌が少ないだけである[a]．

[a] 本格的な無菌室は，天井から常時無菌空気を供給して無菌状態を保つ．前室から無菌室に入る際に，頭から足下までつながった無菌衣に着替えて全身を被ったうえで，天井と壁から全身に無菌空気ブロワーを浴びせ，床から吸引することで表面の雑菌を除去する．しかし，通常はそこまでの設備は不要である．

▶ どんな機器があるか，先輩の説明を聞こう

1）CO_2インキュベーター

CO_2インキュベーターは細胞培養器で庫内の温度，湿度，および，培地のpHを一定に保つための機器である．

通常，温度37℃，湿度100％，CO_2濃度5％である．O_2濃度は通常20％だが，N_2で置換しO_2濃度をコントロールできるものもある．

☞ **インキュベーター前面のパネルにはいくつかの数字が出ている**

◆ **温度表示**

哺乳類細胞は通常37℃で培養する．温度感受性の変異株などは32℃，あるいは34℃や39℃，あるいは40℃で培養することもある．

たいてい，温度設定のための表示と，実際の庫内温度の表示が別々にあるが，同じ窓に表示される場合もある．

機械というものは必ず壊れるものである．**表示された数字を頭から信じる，という態度はいけない**．扉を開けたときの体感温度がいつもと違う，ということで表示の故障に気付いた学生がいた．エライと思う．

◆ **炭酸ガス濃度表示**

最近の機種は，炭酸ガス濃度をモニターし，濃度が下がったときだけ炭酸ガスを注入するようになっている．センサーにはいくつかの方式があるので，先輩に聞くか，仕様書を後で読んでおくことにする．

培地のpHは重炭酸バッファーで緩衝されている．体内のpHも主に重炭酸イオンで緩衝されている．他の緩衝液に比べて細胞に対する毒性が

小さい．通常の培地は，95％空気，5％炭酸ガスの気相のとき，培地のpHが7.4に保たれる．細胞によっては炭酸ガス濃度が3〜10％の間で変更される場合もある．空気中の炭酸ガス濃度はほとんど0％に近く，そのままでは培地から炭酸ガスが逃げて培地のpHはアルカリ性に傾く．

◆ その他の表示

その他，庫内の湿度や酸素濃度が表示される機種も多い．

◆ 電源について

CO_2インキュベーターの電源は，天井からラインをもってくると管理しやすい．

天井のコンセント

☞ 開けて見せてもらう

- 扉を開けると，中にガラスの扉がある．これも開ける．扉が保温されていないタイプでは，ガラスの内側に水滴がつくことがある．カビを培養するもとになるので，アルコール綿をきつく絞って拭く
- 中に金属のトレイがあって，その上に培養ディッシュなどが並んでいる
- 一番下に，湿度を保つための水を入れたバットがある．水が足りなくならないように気をつけ，蒸留水あるいはMilli-Q水（ミリポア社の超純水製造装置で作った水）を補給する．水の中には防腐剤として，デヒドロ酢酸ナトリウム一水和物を1g/Lの濃度で溶かしておく
- 長くながめていると炭酸ガス濃度が低下し，温度と湿度が下がるので，早めに扉を閉めよう．扉の解放中は炭酸ガス濃度が下がっても炭酸ガスは注入されない
- CO_2インキュベーターは非常に重い．これはウォータージャケットといって，外壁の中に37℃の水が入っているからである．比熱の大きい水で満たすことによって庫内温度の変動を小さく抑えるためである．もちろん，ウォータージャケット用のヒーター，温度センサーがあり，必要に応じて設定を変えられる．この水も少しずつ蒸発するのでときどき補給すること

CO_2インキュベーター内部
ガラスの扉
水を入れたバット

☞ 扉はちゃんと閉める

- ガラス扉のノブをきちんと閉めないと，機械は扉解放と認識し，炭酸ガスの導入をしない．きちんと閉めることでセンサーが働き，炭酸ガスをフラッシュ注入して5％にまで戻す．センサーは，外扉についているタイプとガラスドアのノブにある場合があるので，自分の研究室のセンサーを確認しておこう．ただし，センサーが付いておらず炭酸ガスを流し放しの機種もある
- ガラス扉をキチンと閉めずに帰り，炭酸ガスの補給がなかったために，翌日には培地が紫色（アルカリ性）になっていて，細胞が全滅したことがある
- 外の扉も閉める．振動を与えないように，静かに閉める

扉開閉ロック

扉開閉センサー

2）クリーンベンチ

◆ クリーンベンチ内は無菌状態に保たれる

- 操作中は，上または奥の壁から手前に向かって無菌空気が吹き出し（ブローアウト型），無菌作業をする空間をつくる．無菌空気がエアーカーテンで手前から吸い込まれ，作業者側に風が吹き出さないバイオハザード対応のタイプもある

- いずれのタイプも空気は0.22μmのフィルターを通して除菌されており，フィルターはときどき交換しなければならない（差圧計のメーターをチェックする）
- 足元の給気プレフィルターは1週間に1度掃除する方がよい

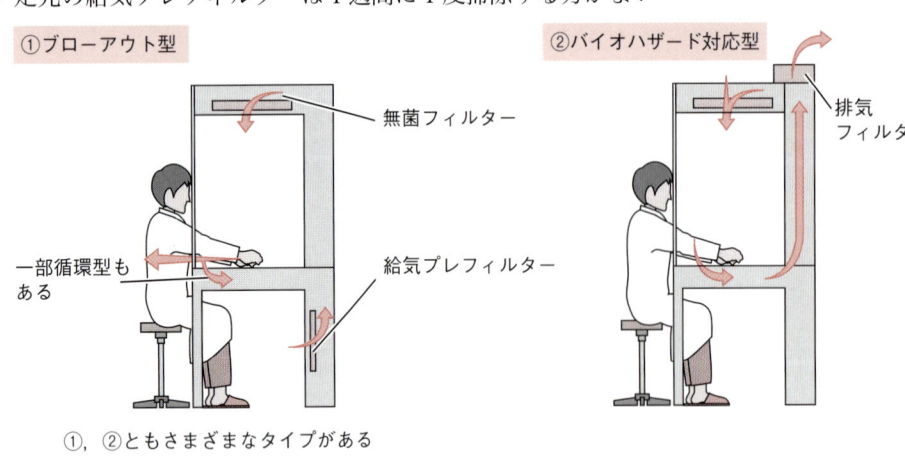
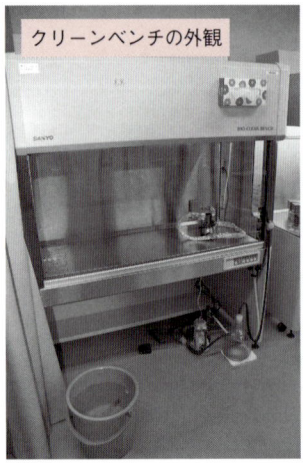

👉 使わないときは扉を閉めて殺菌灯をつけておく

- 原則として，クリーンベンチ内には余計な物を入れておかない．物があると，影になったところは殺菌灯が効かない
やむを得ずクリーンベンチ内に入れておく物，例えばチップなどのプラスチック製品はUVで劣化するので，入れるなら必ずアルミホイルなどUVを通さないカバーをかける（カバーの下は殺菌されない）
- 殺菌灯や蛍光灯が切れたら，すぐ取り換える．クリーンベンチの外に保管してある新品にはたいていホコリがついている．きつく絞ったアルコール綿でよく拭き，十分に乾いてから取り付ける

👉 前面に操作パネルがある

- 前面パネルには，殺菌灯，蛍光灯，ブロアーなどのスイッチ，風量計などが並んでいる

3）クリーンベンチのまわり（★1）

Point
★1 清潔に保つ！　ホコリがたまらないようにすっきりと！

◆ 廃液トラップと吸引ポンプ（アスピレーター）
- 培地を吸い取るときに使う．吸引ポンプは，排気中に油が出ないものがよい．油のミストが培養室中に排出されると，油が培養器や器具について，細胞が生えなくなる原因になる．廃液のトラップは少なくとも（使う度でなくてもよいが）毎日空にして，洗浄しておく

◆ ガスの元栓
- ガスの元栓は閉めておき，使用時に開く（使用していないときは，壁または床の元栓も閉める）

◆ 小机および小型ボックス
- クリーンベンチで使うものが置いてある
- 滅菌ピペットの缶：ちゃんとフタが閉まっている
- 引き出しには，ピンセット，駒込ピペットのキャップ，ビニールテープ，ハサミ，使いかけのディッシュなどが入っている．小物をむきだしで置いておくとホコリをかぶるので，必ず缶に入れるか引き出しにしまうこと．

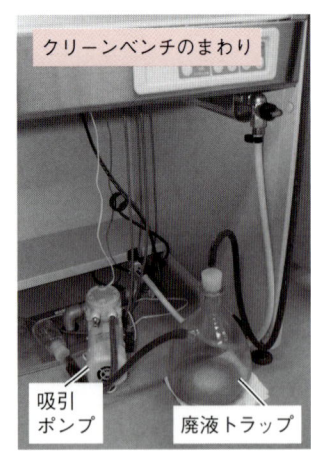

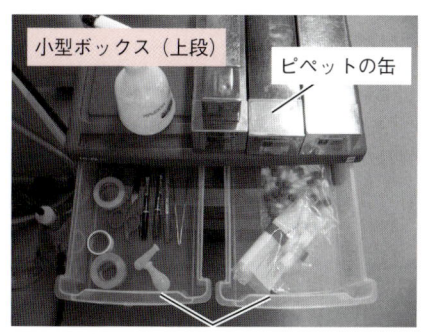
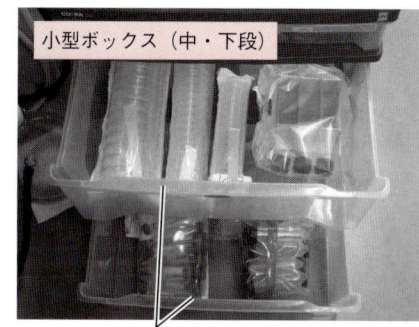

👉 **整理のポイント**

　動かしやすい小型ボックス（プラスチックラックなど）にディッシュ，ピペット，ピンセットなどの小物を入れると便利．床を掃除するときも，動かしやすいのでいつも清潔に保てる．上段の小さな引き出しは，ピンセット，ピペットマン，ビニールテープ，マジックなどよく使うものを入れる．中段は，ディッシュ，フラスコ，プレートなどを入れておく．開封済み（使用中）のディッシュなどは，開封口をしっかりテープやクリップで留めておくこと．大きなピペット管は，最下段の引き出しか，使用頻度が高ければ上部に置いておく．ただし，クリーンベンチに入れるときは，エタノールできれいに拭いてから入れること．

◆ 使用済みのピペットを入れるバケツ
・ピペットが十分に浸かるようなものを用いる

4）倒立位相差顕微鏡

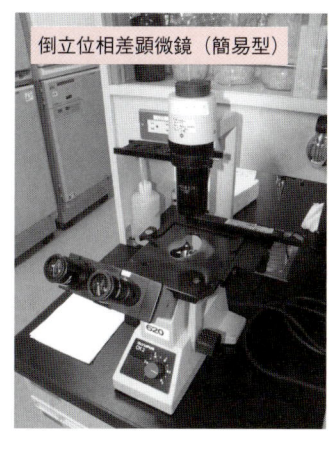
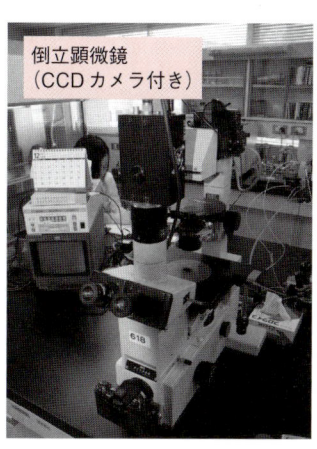
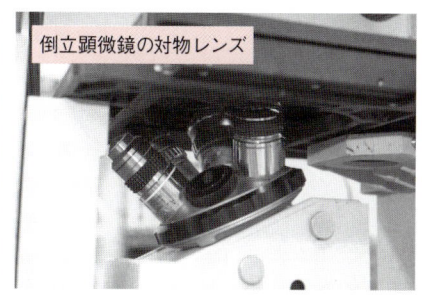

・細胞の観察に必須．倒立でかつ位相差のシステムが培養細胞観察の標準である
・倒立型とは，**上写真：右**のように対物レンズが上向きになっている顕微鏡である．通常の顕微鏡は，下から光をあて，観察する物を通った光を，上側にある対物レンズで受けるが，倒立顕微鏡は上から光をあて，観察する物を通った光を，下側にある対物レンズで受ける．こうすることでレンズと細胞との距離を近づけている．フタのついたディッシュなどの厚みがあるようなサンプルの場合，下部にレンズを設置しないとピントが合わず観察することができない
・培地の中に生えている細胞は透明で，普通の顕微鏡ではほとんど見えない．位相差顕微鏡は透明なものでも屈折率の違いがあるとコントラストがつくため，細胞がよく見える．先輩に細胞をちょっと見せてもらえるとよい

- 顕微鏡には，簡易型の観察専用の顕微鏡（**前ページ写真：左**）と，カメラやビデオなどを設置できるポートがある顕微鏡がある．**前ページ写真：中央**のように，上部にCCDカメラを設けてモニターに映すことができる．顕微鏡にCCDカメラをつけておくと，モニターで細胞の観察ができ，複数の人数で細胞の観察ができる．また，細胞の画像を電子記録することができ，観察記録として保存できる．

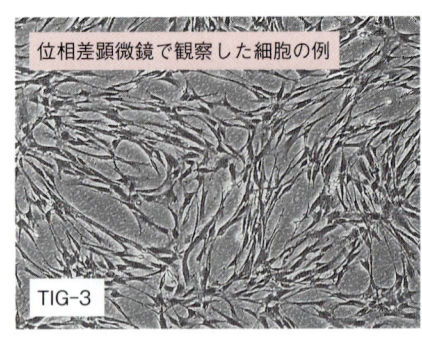

位相差顕微鏡で観察した細胞の例

TIG-3

5）蛍光顕微鏡

◆ いつ，どのような目的で使用するのか？

　無菌室にどうして蛍光顕微鏡が置いてあるのか，不思議に思うかもしれない．今日では，さまざまなタンパク質の遺伝子に蛍光タンパク質[b]の遺伝子をつなげて細胞に導入し，実験が行われている．これによってタンパク質が細胞内で生産される様子や，生産されたタンパク質が環境変化に応じて細胞内で局在を変化させたり移動する様子を，生きた細胞のままで観察できるようになった．蛍光標識したタンパク質を生きたままの細胞で観察するために，無菌室に蛍光顕微鏡が置いてある．

◆ 構造と原理

　蛍光顕微鏡には，標本の上部にある対物レンズを通じて紫外線を照射する落射型蛍光顕微鏡と，標本の下部にある対物レンズを通じて紫外線を照射する倒立型蛍光顕微鏡とがあるが，ディッシュ等に生えている生きた細胞を観察するには，倒立型蛍光顕微鏡を用いる．落射型では，標本の上部にある対物レンズを通して紫外線が照射され，発する蛍光像を対物レンズを通して観察するので，ディッシュのフタと培地とによって対物レンズが標本（細胞）に近づけないために焦点が合わないことに加えて，ディッシュのフタと培地とによって紫外線が遮られて，十分な紫外線が細胞に到達せず蛍光を発しないからである．倒立型でもディッシュの底から紫外線を照射するので紫外線の減弱は起きるが，落射型に比べれば減弱は少なくて済む．

　蛍光顕微鏡の維持と操作には熟練が必要なので，ここでは操作を先輩に任せて，いくつかの例を見せてもらうだけにしよう（蛍光タンパク質を発現させた細胞の様子については**巻頭カラー図4参照**）．使いこなすためには別の本[c]を参考にしながら，先輩からの手ほどきを受けてもらいたい．

[b] 2008年度のノーベル化学賞は，蛍光タンパク質の研究によって下村　脩先生らに授与された．

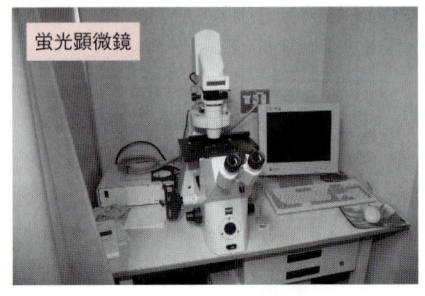

蛍光顕微鏡

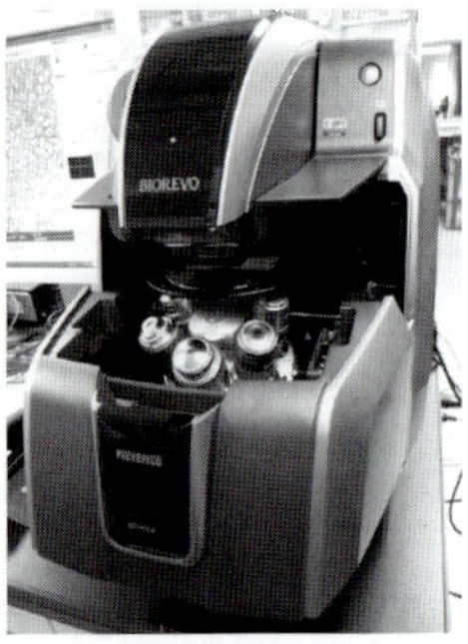

暗室不要型蛍光顕微鏡

上の写真は一般的に使用されている蛍光顕微鏡である．蛍光像を見るためには，暗室に設置して使用する必要がある．また，下の写真のように暗室不要型の蛍光顕微鏡もある

[c] 「無敵のバイオテクニカルシリーズ『改訂 顕微鏡の使い方ノート』（野島　博/著），羊土社，1997」など

6）実験台の引き出し

- 培養室で使うさまざまな道具が入っている
- 使用頻度の高い道具をすぐに取り出せるように工夫して収納するとよい
- 引き出しの第一段目は，その机で使用する頻度が高いものを入れる
- 細胞をカウントする顕微鏡の置かれた台の引き出しには，ピペットマン，血球計算盤などを入れておく

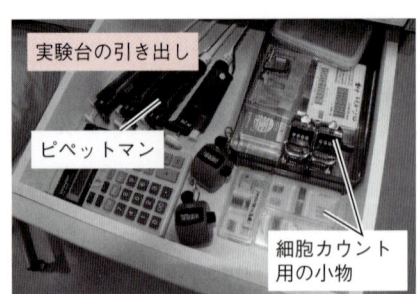

実験台の引き出し

ピペットマン

細胞カウント用の小物

7）戸棚
- 培地ビン，トリプシン/EDTA用のビン，ピペット缶などの滅菌した器具が収めてある．戸棚の扉はちゃんと閉まっている

8）水浴（27ページと同様）
- 無菌室で培地を保温しながら使いたいときに用いる

9）遠心機
- 細胞を遠心するのに使う．3,000回転くらいまでの低速遠心機でよい
- マイクロ遠心機は培養室での実験用の細胞の回収などに用いる

☞ **ローター室は頻繁に拭いて清潔にしておくこと**
- 培地がこぼれたところにカビが生え，回転中に胞子をまき散らすようではおおごとである
- ローターもローター室（ローターが回転する場所）も清潔に保つこと

予備の滅菌されたピペット，滅菌されたチップ，その他，無菌的に使用したいものはホコリが入りにくい戸棚等に収納しておく

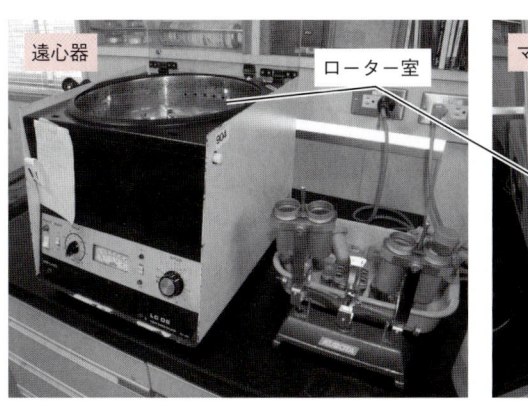

10）その他
幹細胞研究などを行う研究室では，セルソーターなどを無菌室あるいは隣の部屋に入れている場合もある．また，細胞へDNAを注入するエレクトロポレーション装置や顕微注射（マイクロインジェクション）装置などが置かれている場合もある．

—— ここで見学はおしまい．次はいよいよ実習だ！ ——

ハイ，お疲れさまでした
　講義の部分も無菌室への出入りも一通り復習しておいてもらうとして，実際にものに触れてみないと実感がわかないのは当然である．それは明日からの実習に期待しよう．明日，培養室に入るに際しての注意と，実習手順については，ぜひ予習しておこう．場合によっては実地に，そうでなくても頭の中だけで，培養室の前へ行き，ドアを開けて，と言う手順をなぞってみよう．無菌室への出入りだけについても，「アレ，ここはどうだったんだっけ」と思うことが出てくれば，それは不勉強なのではなく，忠実に"注意深く"手順を頭の中で再現できている証拠である．疑問点は，後でまとめて先輩に聞いて確認しておこう．では，明日に期待．

第1日 無菌操作の基本を身につけよう！

本日の到達目標

- 無菌操作の基本をマスターする
- 細胞の観察ができるようになる
- 培地替えができるようになる
  （実験動物でいえば餌やりに相当する）

➔ 実習のポイント

- 他人に迷惑をかけないよう，培養室入室の作法などのルールを守る
- 無菌操作の基本（雑菌の持ち込みを最小限にすること）を守る
- 無菌的に扱うために何をすればいいか考えられるようにする
- 培養細胞を観察し，状態を確認する

　細胞培養を行うためには無菌操作は必須である．まずは培地替えという，培養に欠かせない作業を通じて無菌的に操作を行う方法から学んでいこう．

　たった1日分の実習にしては，注意することが多すぎるけれども，はじめから嫌にならないでほしい．これらの多くは，実際に先輩に習うときには口頭で注意されるような，あるいは見ればわかるようなことである．書くと長いが，実際にはそうたいしたことではないので，驚かないでもらいたい．少し慣れれば，ほとんど頭を使うことなく，勝手に手が動くようになる程度の内容である．

　はじめは「息をするのもはばかられる」くらいに緊張するかもしれない．それでよい．はじめから緊張感がないようでも困る．とにかく培養室へ入り，無菌操作の第一歩を実際にやってみよう．

● 実習1　培地替え

　細胞を培養するとき，培地が必要である．培地には，細胞にとって必須なアミノ酸，ビタミンやグルコース，ときには脂質などの栄養素の他，無機塩類や増殖に必要な増殖因子など多くの要素が含まれている．細胞を培養していると，細胞は必要な物質を培地中から取り込み，不要な物質を培地中へ放出するため，培地は次第に劣化する．放置すると細胞はやがて死滅する．生きのよい細胞を維持するためには，適切な頻度での培地交換が必要である．もちろん，すべて無菌的に行う必要がある．つまり，培地交換は，細胞を維持するために最低必要な無菌操作である．

▶ 培養室（無菌室）へ入る前に準備しておくこと

- ★ 実習書（本書）をよく読み，やることを一通り頭に入れて操作をイメージトレーニングしておく
- ★ プロトコールを書く → 書き方の注意は別にする（36ページ参照）
- ★ 疑問点を整理しておく → 先輩に聞いておく
- ★ ピペットの扱いの練習をしておく

◆ ピペットの無菌的扱いをあらかじめ練習しておく

　電動ピペッターで，正確に10 mLあるいは5 mL取る，などという簡単なことも，無菌的な扱いを念頭におくと，はじめは案外やっかいである．

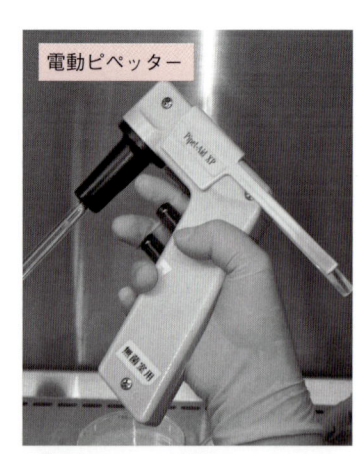

電動ピペッター

写真はDrummond社製

34　改訂　細胞培養入門ノート

Step8（53ページ）を参考にしながら水の入った培地ビン，5 mLのメスピペット，空のディッシュを用意して，培地ビンから目的量の水を電動ピペッターで吸い取って，他にぶつけたりしないよう安定に保ちつつディッシュに入れる練習をしてみよう．このへんは一番簡単なことではあるが，まず先輩にお手本を示してもらい，自分でやってみるのがよい．

◆ 電動ピペッター

充電式の可変電動ピペッターがよく使われている．液を吸うスピードとはき出すスピードがコントロールできるタイプが便利である．いろいろな会社から電動ピペッターが出されているが，購入する前に必ずデモなどで試してみる方がいい．全くといっていいほど使い勝手は異なる．手の力の入れ具合でスピードをコントロールするものや，ダイアルの調節でスピードをコントロールするものがある（★1）．

> **Point**
> ★1 電動ピペッターの選択が，培養の成否を握る！

☞ **液の吸いすぎに注意**

電動ピペッターは，液を吸い過ぎるとモーター部分に液体が入り故障の原因になるので注意する．

通常，疎水性のフィルターがありモーターが保護されているが，購入時には確認が必要である．フィルターは1つ1,000円くらいするので，注意する．自分でメンテナンスできるように，一度，先輩に教えてもらって構造を知っておこう．以下は，その一例である．

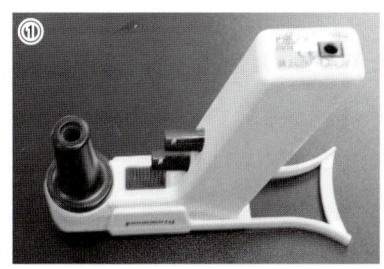

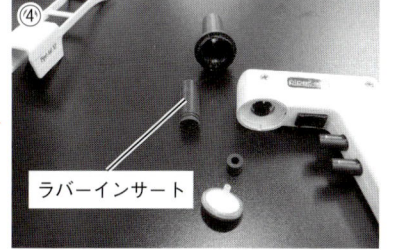

①実験台に，ピペットの差し込み口が上になるように置く
②ピペッターのジョイントのロックを解除してピペットの取りつけ口を回して外す
③フィルターとゴムのジョイントを取り出す．培地などの吸い込みによる故障は，このフィルター交換でなおる
④ピペットの取りつけ口の中にあり，ピペットの保持に必須なラバーインサートを外す．ピペットの差し込みが緩くなったときはこれを交換する．ピペットで液体を吸い込んで止めた状態でポタポタ漏れてくるようであれば交換する

バネや細かい部品をなくさないように注意する．また，無理矢理に力を加えたりしないように気をつける．バッテリーは，パソコンなどと同様に充電式であるので寿命がある．使用できる時間が極端に短くなったら，新しいものに交換しよう．

 **解説　ピペッター使用の必要性**

以前は，メスピペットを口で吸っていたが，ヒトから培養細胞への汚染防止（23ページ，**事前講義4「空気以外のコンタミのルート」**参照）のためと，逆に，培養細胞からヒトへの感染防止のために，現在ではピペッターは必需品である．動物細胞（なかでもヒト細胞）には，未知（ときには既知）の病原微生物を含む潜在的な可能性があり，今日でも，培養細胞に微生

実習1　培地替え　● 35

物汚染が全くないことを証明する手段がない．非常に長く研究室で受け継がれ培養されている細胞の場合には，経験的に安全性が高いと思われるが，動物やヒトから樹立して間がない細胞では，安全性を保証する根拠はないことを知っておこう．なお，さまざまな種類のピペッターがあるが，電動式のものが使いやすい．

 **はじめから自分で工夫することの利点と欠点**

　先輩から習うことの多くは，一見合理的でないと見えるところがあっても先人の工夫と努力の結果であって，無駄な失敗や間違いを繰り返さないためには，まず忠実に習う方が得策である．
　慣れないうちに我流を発揮するのはしばしば無駄が多い．特に，きちんとやるのが面倒くさいからという理由で，我流で手抜きするなどは，もってのほかである．
　一通りものごとがわかった後でなら，さらに工夫を重ねることも大切であるし，有益な工夫改良はもちろん心がけるべきことである．ただ，同じ研究室内での操作や方法は可能な限り統一しておくことが望ましい．同じ操作で同じ結果が出るようにするためと，まちまちだと新人が混乱するためである．小さくても独立できたら，自分流を大いに発揮してみよう．

実験ノート

\# 0001　　培地替えの練習　　　　　　2010年 4月 19日（月）

目的　無菌操作の練習として培地替えをする

> 本書の実習では目的は書かなくても明らかであるが，あらゆる実験には目的がある，という前提として，一応書いておこう

> 作った日の日付を書く（2010年3月19日に作製した5本目のビン）

> FBS：fetal bovine serum（ウシ胎仔血清）

用意
☐ 培地 DMEM（2010-3-19-5）10% FBS　lot.（Hyclone 7M0528）
☐ 60 mmディッシュ 1枚の細胞
　細胞名：TIG-3
　（2010-4-15 plated, Subconfluent, 45PDL）

> 血清のロット番号を書く（会社名，ロット番号）
> まいた日，状態，継代数などを記入
> コンフルエント（ディッシュいっぱいになった状態）のちょっと手前
> 正常細胞の場合分裂回数に限界があるので，何回分裂した細胞であるのかを書く

操作（10:30）
培地を吸い取る　➡ Step ⑤ 〜 Step ⑦
　↓
培地 4 mLを加える　➡ Step ⑧
　↓
37℃インキュベーターへ戻す　➡ Step ⑨
（10:55）

> 始めた時間を書く
> 終わった時間を書く（記録として，後で考察する際の参考として．例えば長くかかりすぎているとすれば，細胞が弱る原因になるかもしれない．それが結果に影響しているかもしれない．長い操作の過程がある場合には，要所要所で時間を書き込むようにする）

メモ

> その他，気付いたことを書いておこう

実際のプロトコールの概要を前ページに示した．今日の実習は実に簡単・単純なものである（動物室のマウスへの餌やりと同じ）．以下に実際の操作を解説するが，プロトコールに書いていない注意がいかに多いかわかるであろう．

新しく準備するもの

- 培地

    できたものが冷蔵庫に入っている（はじめは先輩からもらう）．自分で作る場合の作り方は**特別実習3-1**を参照．

- 培養細胞（60 mmディッシュ3枚）

    CO_2インキュベーターで培養されている（はじめは先輩からもらう）．今日の実習では1枚のみを使用し，残りの2枚は復習用として準備する．

- 培養室に用意されている機器，器具

    複雑な実験のときには必要な機器，器具をキチンと書き出して，準備不足がないかどうか，他の人の使用予定と重なっていないか，念のため操作開始前に確認した方がよい．

持ち込むもの

- 実験ノート（プロトコール）[a]
- 廃物入れ：使用済みの物を入れるオートクレーブ可能なプラスチック袋，滅菌缶など
    - 59ページの解説「ゴミの始末」参照．オートクレーブについては**特別実習2-1**を参照

[a] 操作手順を1枚の紙にまとめ，磁石などでクリーンベンチに留められるようにしておくと便利である．

Step 1 前室での準備

❶ **白衣を着替える**[b]
- ホコリを持ち込まない
- 履き物を培養室のものに履き替える

↓

❷ **プロトコールに日時を記入する**

↓

❸ **37℃の水浴を用意する**（あらかじめスイッチを入れておかないと時間が無駄）[c]

↓

❹ **冷蔵庫から培地ビンを出す**
- 冷蔵庫の扉がきちんと閉まったことを確認する[d]

↓

❺ **プロトコールに，使う培地（作った日，入っている血清のロットなど）を記入する**

↓

❻ **培地ビンを水浴に入れる**
- 溶液を温めるとき，冷やすときの基本的"常識"を守る[e]

[b] 少なくとも，ホコリのついた白衣は脱ぐ．普段白衣を着ないで実験しているなら，培養室では専用の白衣を着る．

[c] 大勢の人が共同で使用している場合には，誰が使う予定であるかをわかるようにしておくとよい．水浴が動いているときに，これから誰かが使う予定なのか，単にスイッチの切り忘れで動いているだけなのかがわかるように．

[d] いい加減な人がいるとみんなが迷惑する．

[e] 中の液面と水浴の液面の高さがだいたい同じになるようにする．ときどき振り混ぜる．

- フタを覆っているアルミホイルが水に触れないように気をつける(f)
- 培地ビンが倒れないように工夫する(g),(h)
- ときどき振って混ぜる(i)
- 温まったら長く放置しない(j)

上下に振らずにビンを回転して混ぜる 泡を立てないように注意する

(f) 水浴の水は無菌ではない．アルミホイルはビンのフタにホコリがつかないようにするためにかぶせてある．
(g) 特に中身が少ないときは倒れやすいので，試験管立てなどで"あげ底"をする．
(h) 必要に応じておもり（ウェイトリング）を使う．
(i) 静置しておくだけでは液全体が温まるのに時間がかかる．絶対にフタの内側に培地が触れないように振り混ぜる．フタにつくとコンタミ（雑菌やカビが混入することをcontamination，通常コンタミという）の原因になる．
(j) 培地成分の分解・劣化を防ぐため．

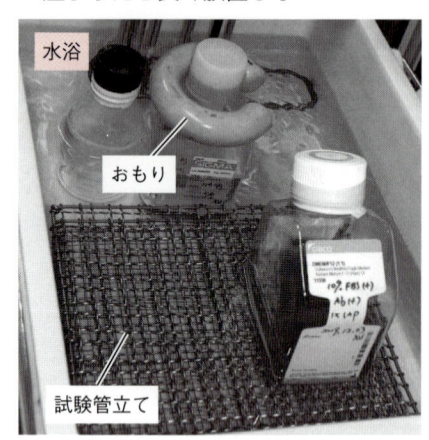

❼ **手をよく洗う**(k)
- 石けんでよく洗う（クリーンベンチの中に入る肘までよく洗う）(l)
- クレゾール石けん液（もともと約50％．これを50〜100倍希釈して用いる）あるいはヒビテン液（もともと5％．これを50〜100倍希釈して用いる）に手を浸す(m)
- クレゾール石けん液あるいはヒビテン液につけてあった手拭きをよく絞って手を拭く

❽ **培地を水浴から出す**
- 出したらビンの表面を殺菌剤に浸けて固く絞った手拭きできれいにぬぐう（アルミホイル表面は所詮よく拭けない）
- 培地が揺れてもフタの内側に触れないように

(k) 時計などを外し，袖口は肘の上までたくしあげておく．
(l) 毛深い人は特に丁寧に洗う．実験にのぞんで肘から先の毛を剃ってきた学生がいた．気合いが入っている．
(m) これは毎朝作り替えること．長いこと作り替えないで，手を入れる気にならないほど汚れたままでは困る．

Step ❷ 無菌室へ入る

❶ **必要なものを持って無菌室へ入る**
1) 培地(a)
2) プロトコール（今日の手順が書いてある実験ノート）
3) 廃物入れ(b)

❷ **クリーンベンチ脇の机に培地ビンを置く**

❸ **手袋をつける**(c)

指先に余りがないように，ピッタリ合うサイズのものを着用する．余りがあると指先に物が触れても気付かず，コンタミの原因にもなる．

(a) 培地ビンのような壊れやすいものを運ぶときの一般的"常識"
1) ビンの上部を持ってブラブラさせながら運んではいけない（目に入らないから何かにぶつける原因になる）
2) 必ず体の前に持って運ぶ（危ないものや高価なものを運ぶときも同様）
3) 培地がフタの内側につかないように，揺らさずに運ぶ

(b) 後からオートクレーブできるプラスチック袋やステンレス缶を使う（オートクレーブの説明は**特別実習2−1**参照）．
(c) 手袋には，装着しやすいようにパウダーが内側につけられているものと，パウダーなしのものがある．無菌操作には，パウダーなしを選びたい．最近のものは，薄手で滑りにくくパウダーなしでも装着しやすいものが出ている．もちろんたくさん使うものなので，コストパフォーマンスで選ぶべきである．手術用の手袋を購入すると1つ1つ個包装になり無菌性が高いが，培養操作にはそこまでのものは必要ない．

無菌操作用の手袋

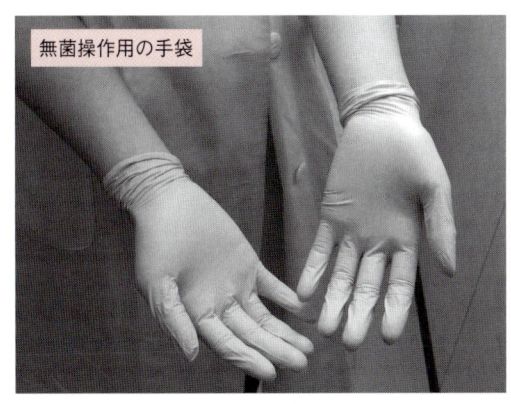

手袋もガラスピンなどはすべらなくても，チューブのフタがすべりやすいものもあるので，サンプルをもらって試してから購入しよう

手袋の外し方

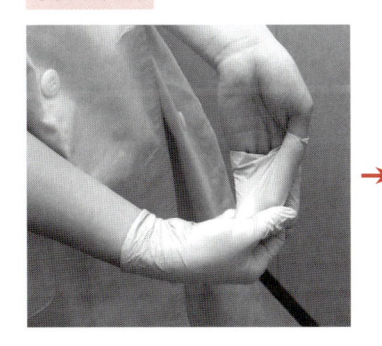

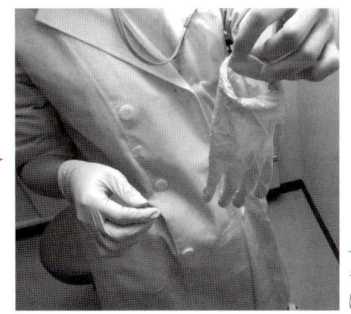

一度装着したものに，もう一度手を通すときは少し工夫が必要である．再度使う場合は，手袋内部が，外側になるように外す

手袋の再装着の方法

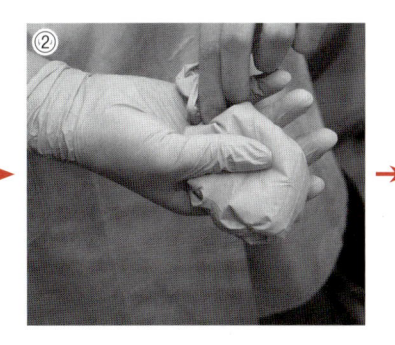

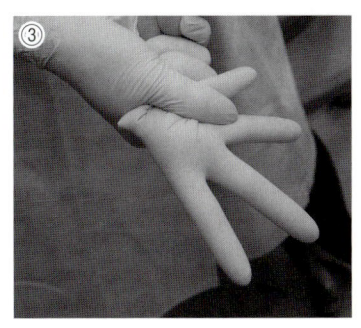

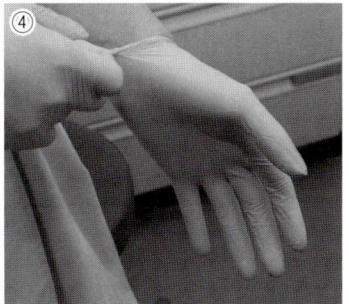

① ② ③ ④

① 手袋内部が外側になるよう外した手袋を裏返して（内部が裏に戻る）空気を適当量入れて袋状にする
② 手袋の袋を，空気が漏れないように注意しながら手のひらの上に置く
③ 親指で押して手袋の全ての指の部分を出す．口でふくらます方法もあるが，手袋の内側が湿ってはめにくくなるのでおすすめしない
④ 手袋をはめて指の先端に隙間がないようにぴったりはめる

第1日 無菌操作の基本を身につけよう！

実習1 培地替え

❹ プロトコールをクリーンベンチの見やすいところ（外側）か脇机に置く

　プロトコールは，磁石などで見やすい位置に留めて，使用する．

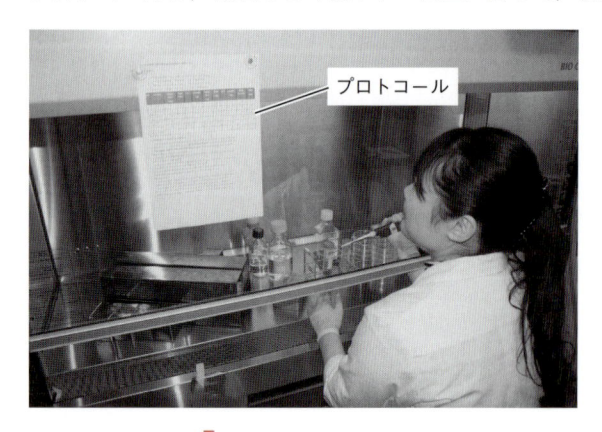

⬇

❺ 必要な滅菌ピペットが十分にあることを確かめる⒟, ⒠

ⓓ 今日必要なのは，パスツールピペットと5 mLのメスピペットである．ピペットの数が足りなければ，新しい滅菌ピペット缶を戸棚から出しておく．
ⓔ ピペット缶を開けずにどうやって内部のピペット数を推定するか？
　1) 慣れれば持ったときの重さでわかる
　2) 缶を軽く振ってみればわかる（ピペットが壊れるほど振らない）

Step ③ クリーンベンチの用意

❶ 前の人が適切に終了したかをチェックする
　1) 殺菌灯がついている
　2) 余計なものが放置されていない
　3) ガスのコックが閉まっている
　など．ⓐ

⬇

❷ 殺菌灯を消す

⬇

❸ 蛍光灯をつける

⬇

❹ 扉を開ける（先にファンをつけてはいけない）ⓑ, ⓒ

⬇

❺ ファンをつけるⓓ

⬇

❻ クリーンベンチの作業台をよく絞ったアルコール綿あるいはティッシュで拭く（ついでに指先も拭く）

⬇

❼ アスピレーターのゴムチューブ（手で持つ場合）に70％アルコールを噴霧して滅菌ⓔしておく

⬇

❽ ガスの元栓を開ける
　・ガスの元栓は，安全のため2つあるⓕ．1日のはじめに本元栓（壁や床にある）を開けて，二次栓（グリーンベンチにある）は，使用のたびに開閉しよう．

⬇

❾ ガスバーナーの口火をつける（最近では自動点火）ⓖ

⬇

ⓐ バーナーのコックを閉め忘れていた（あるいはゆるんでいた）ことに気付かずに元栓を開けると，ガスが噴き出すことになる．なお，こういうときは，元栓までのガス管内に空気とガスの混合気が入っていることが多い．しばらくガスを出し放しにしないと火がつかない．混合気は点火すると爆発するからちょっとコワイ．
ⓑ 開ける幅はどのくらいがよいか？ かなり上まで開けてもよいが，顔に風があたるほど開けると，操作中に目が乾く（コンタクトはもっと乾くらしい）．開け方があまりに足りないとクリーンベンチ内の風がスムーズに流れないので，あごのあたりくらいまで開ける．
ⓒ 先にファンをつけると空気の逃げ場がなくなりファンに負担がかかる
ⓓ ファンをつけずにバーナーをつけるとクリーンベンチの天井がこげる．
ⓔ ガスバーナーの口火をつける前にやっておく（引火しないように）
ⓕ 帰る前にはすべての元栓を閉めて帰ろう．最近のクリーンベンチは電磁弁がついていて，クリーンベンチの元栓を開にして，かつ電磁弁の開閉スイッチをオンにしないと使用できないようになっており，ガス漏れに対する安全性が向上している．しかし，油断は禁物だ．
ⓖ 終わってから口火のガスの閉め忘れが意外に多い．最近は口火がなく，フットスイッチを踏むだけで，ガスの電磁弁が開くと同時に着火するタイプのものがある．これだとフットスイッチを踏まない限りガスが漏れないし着火もしない．

❿ ガスバーナー用のフットスイッチを踏んで大きな炎にしてみて，空気量を調節する㋩

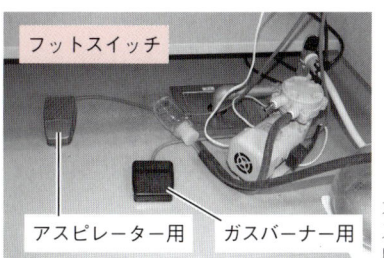

ガスバーナー用とアスピレーター用のフットスイッチがあるので，右足と左足でどちらを用いるか決めておく．どちらでもかまわない

㋩ 赤いゆるやかな炎でなく，青い炎（温度が高い）になるように．

解説　殺菌灯についてのQ&A

クリーンベンチの殺菌灯がついていなかったときは？

スイッチを入れてしばらく（1時間程度）おき，クリーンベンチ内を殺菌する．殺菌灯が切れていたときは新しい殺菌灯に取り替えるが，新しい殺菌灯は全体をよくアルコール綿で拭いてホコリ等をよく落とし，乾いてからセットする．もちろん，この後しばらく点灯してクリーンベンチ内を殺菌する．古い殺菌灯は蛍光灯と同じで有害廃棄物とする．

殺菌灯をつけたままで作業するとどうなるか？

培地を吸い取った後の細胞に直接紫外線が当たると，秒単位の短時間でもDNAが傷害され，細胞が死ぬ．培地を吸い取る前であれば，ディッシュのフタや培地で遮へいされるので細胞に直接紫外線が当たることはないが，培地中の成分が分解・変質するかもしれない．

ヒトの肌に直接当たれば，かなり日焼けする．実際，鼻（クリーンベンチ扉の開けすぎ）や腕が日焼けした学生がいる．

Step ④ 必要なものをクリーンベンチへ入れる

❶ もう一度，培地ビンの全体，および，底をアルコール綿（もしくは，アルコールを吹きかけたティッシュ）で拭く㋐

❷ 培地ビンのアルミホイルを丁寧に外し，クリーンベンチへ入れる㋑

・培地ビンの口にかぶせたアルミホイルまたはビニールテープ（両方ある場合は両方）を丁寧に外す．アルミホイルは，クリーンベンチの外で外し，ビニールテープは，クリーンベンチに入れてから丁寧に外す．ビニールテープを再利用するときは，実験の邪魔にならないようにガラスの扉の内側に貼っておく．

㋐ クリーンベンチ内へ雑菌を持ち込まないため．側面は水浴から取り出す際に拭いたが，底面は一度机の上に置いたので汚れているかもしれないから．ただし，マジックで書いてある部分は消えないように注意する．マジックで書いてある部分にセロテープを貼っておくと，アルコールにより文字が消えないようになる．

㋑ アルミホイルの外側は雑菌がついていると考えてクリーンベンチの外に置く．アルミホイルは内側が下向きになるように置く（雑菌が内側へ落ちてこないように）．

❸ ビンのフタを取る前にフタの部分をさっと炎であぶる（1秒以内でよい）ⓒ

- ビンをあぶるときは，ビンに入っている液量に注意しよう．いっぱいに入っているビンを傾けると，ビンのフタに液がついてしまいコンタミの原因になる．

ⓒ プラスチックやゴムが変質するほどあぶってはいけない（当り前）．

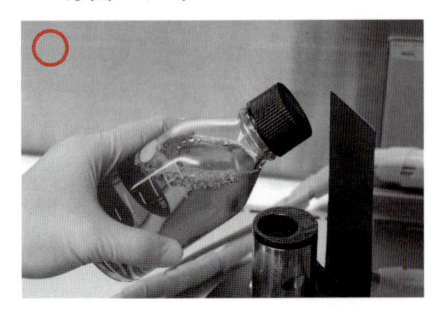

- ビンのフタは，サッとあぶるだけで十分だが，360°ビンを回して全体をあぶろう．慣れてくると，片手でできるが，持ち換えて回してもいい．

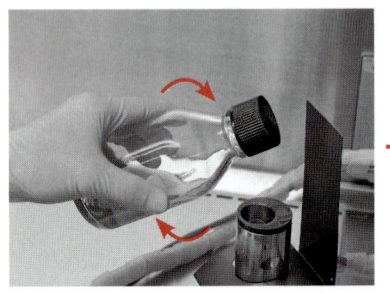

同じ写真に見えるが，手を回すことによりビンの口をまんべんなくあぶることができる．

❹ 培地のフタをゆるめる

- フタはなるべく上部を持とう．下部を持つとコンタミの原因になる．上部といっても極端ではなくてよく，上部1/2以上を持つように心がけよう．

❺ 左手でビンを持ち，右手でフタを取って，フットスイッチを踏んでガスを大きくし，ビンの口を丁寧にあぶる（★1）

- ここでも，ビンの口全体をあぶるように360℃回転させてあぶろう．

Point
★1 ビンの口は，360°あぶろう！

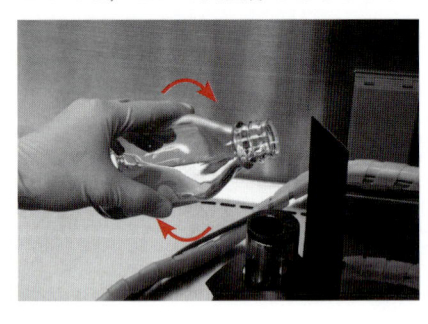

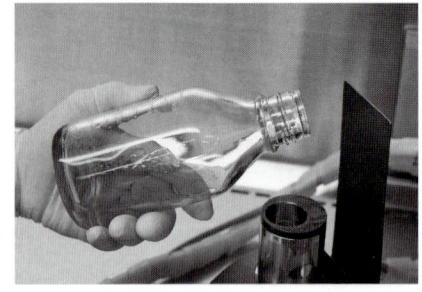

❻ フタをビンの上へかぶせておく（しっかり閉めなくてよい）

解説　ビンのあぶり方

どのくらいあぶればよいか？
　表面の雑菌を炎で殺すだけだから1〜2秒でよい．ビンの口が熱くなるまで熱して殺すものと勘違いする人がときどきいる．ビンの口が濡れていれば話は別だが，そのようなことはないはずである．

炎のどのあたりを使うか？
　内炎のすぐ上の外炎のあたり．

ビンの口をまんべんなくあぶるにはどうするか？
　手首をひねってビンを回転させる（くるくる回す必要はない．STEP 4 ❺の写真を参照）．

液が口の方へ行かないようにあぶるにはどうするか？
　ビンを上下方向に動かさない（動かすときはゆっくりと）．

フタの内側に培地がついていたらどうするか？
　アスピレーターでよく吸い取る（アスピレーターの扱いはSTEP 7を参照），あるいは，滅菌済みの予備のフタがもしあれば，新しいものに替える．
　フタの内側に液がついていたなら，ビンの口にも液がついているはず．アスピレータでよく吸い取り，炎で乾かす．
　※これほど面倒なのだから内側には培地がつかないようにすることが大切．

―― これで準備ができた ――

Step ❺　インキュベーターから細胞を出す

❶ 70％エタノール綿で手（指先だけでも）をぬぐう @, ⓑ
　↓
❷ CO_2 インキュベーターの様子をチェックするⓒ
　◆ まず扉を開ける前に...
　　1）温度は正しいか？　→　普通は37℃
　　2）炭酸ガス濃度は正しいか？　→　普通は5％
　　3）湿度は正しいか？　→　表示があるものでは90％以上
　◆ 扉を開けて...
　　4）保湿用の水は十分にあるか？
　　5）変な臭いはしないかⓓ
　　6）棚やディッシュに一見してわかるような雑菌などは生えていないか？
　◆ ただし，扉はなるべく早く閉めることⓔ
　↓

ⓐ 70％エタノールを噴霧してもよい．できる限り手から雑菌を移さないようにするため，要所要所でやること．ついでに，インキュベーターの扉のノブをはじめ，顕微鏡脇の机の上（ディッシュを置くところ）や顕微鏡のステージもアルコール綿でよく拭いておく．

ⓑ 十分乾燥させてから火を扱う．ベタベタに70％エタノールをつけたままピペットをあぶって，毛がなくなった学生がいた．毛は生えてくるが，火傷でもしたら大変だ．

ⓒ 自分が細胞を培養しているときは毎日チェックすること．

ⓓ コンタミした菌やカビによってはインキュベーター内の臭いでコンタミに気付くこともある．

ⓔ 温度，湿度，炭酸ガスの低下と，外部からの雑菌の侵入を防ぐため．

❸ 自分が使用する培養ディッシュ（この実習では60 mmディッシュ）を
1枚取り出す[f]
・他人のディッシュなどに触れないように[g]
・ディッシュの持ち方に気をつける[h]

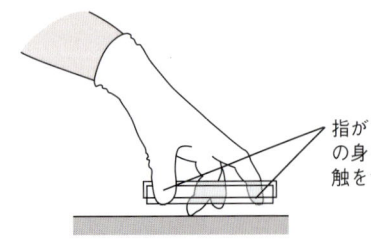

指がフタだけでなくディッシュの身までかかっていることの感触をつかむ

↓

❹ インキュベーターの扉を閉める[i]

[f] たくさんのディッシュを取り出すときはトレイを使うと便利．

[g] インキュベーター内でディッシュをひっくり返して培地がこぼれるとおおごとである．培地がこぼれたディッシュはまずコンタミする．トレイにこぼれると他のディッシュの底面にもつく．ヘタをするとインキュベーターに入っているディッシュを全部出してインキュベーター内部を掃除することになる．多くのディッシュを失うことにもなる．自分のディッシュが奥にあるときは手前のディッシュを脇へ寄せる，または手前のディッシュを一度外へ出す（置く場所はアルコール綿で拭いてきれいにしておく）．

[h] はじめはフタだけを持ってしまうなど，案外難しい（とまどう）．

[i] 機種にもよるが，内扉のノブをしっかり閉めないと，解放状態と認識されるため，炭酸ガスが補給されないことがある（他の人の細胞にも悪影響が出る）．

解説 トレイでディッシュを運ぶときの注意

　運ぶときは肘を張らないようにする．実験室にはいろいろなものが置いてある．ディッシュを運ぶ途中で肘が何かにぶつかると，ディッシュ内の培地がフタについたりこぼれたりする．そうするとたいていコンタミするので処分することになる[j]．

　トレイにまで培地がこぼれたときは，培地のついていない大丈夫なディッシュを新しいトレイに移し，汚れたトレイは流しで洗浄し，乾燥する．

　実験台の上にものを置くとき，でっぱらないように置く（次ページの写真参照）．うっかりぶつかってひっくり返すもとになる．

　35 mmディッシュなど小さなディッシュは，インキュベーターに入る小さなアルミ製トレイを使うと便利である（★1）．35 mmディッシュは，細胞増殖曲線を作成するためにたくさんまく場合が多いので，小さなアルミ製トレイを使わないと運搬しにくい．また，細胞をまいて均一に分散させるときにトレイ上で行うときれいに分散できる．たくさんのディッシュを同条件で均一にまくコツの1つである！

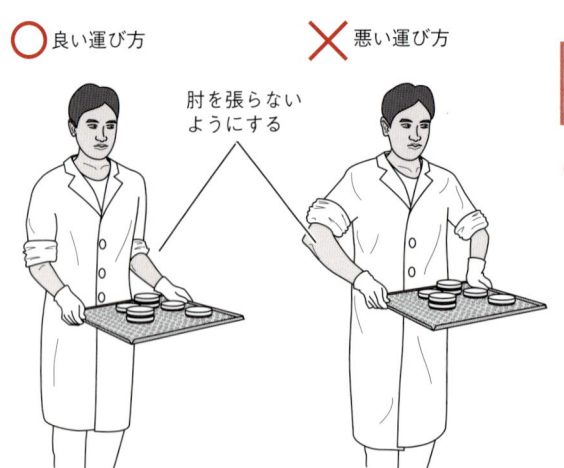

〇 良い運び方　　✕ 悪い運び方

肘を張らないようにする

Point
★1 小さなディッシュは，小さなトレイに置くと便利！

[j] 非常に貴重な細胞で，どうしてもディッシュを助けたいときは，ディッシュをクリーンベンチへ移して，ディッシュについた培地をアスピレーターでできるだけ吸い取り，ぬぐえるところはアルコール綿でぬぐう．ただし，これでも助からないことは多く，むしろ他のディッシュへのコンタミを広げるもとになりかねない．

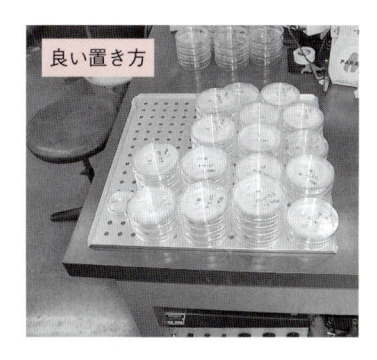

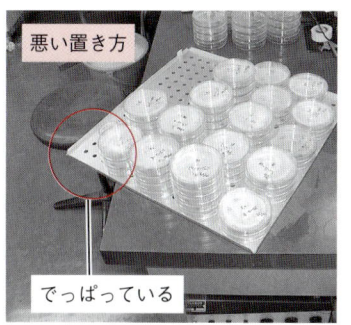

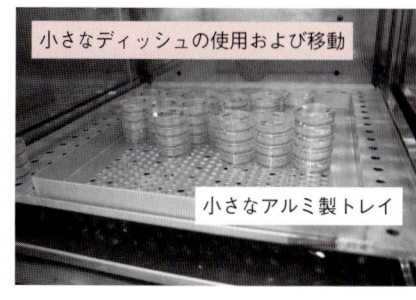

Step 6 ディッシュの観察

❶ ディッシュを肉眼で点検する
- カビは生えていないか？
- 培地は濁っていないか？ⓐ
- 細胞の剥がれはないか？（剥がれてシート状に浮いていないか）
- 培地の色は正常か？（47ページの解説「**培地の色は重要**」を参照）

❷ 顕微鏡で細胞を注意深く確認する

　肉眼だけでなく，位相差顕微鏡で観察するとさらに詳しく細胞の培養状態が確認できる．顕微鏡の扱い方や観察のポイントを身につけることも重要である．

◆ 顕微鏡観察の準備

　今日の実習では，試料の移動と焦点合わせにかかわる部分を中心に顕微鏡を触っていくが，時間があれば他も触ってみようⓑ．
① 試料（ディッシュ）を載せる台（ステージ）を，よく絞ったアルコール綿で拭く．一番よく触るノブも拭いておく．
② ステージの中央（穴が開いている）が対物レンズの中心軸の近くにくるよう，ステージを移動させておく
③ ステージにディッシュを載せる
④ まず，40倍で観察する（対物4倍，接眼10倍）

◆ 細胞観察のポイント：何に注目するか？ⓒ,ⓓ,ⓔ
1）細胞が一様に生えているか？
2）形が変わったりしていないか？
3）変な塊はないか？
4）ざらざら浮いている物はないか？ ⇒ コンタミはないか？（★1）
5）細胞分裂像ⓕがたくさん見えるかⓖ（細胞が元気で盛んに増殖している証拠）

> **Point**
> ★1 コンタミを発見する！
> - まいた次の日に培地が真っ黄色で，ざらざらしたようなものがたくさん浮いている！
>   →酵母のコンタミの可能性大！
> - 長期間の培養でディッシュの内部側面にカビが生えやすい！
> - インキュベーターのトレイが汚いと，菌がディッシュ側面から入ってくる！

ⓐ 酵母やバクテリアがたくさんいれば濁る．

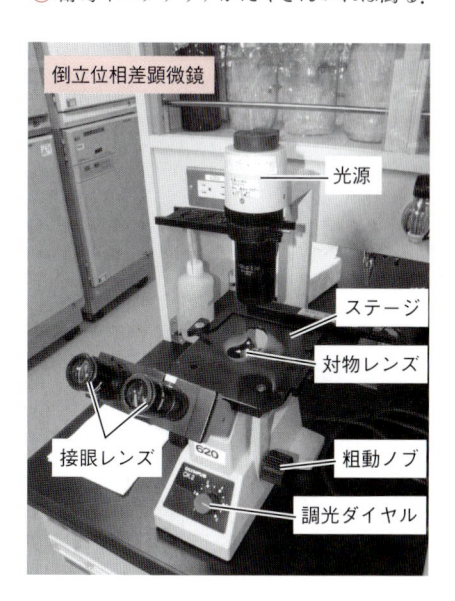

ⓑ 倒立位相差顕微鏡，倒立顕微鏡について今日のところはフィラメントの芯出し，軸合せ，フィルター，位相差の合せ方などは行わない（できているものとする）
→「無敵のバイオテクニカルシリーズ『改訂　顕微鏡の使い方ノート』（羊土社）」参照．
電源スイッチ，明るさ調節，倍率変更，目の幅調節，フォーカス調節，検体の移動は自分でやってみよう．

ⓒ 生きの悪い細胞を使った実験から正しい結果が出るはずがない．自分の使う細胞の状況を把握しておくことは大変重要である．

ⓓ ディッシュ100枚の実験をするときでも，全部こんなに丁寧に見るのか？
→もっともな質問：状況・目的による．抜き取り検査をすることもある．

ⓔ ディッシュのフタの内側に水滴がついて曇っているときは見えにくい．
→ディッシュをクリーンベンチへ運んで，フタの内側をバーナーでさっとあぶると曇りは消える．

実習1　培地替え　45

◆ コンタミの例

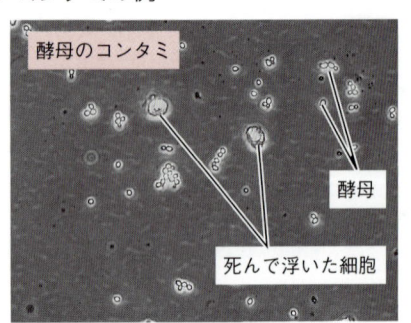

酵母のコンタミ
酵母
死んで浮いた細胞

バクテリアがコンタミした場合は小さすぎて，このようにひとつひとつは見えない（ただ濁って見える）

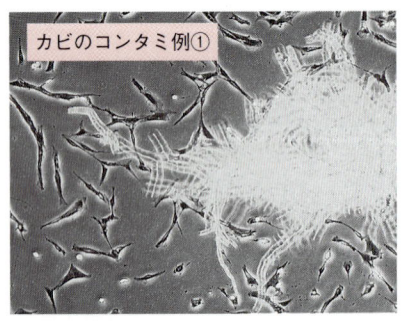

カビのコンタミ例①
細胞に焦点を合わせているのでカビはぼんやり見える

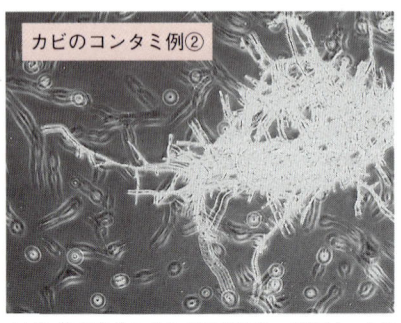

カビのコンタミ例②
カビに焦点を合わせたので菌糸の一部ははっきり見える（細胞の方はぼやけている）

⒡ 分裂期の細胞は，中心に赤道板に集合した染色体が見える（**事前講義2参照**）．
⒢ どのくらいあればたくさんというのか？
→もっともな質問：細胞にもよるが100倍の視野で数個～数10個見えれば普通．

〈焦点の合わせかた〉
1) 脇から見ながら対物レンズをディッシュに接するまで上げておく
2) 顕微鏡をのぞきながら次第に対物レンズを下げていく⒣
3) まずは粗動のノブでだいたいの焦点を細胞に合わせる
4) 微動のノブで細胞に焦点を合わせる
5) 双眼接眼レンズでは，調節できない接眼レンズの側でまず焦点を合わせておき，ついで他方の接眼レンズを回して焦点を合わせる
6) 必要に応じてステージを動かすレバーを動かして，視野を変える
7) ディッシュの広い範囲を観察するときは，ステージレバーでは移動の範囲が狭いので，手でディッシュを動かす
8) コンタミがないか，おかしな細胞がいないか，広い範囲をざっと観察しておく．ディッシュを移動すると焦点が変わるので，そのつど焦点を合わせる
・必要に応じて，100倍あるいはそれ以上に倍率を上げて観察する
・あまり長時間かけると，培地から炭酸ガスが飛んでアルカリ性（ピンク色）に傾くので，必要最小限の時間で観察すること

⒣ 逆に，観察しながら対物レンズを下から上へ動かすと，像が見えないときに対物レンズをディッシュにぶつけてしまう恐れがある．なお，正立の（倒立ではない）顕微鏡では対物レンズを下から上へ動かすのが標準．

〈焦点を変えると順に以下のものが見える〉
・培地の表面に浮遊物が見えることがある
・培地の部分に浮遊物が見えることがある
・ディッシュの底面内側に細胞が生えているのが見える
・ディッシュの底面外側が見える⒤

⒤ しばしば指紋に驚く（変なものが見えますと騒がない）．底面外側にカビの菌糸が見えることもある．
カビが見えたら，
1) すぐにアルコール綿で拭き取る
取れたかどうか，確認すること（綿の繊維と見分けること）．拭きなさいと言うと拭くだけで確認しない人がいるが，取れてなければ拭いたことにならない．
2) カビを拭いた後は別の綿で手もよく拭く
拭いた綿はその辺に放置しない（カビがついているのだから，あとでオートクレーブする廃物入れに入れること）．

①まず培地の表面が見える

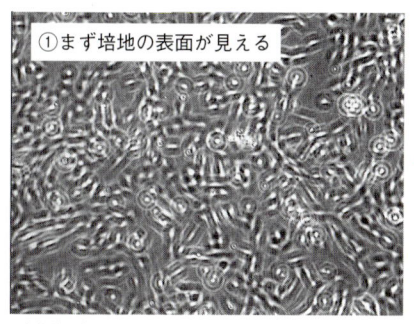

浮遊物が見えることがある

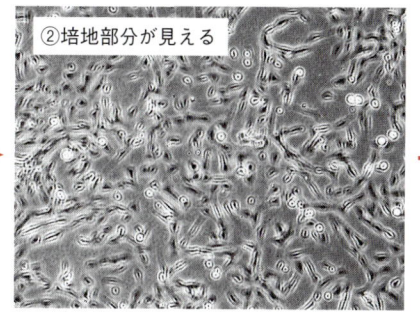

②培地部分が見える

死んだ細胞が浮いていることがある．ところどころに浮いて丸くなった細胞に焦点が合っている

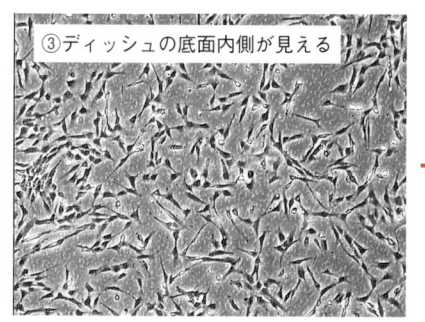

③ディッシュの底面内側が見える

細胞に焦点が合っている

④ディッシュの底面外側が見える

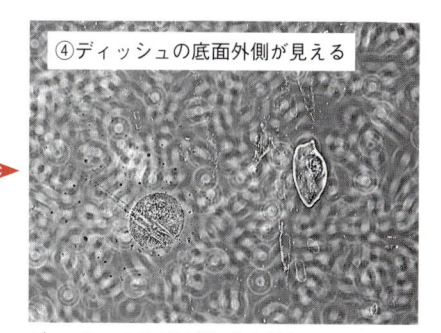

ディッシュの底面外側に焦点が合っている．ディッシュの傷や汚れも見える ⓘ

❸ **顕微鏡のスイッチを切る**

❹ **ディッシュをクリーンベンチに入れる**

❷，❸で正常に培養が進んでいることを確認したディッシュの中から，必要な（培地替えを行う）枚数分をクリーンベンチへ入れる

解説　培地の色は重要（pH指示薬としてのフェノールレッド）★2

酸性では黄色くなる

- 細胞が乳酸などを出すので培養するに従い次第に培地の色が黄色くなる
- 代謝の盛んな細胞は培地が早く黄色くなる
- 癌細胞は正常細胞より早く黄色くなる
- 培地が黄色くなる（老廃物が多い状態）まで放っておくと細胞が弱るので，培地替えをさぼってはいけない

アルカリ性ではピンク色になる

- 炭酸ガスの供給がなくなった場合
- それ以外の理由でアルカリ性になったのなら異常事態だ

正常（pH 7.4）の色調をよく頭にいれておく

- 巻頭カラーページに培地の色調とpHの関係を示す写真（**巻頭カラー図1**）を掲載した．こちらを参考にしてほしい

Point ★2 培地の色は，インキュベーターのCO_2供給状態チェックに使える！

第1日　無菌操作の基本を身につけよう！

実習1　培地替え

解説 色のついていない培地もある

フェノールレッドにはエストロゲン様作用があるといわれ，細胞によってあるいは実験目的によって，この作用を避けるためにフェノールレッドを加えず，ほとんど無色透明（ビタミンB群のためにやや薄黄い）な培地が使われる場合がある．

解説 コンタミを見つける

どんなに注意を払ってもコンタミはときには起きる．できるだけ早く発見して，コンタミしたディッシュを取り除き，他のディッシュに広がらないようにする必要がある．

コンタミの発見方法

- **臭いでわかる**：ひどいときには，インキュベーターを開けたとき，カビ臭，発酵臭，腐敗臭がすることがある．コンタミしたディッシュを特定すること．
- **培地の色でわかる**：たくさんあるディッシュのなかで，培地の色が特に黄色いとき，特にピンク色が強いとき，コンタミの疑いがある
- **菌糸が見える**：ディッシュの中にカビのコロニーが見えることがある[j]．

  [j] 小さいコロニーのときは，菌糸がちぎれないようにアスピレーターで吸い取って，何回か新しい培地でディッシュを洗浄すると助かることがある．ただし，他の細胞にコンタミを広げる原因になりかねない邪道なので，どうしても助けたい貴重な細胞以外ではやらないこと．

- **ディッシュの外側に菌糸が見える**：その部分に触らないように取り出してオートクレーブする．棚にまで菌糸が伸びていたら，全部のディッシュをオートクレーブして，棚を外の流しで洗浄して乾熱滅菌（**特別実習2-2を参照**）する．
- **培地が濁って見える**：粒状のものがあってザラザラと濁って見えるのは，酵母等の菌類が増えていることが多い[k]．

  [k] 浮遊しやすい細胞や剝がれやすい細胞が増えてくると，コンタミしていなくても培地が濁って見える．こういう細胞を培養しているときは，顕微鏡で見ながら経過観察していると，コンタミとの違いがわかる．

- **培地が白濁する**：バクテリア等がコンタミしたときは，粒子が小さいので白濁，あるいは乳白色に見えることがある．
- **顕微鏡観察で見える**：カビの菌糸と疑うような糸状の浮遊物や，酵母を疑うような粒子，バクテリアを疑わせる小さな粒子等が見えることがある．糸状の浮遊物は滅菌ピペットから落下した綿の可能性もある．小さな粒状の浮遊物は細胞の破片かも知れない．細胞の破片の場合は，細胞の増殖とともに浮遊物も増えることがある（癌細胞のなかにはそういう性質のものがある）ので，コンタミとの区別はやや難しい場合がある．2～3日注意して観察し，増えてくるようならディッシュをオートクレーブして捨てる．コンタミかどうか一番手っ取り早い判定は，こういう細胞を培養している先輩に見てもらうことだろう．

コンタミを発見したら

コンタミしたディッシュは発見し次第，オートクレーブして廃棄する．

インキュベーター内のコンタミがひどいときは，庫内のディッシュをすべてオートクレーブして廃棄し，棚を取り出して外の流しで洗浄し乾燥した後，乾熱滅菌（**特別実習2-2を参照**）する．インキュベーター内を掃除し，庫内全面をアルコール綿で拭いて滅菌する．庫内空気を撹拌する小型のファンは取り外して洗浄する．おおごとである．危機はできるだけ小さいうちに発見して，取り除く．

Step 7 培地替えのために培地を吸い取る

❶ パスツールピペットおよび10 mLメスピペットの缶をゆっくり逆さにして，ピペットを手前によせておく

- ピペット缶を水平にしてフタを開ける（缶の身の方は動かさない）
- フタは内側が下あるいは横向きになるように置く ⓐ

ⓐ 雑菌が上から落ち込むのを防ぐため．

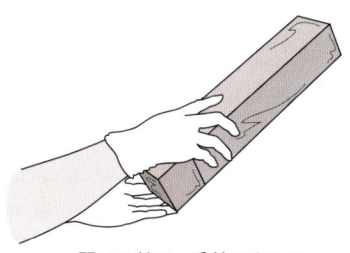

開ける前に，手前によせる 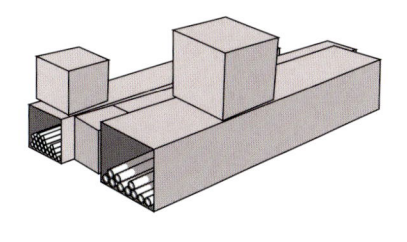　　フタは下向きあるいは横向きに置く

↓

❷ アスピレータのスイッチを入れる

↓

❸ ピンセットを取り出し，先をバーナーであぶる ⓑ

ⓑ さっとあぶれば菌は死ぬ．赤くなるほどにはあぶらない．

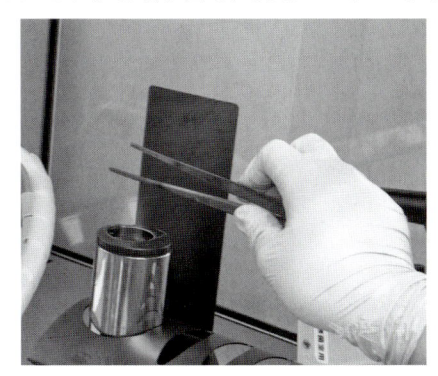

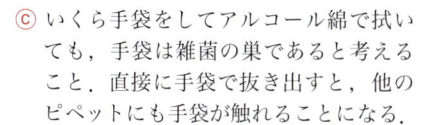

↓

❹ ピンセットでパスツールピペットを数cm抜き出す ⓒ

ⓒ いくら手袋をしてアルコール綿で拭いても，手袋は雑菌の巣であると考えること．直接に手袋で抜き出すと，他のピペットにも手袋が触れることになる．

↓

❺ パスツールピペットの元の部分を手でもって缶から抜き出す

- このとき，ピペットの先端が他のピペットの元に触れないように ⓓ
- 以後，ピペットは常に元の部分（元から数cmくらいの範囲）だけを持つこと

ⓓ 缶のフタは空いているのだから，ピペットの元は落下する雑菌に触れている可能性がある．

第1日　無菌操作の基本を身につけよう！

実習1　培地替え

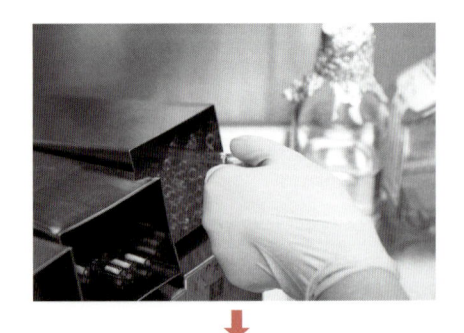

ⓔ 行きに1秒，帰りに1秒でよい．ただし，1秒は決して一瞬ではない（案外長い）．一瞬ピペットが白くなり（湯気がつく感じ），すぐに消える．
ⓕ あぶりすぎるとピペットが熱くなりすぎる．最初は，感覚を知るためにあぶった後でどのくらい熱いか試してみよう．もちろん，そのピペットは使わないように．

❻ パスツールピペットを炎であぶる ⓔ, ⓕ
- 炎の中をゆっくり1往復させる（往復で2〜3秒くらいが目安）

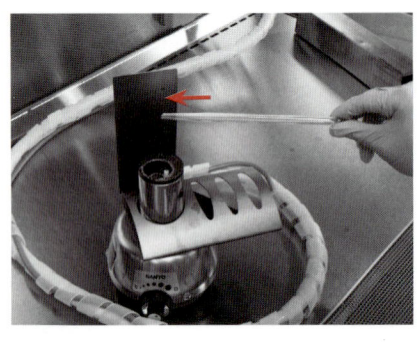

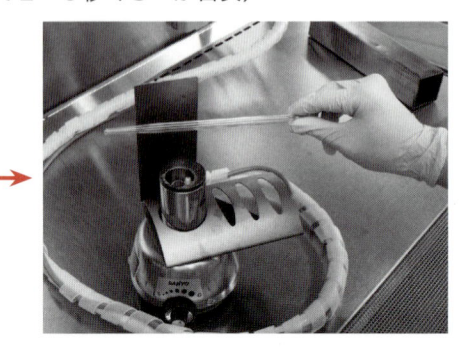

- 先端からあぶり，手元まできたら手首を回転させて裏側をあぶる

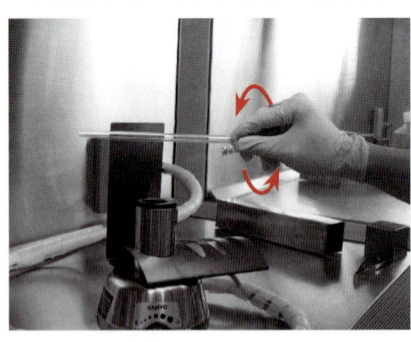

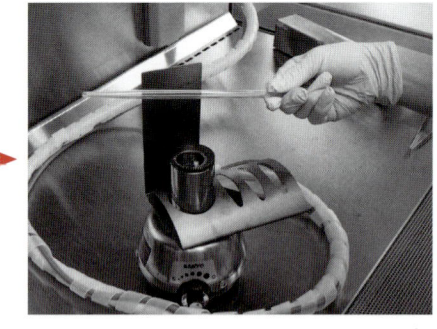

2つの写真の手首の違いに注目

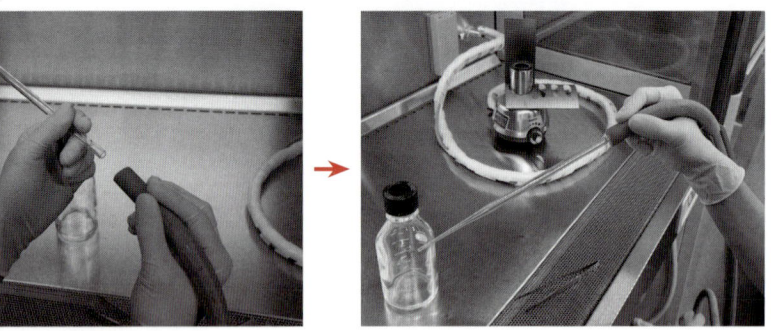

ⓖ 管はすでに70％アルコールを噴霧して滅菌してある（Step3 ❼）．
ⓗ 逆に持ってもできるが，こちらの方がやりやすくコンタミもしにくい．

❼ ピペットを左手（利き手ではない方）に持ちかえ，右手（利き手）でアスピレーターからの管を持ち，ピペットを管にはめる ⓖ．持ち方にも注意する ⓗ．

❽ 左手でディッシュのフタを取る
- フタを置く場合は内側を下にして置いておく
- フタを置かずに，次ページの写真のようにフタを持ち上げて，その隙間にパスツールピペットを入れて培地を吸い取る方法もある．一見難しそうだが，慣れるとスイスイできるようになる．

50　改訂　細胞培養入門ノート

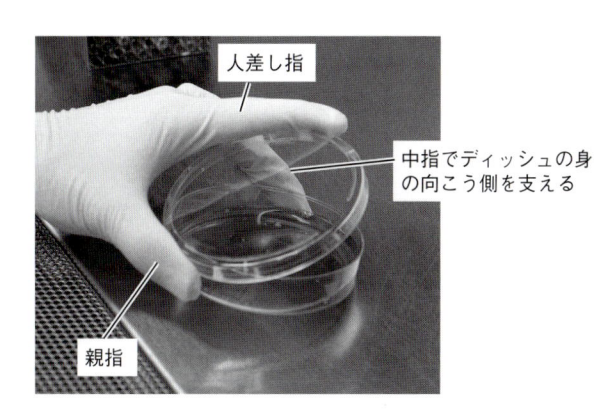

人差し指
中指でディッシュの身の向こう側を支える
親指

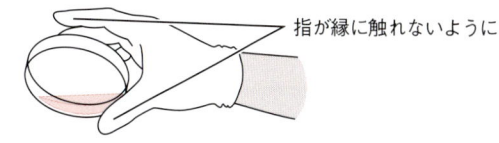

良い持ち方
指が縁に触れないように

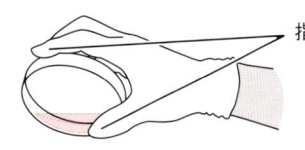

悪い持ち方
指が縁に触れている

Point
★1 アスピレート中は，絶対にスイッチを切らないこと．途中で切ると吸った液が逆流してコンタミする！

❾ ディッシュを左手で持ち，少し傾けて，アスピレーターで培地を吸い取る（★1）
・60 mmディッシュは高さが低いので難しいが，指がディッシュの縁にまで達しないように側面を持つようにする
・ディッシュを軽く回して培地を撹拌する⒤
・なるべくディッシュの壁に近いところから吸い取る⒥
・ピペットを壁面に平行に接することは避ける⒦
・はじめはディッシュを水平に近く保ち，培地が減るとともに傾ける
・培地を完全に吸い取りたいときは，そのまま2秒くらい吸い続けて，傾けたディッシュ底面にたまる培地も吸い取る⒧

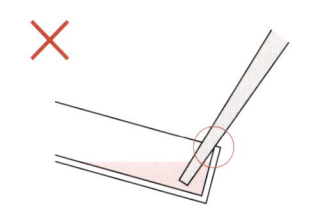

⒤ 沈んでいる死細胞などを浮遊させて吸い取ることができるようにするため．
⒥ ピペットの先で底面の細胞をけずり取らないようにするため．
⒦ ピペットを壁面に平行に接すると毛管現象で培地が上昇し，ディッシュの縁まで昇る．ディッシュの縁は手が触れる可能性があるので雑菌がいるかもしれない．ディッシュの縁まで昇った培地は雑菌と接するかもしれない．
⒧ ただし，あまり時間を長くすると細胞面が乾く．乾くと確実に細胞が死ぬ．

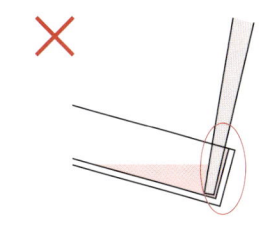

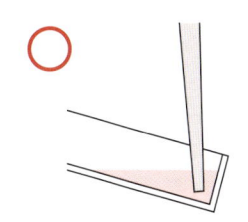

✗ ピペットがディッシュの端に触れている
✗ ピペットとディッシュの間を培地が昇る
○

❿ ディッシュを置く
・短時間ならそのままでもよいが，時間がかかりそうならフタをする
・フタを置かずに，持っておく方法をとればそのつどフタを閉めることができる「❽の写真参照」

⓫ ピペットの先端を上に向けて液を空にする（数秒で十分）

⓬ ピペットを外して，ピペット捨てに入れる

⓭ アスピレーターからの管をフックにかける．あるいは磁石でとめる

⓮ アスピレーターのスイッチを切る

磁石

第1日 無菌操作の基本を身につけよう！

実習1 培地替え 51

―――― 以上は書くと長いが，慣れれば❸から⓭まで10～15秒程度で十分である ――――

解説　ピペット捨てについて

　使い捨ての製品を使っている裕福な研究室ではここは無視してよい．

　ピペットに限らず，**再使用するものは，洗浄まで決して乾かさないことが基本原則**である．

　培地成分は比較的水に溶けやすいものが多いとはいえ，一度乾燥させてしまうと洗剤をつけてブラシでこすっても落ちなくなることが少なくない．特にピペットは内部をブラッシングすることはできないから，乾燥させないことは重要である．

　比較的深いポリバケツなどに十分な量の洗剤を溶かした水を入れておき，これをピペット捨てにして，使用済みピペットを投入する．ピペット全体が水中に沈んでいることが望ましい．

　慣れてきて，見ないで（確認しないで）ピペットを放り込むようになるとしばしば起きることは，すでにピペット捨てに入っているピペットの穴にちょうど突き刺さるようにあとのピペットが入ることがある．こうなると両方のピペットがだめになる．慣れてきてもいい加減なことはしない．

ピペット捨てのバケツ

ピペット全体が沈むように

解説　クリーンベンチ内での操作について

ディッシュはなるべくクリーンベンチの奥に置いて，奥で操作する
- はじめのうちは，つい手前で操作しがちであるが手前ほど雑菌に触れやすい．

ディッシュの奥に培地ビンなどの物を置かない
- 物の表面は手袋が触れている．手袋は雑菌の巣であるから（と考えて），手袋が触れた物の表面には雑菌がいると考える．
- 奥（あるいは上）から吹いてくる無菌空気に乗って，表面の雑菌が流れ落ちてきてディッシュに入るかもしれない．

フタを開けたディッシュの上で手や物を動かさない⒨
- これも同様に手あるいは物の表面から雑菌が落ちるのを防ぐため．

培地ビンなど　ディッシュ　バーナー

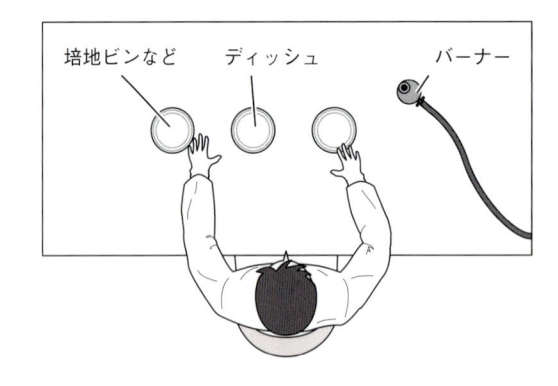

⒨ ディッシュのフタがきれいでない場合には，51ページのようにディッシュのフタをディッシュの上に置いたままの操作は危険かもしれない

Step 8 新しい培地を加える

> **重要** ★ アスピレーターで培地を吸い取ってから培地を加えるまで，なるべく手早くやらないと細胞が乾く．乾くと確実に死ぬ．特に室温が高く乾燥していると細胞の乾燥が早い．

❶ 5 mL メスピペット[a]の缶をゆっくり逆さにして，ピペットを手前によせておく
- ピペット缶を水平にしてフタを開ける（缶の身の方は動かさない）
- フタは内側が下あるいは横向きになるように置く[b]

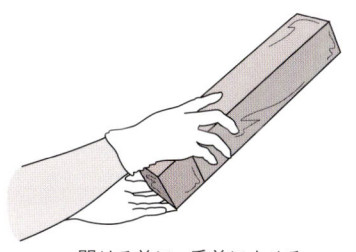

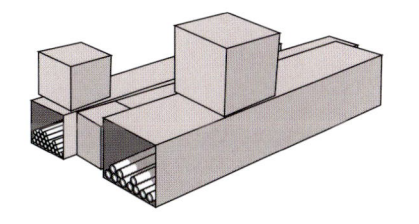

開ける前に，手前によせる　　フタは下向きあるいは横向きに置く

[a] 培地を吸い取るときとは異なり，培地を加える際には計量性の高いメスピペットを用いる．

[b] 雑菌が上から落ち込むのを防ぐため．

❷ アスピレータのスイッチを入れる

❸ ピンセットを取り出し，先をバーナーであぶる[c]

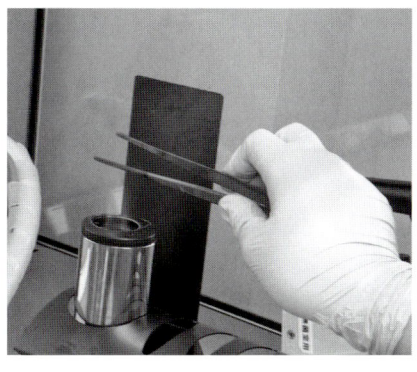

[c] さっとあぶれば菌は死ぬ．赤くなるほどにはあぶらない．

❹ ピンセットで5 mLのメスピペットを数cm抜き出す[d]

[d] いくら手袋をしてアルコール綿で拭いても，手袋は雑菌の巣であると考えること．直接に手袋で抜き出すと，他のピペットにも手袋が触れることになる．

❺ 5 mLのメスピペットの元の部分を手でもって缶から抜き出す
- このとき，ピペットの先端が他のピペットの元に触れないように[e]
- 以後，ピペットは常に元の部分（元から数cmくらいの範囲）だけを持つこと

[e] 缶のフタは空いているのだから，ピペットの元は雑菌に触れれている可能性がある．

実習1　培地替え　● 53

❻ **5 mLのメスピペットを炎であぶる**[f], [g]

・炎の中をゆっくり1往復させる（往復で2〜3秒くらいが目安）

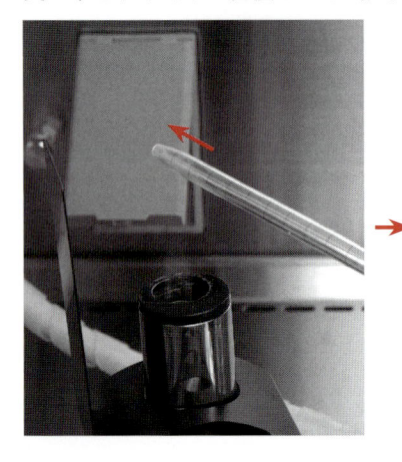

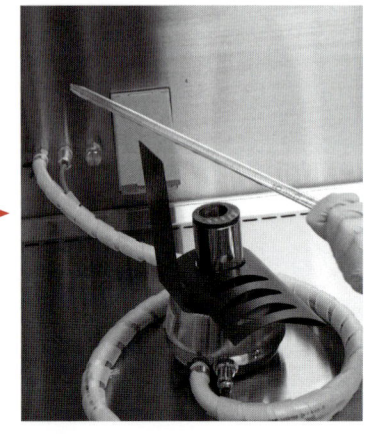

・先端からあぶり，手元まできたら手首を回転させて裏側をあぶる

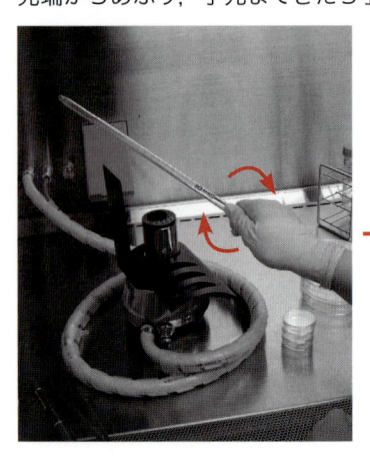

2つの写真の手首の違いに注目

❼ **5 mLメスピペットを電動ピペッターに差し込む**

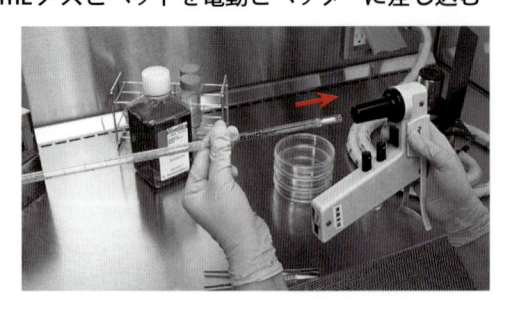

・このときピペットの元から綿が出ているようなら，炎で一瞬あぶって綿を燃やしておく[h]

[f] 行きに1秒，帰りに1秒でよい．ただし，1秒は決して一瞬ではない（案外長い）．一瞬ピペットが白くなり（湯気がつく感じ），すぐに消える．

[g] あぶりすぎるとピペットが熱くなりすぎる．最初は，感覚を知るためにあぶった後でどのくらい熱いか試してみよう．もちろん，そのピペットは使わないように．

[h] そうしないと，ピペッターとピペットが密着しないので，液を吸うときに空気が漏れる．

❽ 左手で培地ビンのフタを取る
  ◆ いくつかの方法があり，どれかに慣れればよい
  1）左手でフタを取り下へ置く方法
    ・フタは内側を下に向ける ⓘ
  2）フタを下へ置かず，左手で保持したままの方法

  フタの持ち方

  人差し指と中指ではさむ　　中指と薬指ではさむ

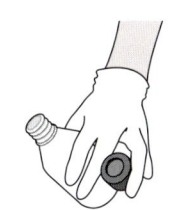

ⓘ 一番楽な方法ではあるが，左手でフタを閉めるときに目がそちらへ集中するから，その間にピペットの先から空気が入ったり培地がたれたりしやすい．

❾ 左手で培地ビンを持ち，少し斜めにして，メスピペットで4 mL吸い取る
  ・培地でぬれたピペットの先端をビンの口の部分には触れないように抜き出す ⓙ
  ・培地ビンを立てた状態でピペット操作はしないように．ピペッターから雑菌が落下する可能性があるからである．
  ・培地ビンの液量が少なくなった場合，ピペットが奥まで入るので，手で触った部分が培地ビンの奥まで入らないよう，ピペットの取り出しや取り付けの際から注意しておく必要がある．

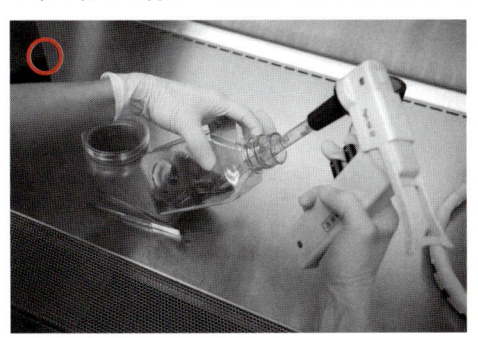

ⓙ 口の部分についた培地はコンタミの原因になる．

右の写真ではピペッターから雑菌が落下し，コンタミを起こす可能性がある

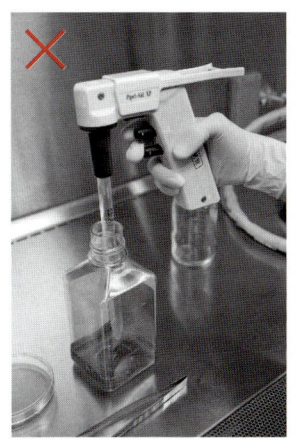

❿ 培地ビンのフタを閉める ⓚ

⓫ 培地ビンを置き，左手でディッシュのフタを取って培地を入れる（★1）ⓛ
  ・細胞が生えている場合の培地替えは，ディッシュの壁からゆっくりと培地を入れる．培地をディッシュの中央から入れると，細胞によっては剥がれてしまう（次ページ写真参照）

Point
★1 培地の加え方
  ・細胞が剥がれないよう，ディッシュの壁を伝わらせる
  ・泡を入れないよう，ピペットから液が出た後空気を押し出さない ⓜ・ⓝ

ⓚ のせるだけ．
ⓛ 2枚のディッシュに培地を入れるときは，10 mLのピペットに8 mL取っておいて4 mLずつ入れてもよい．
ⓜ 液が出た後，ピペットから空気を押し出すと必ず泡ができる．ディッシュの縁まで達するような大きな泡はコンタミの原因になる（ディッシュの縁は手が触れている）．小さな泡がたくさんでも同じ．
ⓝ 泡の消し方．
  大きい泡や，小さくてもたくさんの泡があれば，ピペットまたはアスピレーターで吸い取る．ピンセットを炎であぶってから泡に触れるとはじけるが，飛沫が飛ぶのですすめない．

実習1　培地替え

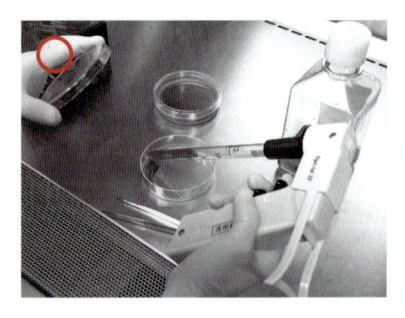

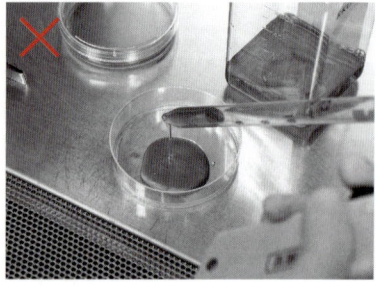

◆ 2枚以上やるとき（慣れてきたら）
・ディッシュを積み重ねた状態で培地を入れるときは下から順番に入れる．重ねた状態でフタを取る．フタの縁に指が当たらないように注意して入れていく．慣れてくると，10枚くらいのディッシュを重ねた状態でもできる．多量に細胞をまかないといけない場合は，役に立つ方法である．ただし，培地を吸い取った後，細胞が乾かないように手早くやれる自信がなければ，やめた方がよい

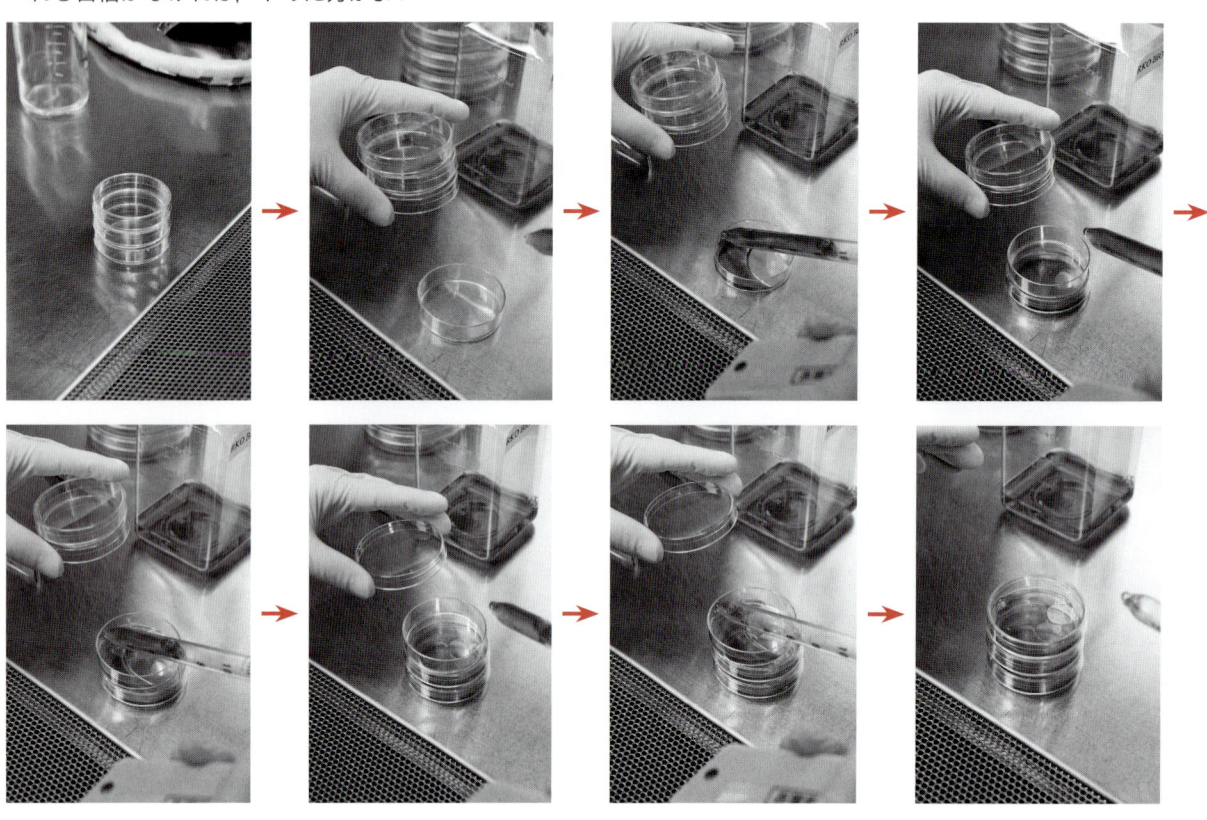

❶❷ ディッシュのフタをする ⓞ

❶❸ ピペッターからピペットを外してピペット捨てに入れる ⓟ

❶❹ 培地ビンの口を炎であぶり，フタもさっとあぶって，フタを閉める ⓠ

ⓞ フタをぶつけないように．

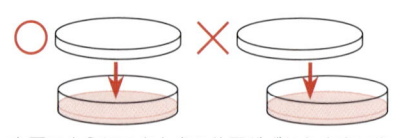

右図のようにフタと身の位置がずれたままフタを下ろすとフタがディッシュの身にぶつかってしまう

ⓟ 最後までクリーンベンチや床に液をたらさないように注意する．

ⓠ フタをぶつけないように．ディッシュにぶつけてひっくり返すとおおごとである．

解説　一度使用したピペットは再び培地ビンに戻さないこと！

　細胞の生えているディッシュに培地を入れるために使ったピペットは，再び培地ビンに戻すことなく，ピペット捨てに捨てることが基本的原則である（今日の実習では1回しか培地を入れないから，よけいな注意ではあるが）．

　ピペットの先には，浮遊している細胞や，ときには気づかぬうちにディッシュにいた雑菌がついているかもしれない．そういうピペットを再び培地ビンに入れると，培地が細胞や雑菌で汚染されるもとになる．ひとたび元となる培地（母液）が汚染すると，その培地を使う全部の実験に致命的な影響を与える可能性がある．さまざまな実験に使う可能性のある母液（共通して使用する培地やPBSなど）の管理には，最大限の注意を払うことが必要である．

　では100枚のディッシュに培地を加えるような実験の場合でも，いちいちピペットを替えなければならないのか．100本のピペットを用意するのか．そのような実験の際には培地ビンを1回か2回，あるいはその実験の範囲内で使い切ってしまうことになるだろうし，そうであれば仮に汚染が広がってもその実験1つがダメになるだけであろう．そう考えれば1本のピペットでさしつかえない．

解説　培地をこぼしたら

クリーンベンチにこぼしたとき
1）量が多いときはアスピレーターで吸い取る
　少量であればよく絞ったアルコール綿でまず吸い取る
2）別のアルコール綿で周囲から中心へ向かってよく拭く（汚れを広げない）

ディッシュの表面にこぼしたとき
　同様にアルコール綿でよく拭く．ただし，完全に拭き取れないで培地成分が残っていると，CO_2インキュベーターに入れた後で湿気を吸い，カビを培養するもとになる．

ディッシュのフタと身の間に入ってしまったとき
　コンタミの危険性が高いので，そういうディッシュは処分する．どうしても助けなければならないときはアスピレーターでよく吸い取ってからアルコール綿でよく拭くほかはないが，望ましくない．

床にたらしたとき
　同様にアルコール綿でよく拭く．こぼれたのを知らずにその上を歩くと培養室中に培地成分を広げ，カビや雑菌が生えるもとになる．

Step ❾ ディッシュをインキュベーターにしまう

❶ ディッシュのフタに細胞名，所有者名，その他必要な情報を記入する [a], [b]

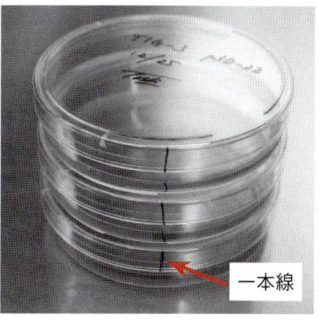

[a] 誰のものかわからないディッシュがインキュベーター内にあってはならない．ただし，今日の練習では，すでに記載されているはずである．

一本線

第1日　無菌操作の基本を身につけよう！

実習1　培地替え

❷ 細胞に異常がないか，顕微鏡で観察する[c]
・顕微鏡のステージをアルコール綿で拭いてからディッシュをのせる
・見終わったら顕微鏡のスイッチを切る[d]

❸ ディッシュをインキュベーターにしまう[e]

❹ プロトコールに実験終了時間を記録する

❺ ピペット缶のフタを閉める（しばしば忘れるので注意）

❻ 培地ビンをクリーンベンチから出す
・出す前にフタをきっちり閉める
・一度，軽く炎であぶる（フタの部分だけ）[f]
・フタの周りをビニールテープでまいてもよい
・ビンを出したらアルミホイルをかぶせる

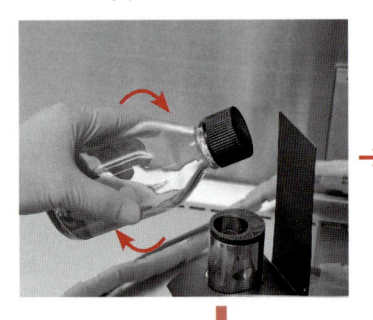

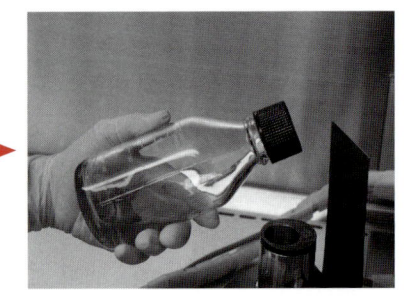

❼ クリーンベンチを終了する
・ガスバーナーを閉める（口火，炎の両方を閉めること）
・ガスの元栓を閉める
・クリーンベンチ内をアルコール綿で拭く（奥から手前へ）[g]
・クリーンベンチ前面のガラス外側もアルコール綿で拭く[h]
・ファンを消す
・扉を閉める
・蛍光灯を消す
・殺菌灯をつける

Step ⑩ あとしまつ

❶ 培地を冷蔵庫にしまう

❷ ゴミ（今日はアルコール綿だけ）を捨てる[a], [b]

❸ 培地を吸ったトラップの洗浄（これは液のたまり具合によるが，1日1回でもよい）[c]

❹ 使用済みのピペットの洗浄[d]

[b] ディッシュ100枚の実験をしたときでも1枚ずつに記載するのか？
→大量の細胞をまくような実験では，何十枚ものディッシュに細胞の名前を書いている間に細胞が弱ってしまう．そのようなときには，写真のように一番上のディッシュにのみ名前を書いて，それ以外はマジックで縦線の目印を入れる（前ページ**右側の写真**）．複数サンプルがあるときは，「二本線」「三本線」などつければよい．ただし，継代（**第2日実習1を参照**）を行う元細胞は，必ず正式な名前を書く癖をつけよう．誰かが位置を変えたりして，わからなくなったら実験は台無しである．

[c] 今日の操作で起こりうる異常は，培地を吸ったり加えたときに細胞が部分的に剥がれる恐れがあること．もちろん，変なものが培地中に浮遊しているようでは困る．

[d] 神経を使う無菌操作が終わると，ほっとして切り忘れる．

[e] ディッシュを運ぶときの注意は前述（**Step5**）と同様．
ディッシュをインキュベーターへしまうのも，出すときと同様の注意をする．

[f] 手からフタについた可能性のある菌を殺すため．

[g] 培地の飛沫は意外に遠くまで飛ぶ可能性があるので，広い範囲を拭いておく．

[h] 額が接触して皮脂がついたり，唾液が飛散していることが少なくない．

[a] 次ページの解説「ゴミの始末」を参照のこと．

[b] ゴミが少ないときは他の人のゴミ袋と一緒にするなり適宜工夫する．

[c] トラップにクレゾール石けんを入れている場合は廃液処理タンクに入れる．クレゾール石けんを入れていない場合は必ず使用者が，そのつど捨ててトラップを洗浄する．

[d] **特別実習2-4**を参照のこと．

❺ 手が荒れる人はよくハンドクリームを塗っておく

❻ プロトコールを整理する

　以上の操作は，はじめは30分かそれ以上かかるかもしれない．あまりに細かい注意が多すぎて，はじめはとても手が動かないかもしれないが，慣れればせいぜい5分か10分で終了する（単なる餌やりなのだから）．先輩は一連の操作中ほとんど無意識に手が動いているはずである．簡単な操作といえども，培地をこぼしたりさまざまなミスが起こりうる．それも経験というほかはない．細胞が乾いて死んでしまった，コンタミが起きた，などということは明日観察すればわかる（コンタミがひどければ）．

解説　ゴミの始末

　原則として，細胞が触れたもの，細胞を含むものは，微生物のコンタミがあるものと考えて，滅菌してから捨てること．例えば，ピペットは十分な洗剤を含む水につけておき，微生物を変性，溶解させる（完全ではないが）．アスピレーターで吸った培地は殺菌液（クレゾールなど）を含んだトラップに回収してから廃液としてポリタンクに貯蔵し，廃液処理する．クレゾールを入れていない場合はオートクレーブして捨てる．

　その他の使い捨て器具，溶液はすべてオートクレーブバッグに回収し，実験終了後にオートクレーブして，微生物を殺してから洗浄するか捨てるかする．再利用しないガラスビンやガラスフラスコなどもオートクレーブバッグに入れて，オートクレーブ後に回収してもよいが，あらかじめ別にステンレス缶に入れておいてオートクレーブしてもよい．オートクレーブバッグを用いるか滅菌缶を用いるかの選択は，液体物が多いときは滅菌缶で行い，オートクレーブ後に液体とその他を分ける．

　ウイルスや組換えDNAのようなバイオハザードの恐れのあるものを使用した場合については，一定の規制の下に処理することになるが，本書のような初歩の域を越えるので，詳しくは述べない．ただ，コンタミした場合のように素性不明の微生物の混入が明らかな場合には，バイオハザードに準じた扱いをするのが安全である．例えば，ピペットも通常のピペット捨てに入れずに，オートクレーブバッグに入れる．培地などもアスピレーターで吸わずに，培地回収用の小さなビン（もちろん滅菌してあるもの）などを用意してこれに回収し，オートクレーブバッグまたは缶に入れる．オートクレーブによって滅菌してから，廃棄するか，再利用する器具は洗浄する．ピペットのような先の尖ったものをオートクレーブバッグに入れる場合，袋を破らないように注意する．多くの大学では産業廃棄物として処理されるが，廃棄物の分類・仕分けは忠実に守ること．

オートクレーブ使用上の注意

　培養などで生じたゴミは，できるだけ使用した当日にオートクレーブする（★1，なお，オートクレーブについては**特別実習2-1**も参照のこと）．いろいろな大きさのオートクレーブバッグが市販されているので，使用するオートクレーブにあった大きさを用いる．また，誰がかけたゴミかわかるようにオートクレーブのフタに貼り紙をして，名前を書いておくことも大切である（★2）．次に使いたい人がいる場合や何かエラーが起こったときには貼り紙で知らせる．

　オートクレーブは，ゴミの処理だけでなくいろいろな試薬の滅菌にも使う．これから使用す

Point
★1 培養ゴミは当日中にオートクレーブする！
★2 オートクレーブ使用中は，フタに名前を書いておく！
★3 オートクレーブは無理矢理詰め込まない！

るために滅菌するものは，室温まで下がってから開閉するのが原則であるが，ゴミなどであれば，ある程度下がれば（圧力は1気圧で温度は50℃以下くらい），開閉してもいい．

　オートクレーブに無理矢理たくさんのゴミを詰め込むと，温度センサーの破損や弁の故障が起こり修理に多額の費用がかかる（★3）．オートクレーブするとプラスチック類は溶けて形が変わってしまう．これは当たり前だが，無理矢理詰めてオートクレーブをかけて，ゴミが抜けなくなったばかりか温度センサーが破損して，使えなくなったことがあった．くれぐれも気をつけてほしい．

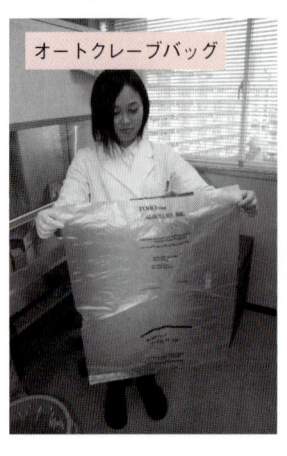

オートクレーブバッグ　　オートクレーブ　　廃物入れ

▶ 復習

　クリーンベンチが空いていれば，もう2回練習してみよう．今日の実習が実験ノート＃0001であるので実験ノート＃0002，＃0003になる（翌日の実習は＃0004からスタートする）．操作の練習だけなら細胞が生えていない空のディッシュでもよいが，どうしても気の入れ方が違うから，できれば細胞が生えている方が望ましい．始めのうちは練習するごとに慣れてどんどん上手になり，時間が短縮されるのが自分でよくわかる（ようであってほしい）．

明日の準備

1) 明日の実習について予習する
2) プロトコールを作成する
3) 疑問点などを指導者によく聞いておく
4) 操作の手順や，注意するところをよく考え，頭に入れておく
5) 実際の手順を想像しながら，始めから終わりまでたどってみる
6) 先輩が操作していれば邪魔にならないようによく見る

　明日の実習は，今日の実習内容が修了したという前提で進めるから，注意点をよく復習しておく．実習は，理屈もさることながら，なにより慣れが大切なので，頭のなかででもよいから操作をよく反芻しておくこと．

知識として勉強すること

詳しいことは別の本，あるいは研究室でのやり方を学ぶことにして，もう一度事前講義にも目を通し，基本的な事項を確認しておこう．

> **ハイ，お疲れさまでした**
>
> 緊張が解けて，どっと疲れが出る．はじめは「ただの餌替えだけでこんなに疲れるのか」と思っただろう．しかし，終わってみると，案外やれそうだと思ったのではあるまいか．3回も培地替えを繰り返したあとは「これは何とかなる」という気になる．それでよい．無菌操作は「何とかなる」という自信をもって先へ進もう．

第2日 継代の方法と細胞数の計測法を身につけよう！

本日の到達目標
- 継代（細胞を植え継ぐ）の方法を身につける
- 細胞数を目的に合わせた方法で数えられるようになる

→ 実習のポイント
- 無菌操作の基本（雑菌の持ち込みを最小限にする）を守る
- 細胞の状態をきちんと確認しながら操作を行う
- 均一でムラが少なく精度の高い操作を心がける

　さて，培養室へ入るのも無菌操作も，そう恐いものではないという自信が少しはついた．昨日に比べると緊張感はあるものの，不安感は減った．いよいよディッシュに生えた細胞を剥がしてまき直す，基本中の基本に取り組んでみよう．何しろこれさえできれば，とりあえず細胞が培養できるようになるのだから．とにかく始めてみよう．

　本日の実習の注意点も，実際に先輩に習うときには口頭で注意されるような，あるいは見ればわかるようなことである．書くと長いが，実際には全くたいしたことではないので，驚かないでもらいたい．少し慣れれば，ほとんど頭を使うことなく，勝手に手が動くようになる程度の内容である．

● 実習1　細胞の継代

　ここでは細胞培養の"基本中の基本"である継代にチャレンジしてみよう．なお，継代の学生実習を撮影した映像が本書のOnline Supplemental Dataとして，羊土社HP上に公開されているので，補足として活用してほしい（http://www.yodosha.co.jp/jikkenigaku）．

> **重要** ★ 以下の言葉は今回の実習のキーワードとなるので，事前講義を読み，意味をしっかり理解しておこう！
> →コンタクトインヒビション／コンフルエント／pile-up／PDL／passage

1 継代を行う前に知っておくべきこと

▶ 継代時の細胞の希釈率の決め方にはいくつかの原則がある

1）継代法が厳密に指定されている場合

　マウスの3T3細胞のように，3日ごとに3×10^5細胞を60 mmディッシュにまくことが指定されている場合には，厳密にそれに従う（この方法に従わないと，細胞の性質が確実に失われる．厳密に従ってさえ，性質が失われることもめずらしくない）．

2）分裂回数（PDL）の計測が必要とされる場合

　ヒト正常細胞のように，細胞分裂回数が有限である（細胞が老化する）場合，何回分裂した細胞であるかによって細胞の性質が異なるので，4倍あるいは8倍などかなり正確に希釈

倍率を決めてまく．正常細胞の場合，あまり希釈すると細胞の付着や増殖が悪くなることが多いので，せいぜい8倍か16倍くらいまでの希釈にとどめるのが無難である．

3）癌細胞の場合

一般によく増殖するので，かなり希釈しても問題ない場合が多いが，細胞ごとの性質（癖）があるので，それに従うのが無難である．希釈をしすぎて継代すると，一部の細胞だけが選択され，集団としての性質が変化してしまうことがある．癌細胞のように継代数を気にしない細胞でも，遺伝子を導入したりした場合などには，導入後の継代数（passage）をカウントしておくべきである．遺伝子によっては，表現型が出て，それが安定するまでに時間がかかる場合などがあるからだ．

▶ **継代の間隔，タイミングにもいくつかの原則がある**

一般に，正常に近い細胞には**コンタクトインヒビション**（contact inhibition：ディッシュいっぱいにまで増殖すると増殖を停止する）の性質があり，この性質を保つには，ディッシュいっぱいになる前，あるいは，なったらすぐに継代するのが常識である（3T3細胞はその顕著な例である）．**コンフルエント**（confluent：ディッシュいっぱいになった状態）になってからさらに培養を続けると，コンフルエントになっても増える細胞が次第に増加し，コンタクトインヒビションの性質が失われる．

正常線維芽細胞のように，コラーゲンなどの細胞間基質を合成・分泌するものでは，コンフルエントになると特に合成・分泌が上昇するため，トリプシンなどで細胞を分散させることが難しくなり，シート状に剥がれるだけで，単一細胞の浮遊液にならなくなる．

癌細胞はそれほど気にしなくてよいのが普通ではあるが，コンフルエントになったものをさらに培養を続けていると，細胞が重なりあって増えるため，単一細胞に分散しにくくなる．したがって，あまりぎしぎしにまで増えないうちに継代する方がよい．

いずれの場合も，継代前日には培地替えをして，細胞を元気にしてから継代することが望ましい．

2 無菌室へ入る前に準備しておくこと

> **重要**
> ★ 実習書（本書）をよく読み，やることを一通り頭に入れておく
> ★ 実験ノートを書き，今日行う無菌操作をイメージしてみる
>   →準備するもの，細胞のために最適な手順，細胞のまき方
> ★ 疑問点を整理しておく（先輩に聞いておく）
> ★ ピペットの扱い方の練習をする

▶ **ピペット操作の練習**

2 mLの駒込ピペットにゴムキャップをはめて操作するなどということは，きわめて容易なことである．ただ，無菌操作であることを意識すると，緊張して意外にてこずったり，先端がふらふらしてビンやディッシュにぶつかることもある．

ここでは，水の入ったビン，2 mLの駒込ピペット，空のディッシュを用意して，ビンから目的量の水を吸い取って，安定を保ちつつ（先端から空気が入らないように，先端から液をこぼさないように），ディッシュに入れる練習をしてみよう（**Step4 ❻**以降を参照）．まず，先輩にお手本を示してもらい，自分でもやってみよう．

実験ノート

☐ # 0004　　**細胞の継代練習**　　2010年 4月20日（火）

目的　細胞継代法の練習

用意
- ☐ 培地 DMEM（2010-3-19-5） 10% FBS　lot.（Hyclone 7MO528）
- ☐ PBS（−）（2010-4-12-6）
- ☐ トリプシン/EDTA（2010-3-22-3）
- ☐ 60mmディッシュ 1枚の細胞
  細胞名：TIG-3（2010-4-15 plated, 2010-4-19 MC, Confluent, 45PDL）
- ☐ 培養室に用意されている機器，器具
- ☐ 使用済みの物を入れるオートクレーブバッグ，あるいは滅菌缶

> medium change（培地替え）のこと

操作（9:50）

細胞の入ったディッシュをインキュベーターから取り出す
↓
培地を吸い取る
↓
PBS（−）2mLで2回洗う
↓
トリプシン/EDTAを2mL加える
↓
室温 or 37℃
↓
　　　　　　　　　　　　　　　　　→ Step ① 〜 Step ④

培地2mLを加えてサスペンド
↓
0.5mLずつ2枚のディッシュにまく（約8倍希釈）
↓
よく混ぜてから，37℃のCO₂インキュベーターへ
（10:20）

→ Step ⑤, ⑥

> 懸濁すること

新しく準備するもの

- 60 mm ディッシュ 3 枚の細胞
  - 今日の実習では 1 枚のみを使用する．2 枚は後の復習用として使う
- PBS（−）
  - 冷蔵庫に保存されている調製済みのものを使用する．作り方は**特別実習 3-3** を参照
- トリプシン /EDTA
  - 冷凍庫に保存されている．作り方は**特別実習 3-3** を参照

Step ① 前準備

❶ 実験ノートに日時を記入する
↓
❷ 冷蔵庫から培地と PBS（−）を出して 37 ℃の水浴[a]に入れる
　・冷蔵庫の扉はきちんと閉める
↓

[a] 設定温度は細胞の種類や実験目的によって変更する．

❸ トリプシン/EDTA溶液を冷凍庫から出す
　・冷凍庫の扉をきちんと閉める ⓑ

⬇

❹ トリプシン/EDTA溶液を水浴で温めて溶かす（解説「トリプシン/EDTAの溶かし方」参照，★1）

⬇

❺ 実験ノートに，使う溶液のロット番号などを記入する（解説「なぜロット番号まで記録しておくのか」参照）

⬇

❻ トリプシン/EDTA溶液が温まったところですべての試薬を水浴から出す

ⓑ 閉まったことを確認しないと，中の物が溶けて本当に他人に迷惑になる．扉のあたりに氷が付着してしまった場合には，特に丁寧に閉めないと，きちんと閉まらなくなることがある（定期的に氷を取っておくべきである）．

Point

★1 トリプシンEDTA溶液は温めすぎない！使用する直前に温めて溶かす．頻繁に使う場合は，4℃保存でも大丈夫（1カ月以内の使用を一応の目安にする）．

解説　トリプシン/EDTAの溶かし方

解凍時の注意点
- 水浴に放置しないで，頻繁に振る．それによって早く氷が溶け，温度が早く一定になるように気をつける．
- 氷が溶けて温まったら速やかに水浴から出す（トリプシンが自己消化するのを避けるため）．
- PBS，培地，トリプシン/EDTAは，37℃になるまで待たなくてもよい．室温程度まで温まるだけでもよい．ただし，実験によっては操作の間，培地の温度を正確に保ちたい場合がある．その場合には，クリーンベンチ脇に水浴を置き，培地の温度を保つ．

冷たいまま使用してはいけない理由
- 冷たい溶液が細胞に触れると，細胞がディッシュからシート状に剥がれることがある．
- 使用中にビンの外側に水滴がついて，クリーンベンチ内がビショビショになる．
- 当然のことながらトリプシンは温度が高い方が効きが早い．いつも室温，あるいは37℃で一定にして実験した方が再現性がよい．

解説　研究室でまとめて作って管理する！

培地やトリプシン/EDTA溶液を頻繁に使う研究室では，係を決めて20本程度を一度に作製する．培地は500 mLビンが多いが，トリプシンはだいたい100 mLビンで作製する．原液を希釈するだけのタイプのものでは，クリーンベンチ内で高濃度トリプシン溶液とPBS（−）を滅菌したビーカーに混ぜて，ボトルトップフィルターで濾過滅菌して作製し，新たにロット番号をふって管理する．作製記録は，研究室独自の培地・トリプシン/EDTA作製記録ノートなど，研究室のルールに従って元のロットなどを記録しておく．

ロット表記の例）2010-01-06-1：2010年1月6日に作製した1番目のビン

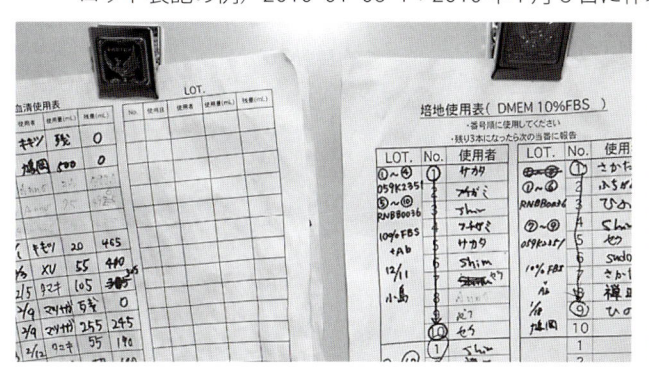

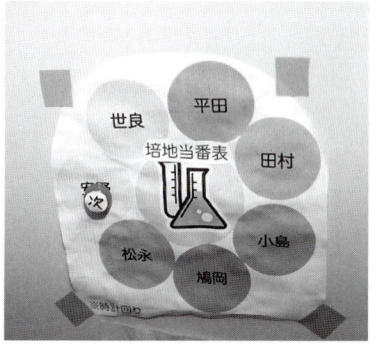

実習1　細胞の継代

解説　なぜロット番号まで記録しておくのか

ロット番号によって品質の差があり，実験結果に影響することがある．結果を考察する際に参考になる．購入した製品についてのロットを記載するのも同じ目的．自分で作ったものの場合，ロットによっては"作り間違い"だってありうる．

以後，培養室への入り方からインキュベーターに入っている細胞を出すまでは事前講義と第1日の通りなので，項目をあげるにとどめる（詳しく書いてないからといって手を抜かないこと）．

Step ② 無菌室へ入る

❶ 手袋をする（第1日実習1 Step2）

❷ 必要な滅菌ピペットが十分にあることを確かめる[a]

❸ クリーンベンチの用意（第1日実習1 Step3）

❹ 必要なもの[b]をクリーンベンチへ入れる（第1日実習1 Step4）

[a] 今日必要なのは，パスツールピペット，2 mLの駒込ピペットおよび10 mLのメスピペット．

[b] 新しい60 mmディッシュ2枚をクリーンベンチへ入れる．

ここまでは，第1日の培地替えの項と同じなので，忘れた人はそちらを参考にすること

解説　新しいディッシュの取り出し方

- 新しいディッシュは透明なポリ袋に入っている
- ポリ袋の内側は無菌的に保たれている
- 袋を開けたら，できるだけ他のディッシュに触れないようにして（何度も言うように手は無菌的ではない），必要な枚数のディッシュを取り出すこと
- 残りはビニールテープで袋を閉じて保管する
- 一度袋の外に出してしまったディッシュは，使わなくても袋に戻さないこと（第1日の実習で注意したように，共通に使うものの汚染を極力避けるため）

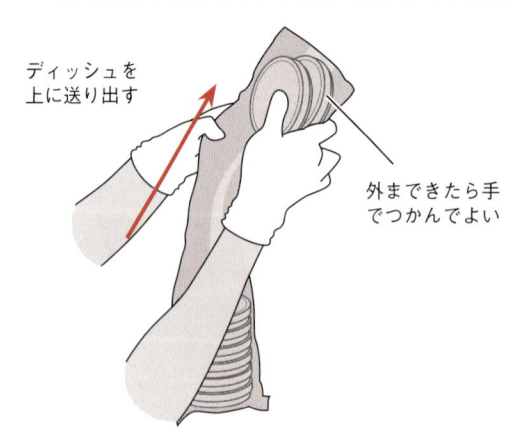

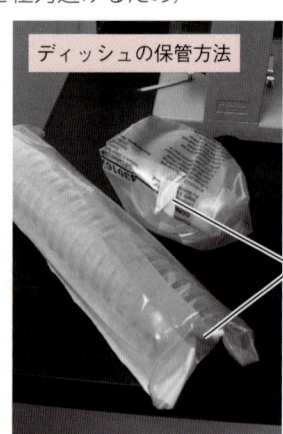

ディッシュを上に送り出す

外まできたら手でつかんでよい

ディッシュの保管方法

ビニールテープで袋を閉じて保管

── これで準備ができた ──

Step 3 細胞の確認と培地の準備

〈第1日実習1 Step5を参照〉
❶ アルコール綿で手をぬぐう（★1）
↓
❷ CO_2 インキュベーターの様子をチェックする
・チェックポイント：表示温度，体感温度，CO_2 濃度，湿度，保湿用の水，培地の色
・CO_2 濃度が正しいかどうかは，培地の色で判断できる．インキュベーターから出して色の変化を観察してみよう．
　　赤（ボトルに入っている培地の色）→ CO_2 濃度が低い
　　ダイダイ色　→　良好
　　黄色　→　CO_2 濃度が高い，あるいは細胞が増えて培地が消耗し酸性に傾いている
↓
❸ 60 mm ディッシュを CO_2 インキュベーターから1枚取り出す
↓
〈第1日実習1 Step6を参照〉
❹ ディッシュを肉眼で点検する
・培地の濁り，異物，カビなどないか？
↓
❺ 細胞を顕微鏡で注意深く観察する ⓐ
↓
❻ 顕微鏡のスイッチを切る ⓑ
↓
❼ すぐにディッシュを CO_2 インキュベーターに戻す ⓒ, ⓓ
↓
❽ クリーンベンチ内で PBS（-），トリプシン/EDTA のビンのフタをとって，口をバーナーであぶり，軽くフタをしめておく
↓
❾ 10 mLのメスピペットを取り出し，新しいディッシュ2枚に培地4 mLずつを入れておく（第1日実習1 Step8参照）ⓔ
↓
❿ ❾のディッシュを CO_2 インキュベーターに入れておく ⓕ

Point

★1 70％エタノールを手袋に噴霧して乾かす方法がよい．必ず乾かしてから作業すること．

エタノール噴霧器

ⓐ 第1日実習1 Step6❷参照

ⓑ しばしば忘れるので注意する．

ⓒ このまま，クリーンベンチに入れてもよいが，細胞は"寒がり"なので，細胞を出している時間ができるだけ短時間になるようにしよう．

ⓓ 早くても，❽❾が終わってから，再び細胞を出すようにしよう

ⓔ ここであらかじめ細胞の継代を行うディッシュに培地を入れておくことにより，細胞を出してトリプシン処理して剥がした後，すぐに細胞をまけるようにしておくとよい．

ⓕ 継代操作が手早く行えるようになれば，CO_2 インキュベーターに入れておかなくてよい

解説　前もって観察しておいてから実験を開始すべきである

- 生きの悪い細胞を使った実験から正しい結果が出るはずがない
- 自分の使う細胞の状況を把握しておくことは大変重要である
- 本日の実習では，ほぼディッシュいっぱいに生えた細胞を使う
- 均一に生えているか？
  中央はギッシリだが，周辺はパラパラなどというのは，まき方が悪い．こういう場合には，中央と周辺の細胞の増殖状態に違いがあり，生理的に均一な集団とはいえない．細胞を剥がすときに，周辺部ではトリプシンが効きすぎて下手をすると細胞が溶けはじめても，中央部の細胞は全然剥がれない，などということもある
- その他，カビやバクテリアのコンタミはないか，などは当然確認する

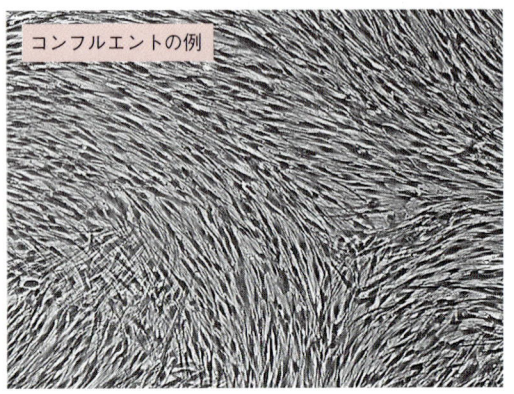

コンフルエントの例
細長い線維芽細胞がほぼ均一に生えている

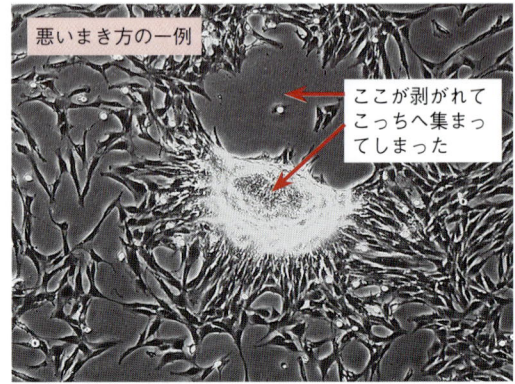

悪いまき方の一例
ここが剥がれてこっちへ集まってしまった
一部濃い状態でまいたとき，そこだけ先に増殖し，細胞同士が密接に引っぱり合い，やがて器壁から剥がれる

Step ④ 細胞を剥がす

　細胞を剥がす操作は，細胞に最もダメージを与える可能性のある操作である．培地の洗い方が悪くて血清がわずかに残っていると，トリプシン/EDTAの効きが悪くて細胞が剥がれにくくなる．そういう条件でトリプシン/EDTAを加えて長時間おくことは，剥がす効果が小さいだけでなく細胞へのダメージが大きい．トリプシン/EDTAの効きが不十分なとき，ピペッティングによって機械的に細胞を剥がそうとすると，細胞をひどく傷める．トリプシン/EDTAの効き方は細胞によって大きな違いがあり，同じ細胞でもまばらなときとディッシュいっぱいになったときでは，トリプシン/EDTAの効き方に大きな違いがある．経験を積むほかはない．また，培地や洗浄に使ったPBSなどをよく吸い取ることは大切であるが，時間をかけていると細胞が乾いてしまうので注意する．

> **重要** ★第1日の実習を読み返してピペットの準備から培地を吸い取るまでの操作を確認しておく

〈培地を吸い取る〉[a]

❶ アスピレーターのスイッチを入れる
　↓
❷ ピペット缶からパスツールピペットを取り出す
　↓

[a] 第1日実習1 Step7を参照．

❸ 右手（利き手）でアスピレーターの管を持ち、パスツールピペットを管にはめる

↓

❹ 左手でディッシュのフタを取り、アスピレーターで培地を吸い取る（★1）

↓

❺ ディッシュを置き、ピペットを外してアスピレーターのスイッチを切る

↓

〈細胞を剥がす〉

❻ 2 mLの駒込ピペット[b]を滅菌管から取り出し、炎であぶって滅菌する

駒込ピペットの扱い方

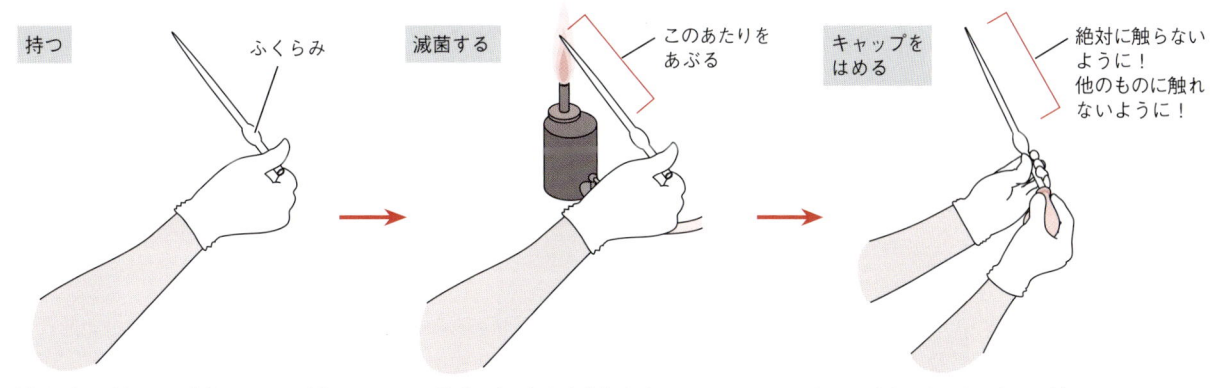

持つ	滅菌する	キャップをはめる
ふくらみ	このあたりをあぶる	絶対に触らないように！他のものに触れないように！
試薬やビンに触れる可能性のあるふくらみより先の部分には触れないこと！	1〜2秒ずつ炎のなかを往復させる	ここでも、ふくらみより先の部分に触れないように注意する

↓

❼ 2 mLの駒込ピペットを左手に持ちかえ、右手でキャップを取ってはめる。ピペットの元から綿が少し出ていたら炎であぶってからキャップをはめる

↓

❽ 左手にピペットを持ちかえ、左手の指でPBS（−）のビンのフタを挟み、指が培地ビンの口の上を通らないように持ち上げる

↓

❾ PBS（−）をビンを斜めにしてピペットがビンの口に当たらないように、かつ、あまり奥まで入れないように注意しながらPBS（−）を約2 mL取る[c]

↓

❿ ディッシュのフタのみ持ち上げて、ディッシュ内側の壁中央あたりからゆっくりとPBS（−）を入れる。ディッシュ中央からポタポタ入れたり、ディッシュの壁からでも勢いよく入れたりすると細胞が剥がれる場合があるので注意する[d]

↓

⓫ ディッシュを軽く回しながらゆすって、付着している死細胞や血清成分をPBS（−）に分散させる[e]

↓

⓬ ❶〜❺と同様の方法で、パスツールピペットを取り出し、アスピレーターでPBS（−）を吸い取る

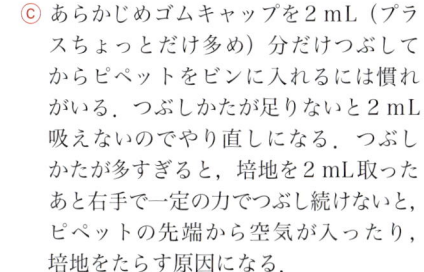

Point

★1 アスピレート中は、絶対に途中でスイッチを切らないこと。途中で切ると吸った液が逆流してコンタミする！

[b] PBS（−）による洗浄などでは、正確な液量を取る必要がないので、駒込ピペットを使用してもよい。

[c] あらかじめゴムキャップを2 mL（プラスちょっとだけ多め）分だけつぶしてからピペットをビンに入れるには慣れがいる。つぶしかたが足りないと2 mL吸えないのでやり直しになる。つぶしかたが多すぎると、培地を2 mL取ったあと右手で一定の力でつぶし続けないと、ピペットの先端から空気が入ったり、培地をたらす原因になる。

[d] ここでは、PBS（−）を用いたが、トリプシン/EDTA溶液を用いて行う場合も少なくない。PBS（−）で洗浄した場合は、よくアスピレートしないとトリプシン/EDTAを加えたとき薄くなり効きが悪くなることがある。

[e] 意外に混ざりにくいものである。少なくとも2〜3回は回す。

⓭ もう一度 2 mL の駒込ピペットを取り出し，PBS（−）を加えて細胞を洗い，アスピレーターで吸い取る（やり方は❻〜⓬と同様）ⓕ

⓮ 2 mL の駒込ピペットを取り出し，トリプシン/EDTA 2 mL を加える

⓯ 軽くディッシュを回して，液を均一に分散させる

⓰ 顕微鏡ですぐに観察する

⓱ トリプシンが効いて，細胞が剥がれかけているかどうか確認する．効きが悪いようであればインキュベーターに入れて温める（★2）ⓖ．トリプシンが十分に効いている場合は，Step5に進む．

ⓕ わずかに残った血清成分がトリプシンの効果を阻害する場合がある．ただし，細胞の種類によって著しく感受性に違いがあり，PBS（−）による洗浄は1回で十分である場合から3回くらい必要な場合まであるので，使う細胞によって変更すること．細胞によっては，PBS（−）ではなく，トリプシン/EDTAで洗浄した方がよい．このステップは，細胞によっては省略してもよい．

Point
★2 ディッシュの横を軽くたたくとトリプシンが効きやすくなる．温める前に試してみよう．

ⓖ （インキュベーターに入れた場合）1分後に顕微鏡で様子を確認する．十分に効いているようであれば，Step5に進む．

トリプシン消化の一例（良い例）
0秒 → 20秒 → 30秒 → 40秒 → 50秒

トリプシン消化の一例（悪い例）
0秒 → 20秒 → 30秒 → 40秒 → 50秒

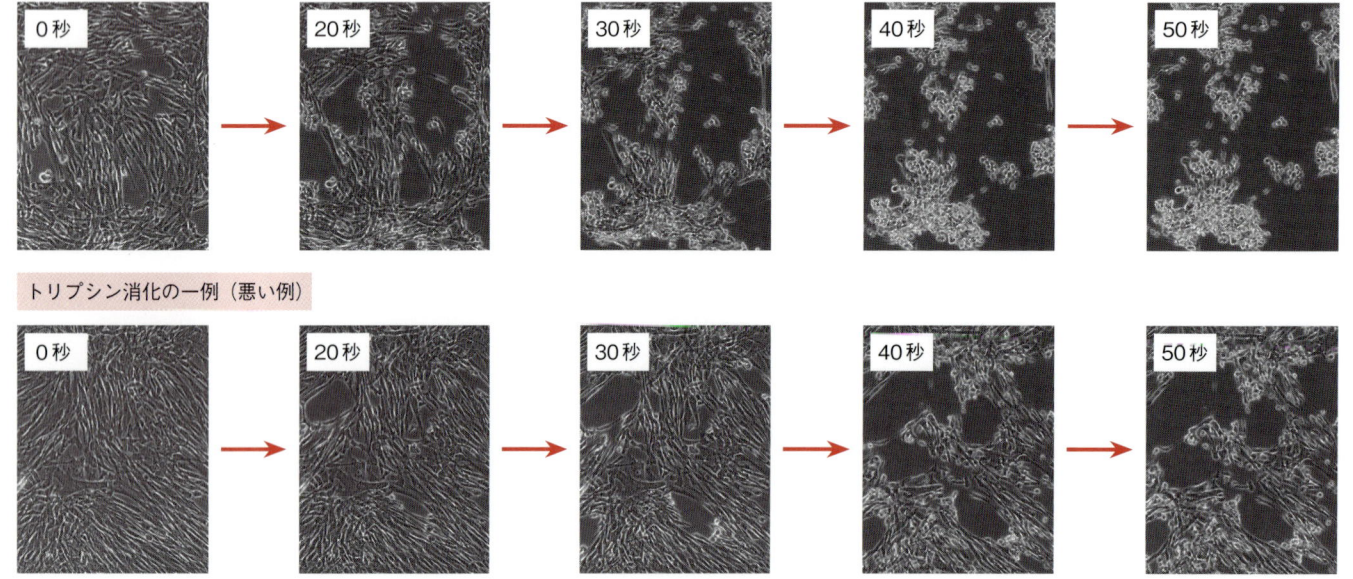

同じ密度のヒト線維芽細胞TIG-3細胞でPBS（−）の洗浄が良い場合と悪い場合を比較すると，悪い例では，トリプシン消化後でもすべての細胞が丸くなっておらず不十分であることがわかる

解説　細胞の剥がれ方を観察してみよう

細胞が球形になると，ひどく小さいことに驚くであろう
- 普段は非常に偏平に伸びてディッシュに付着しているので，一見大きく見えているのである

細胞の種類によってトリプシン/EDTAに対する感受性は著しく異なる
- 剥がれやすい細胞は，PBS（−）による洗浄が1回でよい場合もある．速い細胞は数秒で剥がれ始め，遅い細胞では37℃のCO₂インキュベーター内に10〜15分放置しないと剥がれないものまである
- 一般にトリプシン/EDTAが十分効くと，ディッシュ全体で，細胞1つ1つが次第に丸くなり，ディッシュを軽く振るとディッシュから剥がれるようになる（一番理想的な場合）
- ディッシュとの接着が弱い細胞の場合，細胞同士の接触が剥がれないうちにディッシュから剥がれ始める．この場合には細胞がまとまってシート状に剥がれ，単一細胞の浮遊液にならない（**次ページの写真⑤参照**）

- コンフルエントになってから放置していた細胞も，一般に細胞同士の接着が強くなるため，同様に単一細胞になりにくい（コンフルエントになるかならないかの状態で，すぐ継代する方がよい）
- 重層して増殖した癌細胞も，単一細胞になりにくいことがある．

  塊で剥がれた細胞はいくら時間をかけても単一細胞にはならない．

  こういう細胞を新しいディッシュにまき替えると，塊の細胞がディッシュについて（つかない場合も多いが），そこだけはじめから著しく細胞密度が高くなってしまう．とうてい均一にまくことはできない（**写真⑥**）

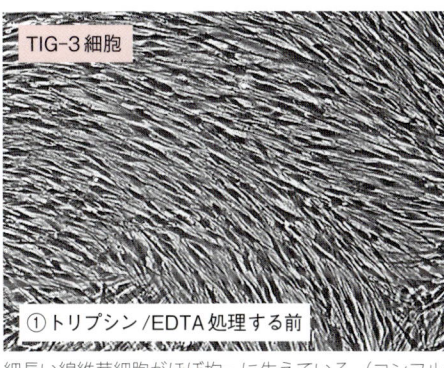

①トリプシン/EDTA処理する前

TIG-3細胞

細長い線維芽細胞がほぼ均一に生えている（コンフルエントの状態）

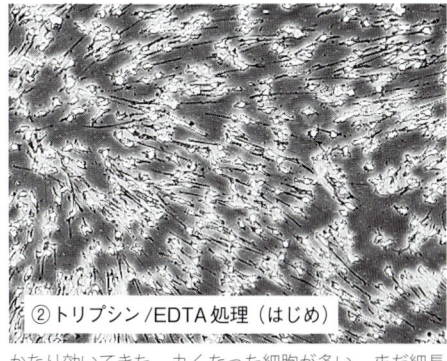

②トリプシン/EDTA処理（はじめ）

かなり効いてきた．丸くなった細胞が多い．まだ細長い形でついているものがたくさんある

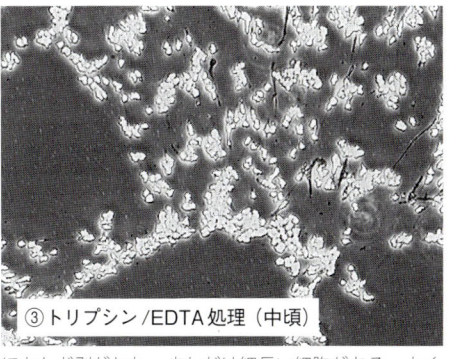

③トリプシン/EDTA処理（中頃）

ほとんど剥がれた．少しだけ細長い細胞がある．丸くなると細胞が小さく見える

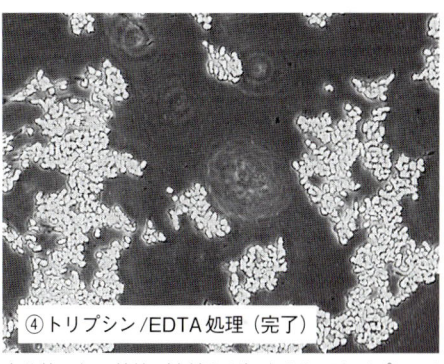

④トリプシン/EDTA処理（完了）

十分効いた．培地（血清入り）を入れてトリプシン/EDTAの効きををを止めよう

⑤シート状に剥がれる

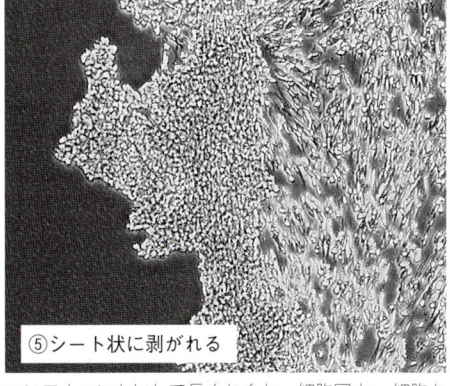

コンフルエントにして長くおくと，細胞同士，細胞と細胞外基質との接着が強くなりすぎ，PETを効かせると細胞とディッシュが先に剥がれるため，シート状に剥がれてしまう

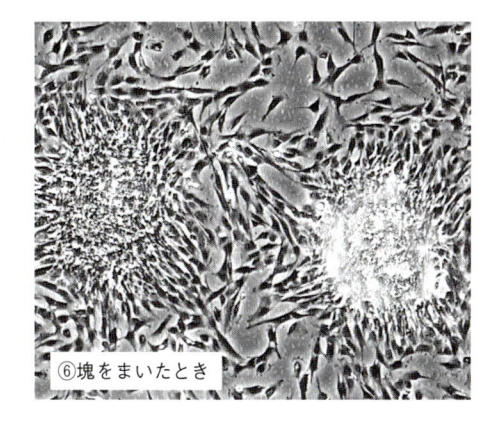

⑥塊をまいたとき

処理の程度はどのくらいがよいかも，細胞の種類によって著しく異なる

- 一般的に，ディッシュを軽く振ったときに，半分から8割程度の細胞が浮遊するくらいまで処理するのがよい
- 細胞によっては，顕微鏡で観察する暇もないほど速く剥がれる場合がある
- 細胞によっては，軽く振っただけでは大部分の細胞が付着している（剥がれない）にもか

かわらず，後で軽くピペットで液を吹き付けると完全な単一細胞として回収できる場合もある（この場合，ディッシュを振っただけで剥がれるまで置いては，細胞が消化され溶解してしまう）
- 自分が使っている細胞がどういう挙動を示すかは，試行錯誤して身につけるほかはない

慣れてくると，いちいち顕微鏡で観察しなくても細胞が剥がれてくる様子を肉眼で観察することができる（肉眼でも細胞が見えるのだ）
- ディッシュの底面を下から見上げると，はじめは細胞が底面にしっかり付着しているので，光をよく通すから，ほとんど何もないように見える．しかし細胞が丸くなってくると，光の透過が妨げられるようになり，底面が白く濁ったように見える
- ディッシュを軽く振ると，細胞1つ1つが浮遊して，液と一緒に動くのが見える
- 言うまでもないが，ディッシュを軽く振る際に，培地がディッシュのフタにつくほど振れば，まずコンタミするから，絶対に避けなければならない

細胞の分散が上手くいかなかったとき
- 塊のできてしまった細胞浮遊液を単一細胞浮遊液にすることはまずできない．どうしてもなんとかしたいときは，細胞浮遊液を培地で希釈してから50 mLの遠心管などに移し，培地を加えて希釈して数分間放置し，大きな塊が沈むのを待って，上清の単一細胞浮遊液を回収して使用する（細胞の回収率が落ちるのはしかたない）．あるいは，塊のあるままディッシュにまき込んで，丁寧に継代を繰り返し，次第に塊が減って単一細胞に分散することを期待する

Step 5 培地を加え，トリプシンの作用を止める

❶ 細胞が十分に剥がれてきたら，ディッシュをクリーンベンチへ戻す

↓

❷ 新たな2 mL駒込ピペットを取り出し，培地を2 mL取って，細胞浮遊液に加え，軽くピペッティングする（よく混ぜることでトリプシンの働きを止める）
- 泡を立てないようにピペッティングする（★1，★2）ⓐ
- 底面についている細胞を剥がすⓑ，ⓒ

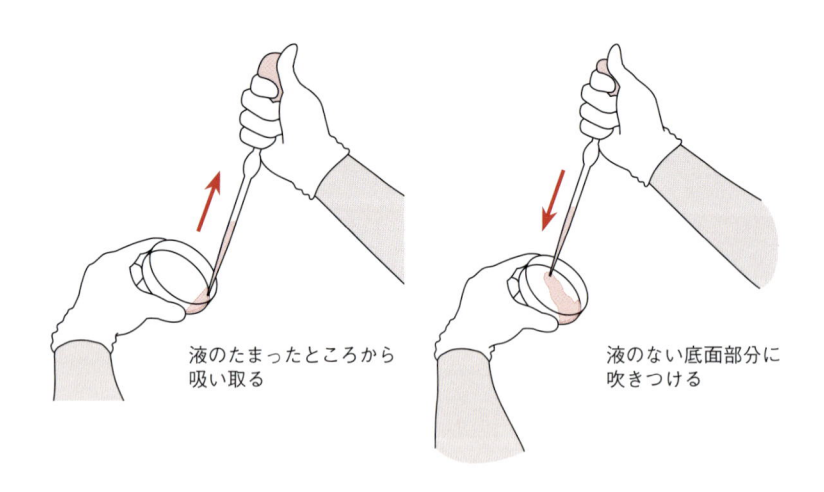

液のたまったところから吸い取る

液のない底面部分に吹きつける

Point

★1 ここが細胞培養の継代の山場である．ピペッティングで最も注意するところ！ ピペッティングのときは，ディッシュのフタは，クリーンベンチに内側を下に向けて置く．ディッシュを斜めに持つ．ただし，指がディッシュの上部にあるのはNG（次ページ写真）．

★2 トリプシン処理後は，細胞がある程度の塊で剥がれてくる．この塊をほぐすのもピペッティングの目的であるので，細胞がほぼ単一になる最小限の回数で行う．

ⓐ 2 mL分だけゴムキャップをつぶし，ほぼ全量の（多少はディッシュに残る）液を吸い取り，はき出す．ピペットから空気をはき出さない．この感覚がわかれば，液を強く吹き出しても泡は立たない．

ⓑ 底面に細胞が付着している場合はディッシュを少し傾け，液のたまったところから液を吸い取り，液のない部分の底面に液を吹き付ける．ディッシュの位置を少し回転してずらし，同様にして底面の別の位置に液を吹き付ける．このようにしてピペットで液を底面全体に吹き付け，底面についている細胞を剥がす．剥がれにくい細胞では，ピペットの先端をディッシュに直角にあてて，少し強く液を吹き付ける．

ⓒ この操作は5 mLのメスピペットと電動ピペッターを用いて行ってもよい（注意点は同様である）．

悪い例	良い例
指がディッシュの上部にある	ピペットがディッシュの上端に触れないように注意

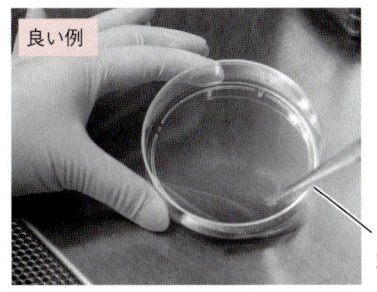

❸ Step3の❿で準備した新しいディッシュ2枚(培地4 mLずつが入っている)[d]をCO₂インキュベーターから出す

[d] 慣れてきたら，このStepで新たなディッシュを用意してもよい

❹ ディッシュ2枚に細胞浮遊液0.5 mLをディッシュ全体にポタポタ入れてまき込む[e]

[e] もとのディッシュに生えていた細胞を約8倍希釈で継代したことになる．

❺ すぐに細胞をディッシュに均一に分散させる
・分散のコツ：ディッシュのフタにつかないように気をつけて，かつ十分に円を描くように混ぜる．右回りと左回りをそれぞれ4回行う．次に，横方向，縦方向にそれぞれ4回混ぜる

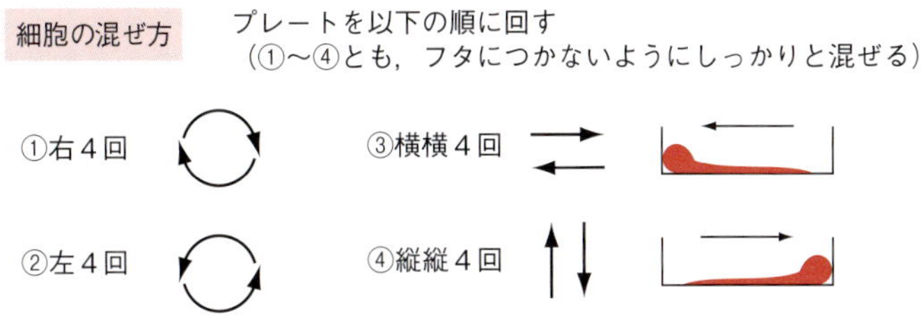

細胞の混ぜ方　プレートを以下の順に回す
（①〜④とも，フタにつかないようにしっかりと混ぜる）

①右4回
②左4回
③横横4回
④縦縦4回

❻ ディッシュのフタに細胞名，所有者名，その他必要な情報を記入する[f]

[f] 第1日実習1 Step9を参照

解説　剥がれたところと剥がれていないところの見分け方

・ディッシュの底面にクリーンベンチ内の蛍光灯が反射して見えるような角度にディッシュを傾けて保持すると，細胞がきれいに剥がれたところは，ツルツル光って見える．まだ細胞が付着しているところは，ザラザラした感じに見える．液を吹き付けるたびに底面がツルツル光って見えるようになるのがわかる
・もちろん，液がディッシュから飛び出すほど強くピペッティングしてはいけない（はじめはこれが案外難しい）

解説　ピペッティングによる細胞の損傷

・ピペッティングは細胞に傷害を与えることは間違いないから，必要にして十分な回数にとどめること
・トリプシン処理が十分でないときは，いくら強くピペッティングしても剥がれない（細胞を傷めるだけである）
・よい細胞を維持するためには，ここで細胞の傷害を最低限におさえて，生きのよい均一な単一細胞の浮遊液を得ることが必要不可欠である

解説　希釈について

- 駒込ピペットの目盛りは不正確なので，正しく希釈されてはいないが，癌細胞の継代維持ならこれでよい
- 細胞の種類によっては（例えば3T3細胞など），一定のスケジュールで細胞数を正確にして継代しなければならない．こういう場合には，浮遊液の細胞数を数えて正確に希釈し，メスピペットで正確にまき込む（後で練習する．**実習2-2　1「生きた浮遊細胞をそのまま数える」**参照）
- 本番の実験に使用する細胞も正確にまき込まなければ，結果のばらつきが大きくなる（正確にまき込む方法も後で練習する．**第3日実習1「細胞浮遊液の正確な分注」**参照）
- 今日の実習は細胞浮遊液を作る操作に慣れることを中心にしたので，とりあえず細胞数の正確さは手を抜く．正確な数でまき込む方法は3日目の実習で行う

解説　ディッシュに均一に分散させるには

ディッシュ全体に細胞が均一に分散するようにまくには，かなりのコツがいる．
このあたりは手作業なので人によっていろいろな工夫がある．

1) ディッシュ内の培地を右，左，前後にそれぞれ4回ゆする
2) ディッシュの10カ所くらいに点々と細胞浮遊液を落とし，その後ゆっくりディッシュを前後左右にゆする
3) ディッシュを絶対に回転させないで（回転させると細胞が中心に集まってしまう），前後左右に振るだけがよい，という人もいる

その他，研究者によってさまざまな工夫があるであろう．

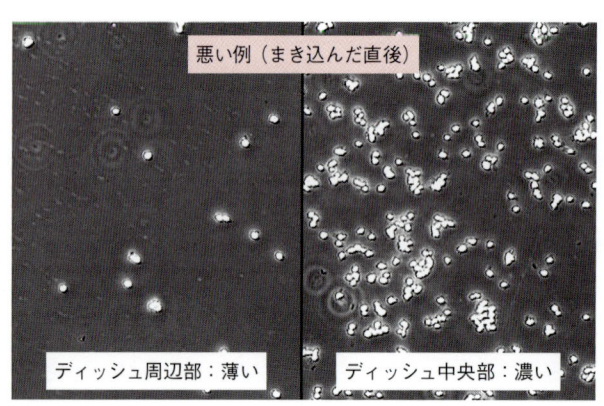

悪い例（まき込んだ直後）
ディッシュ周辺部：薄い　　ディッシュ中央部：濃い

まき込んだばかり（細胞がまだディッシュについていない）．まき込みが均一でないときはもう一度よく混ぜて均一にしてからインキュベーターに入れよう

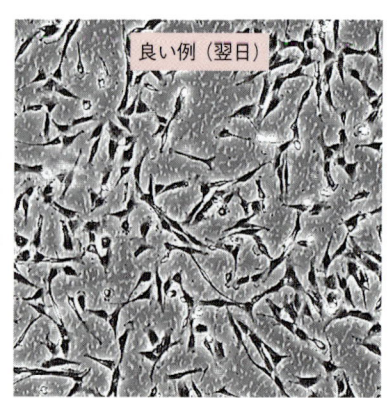

良い例（翌日）

まき込んだ翌日．均一にまき込まれている．細胞がそれぞれよく伸びてディッシュについている．丸く浮いている細胞はほとんどない

今日の実習では，あらかじめディッシュに培地を入れておき，これに細胞浮遊液を入れて継代した．たくさんのディッシュに細胞をまくときには，あらかじめ適当な大きさのビンに培地を計って入れておき，これに必要量の細胞浮遊液を加えて細胞希釈液を作っておき，そこからディッシュにまき込むのが普通である．

解説　トリプシン/EDTA の持ち込みについて

　今日のやり方では，0.25 mL のトリプシン/EDTA が新しいディッシュの培地 4 mL 中に入ってしまう．ここで用いた細胞の場合はほとんど悪影響はないが，培地中の有効カルシウム濃度が低下し，また，無血清培地で培養する場合はトリプシンが細胞を消化してしまう．これを避けるためには，細胞浮遊液を 1,000 回転で 5 分くらい遠心して，細胞をペレットとして回収し，必要な量の培地に浮遊してからディッシュにまく．

Step ⑥　細胞の観察とあとしまつ

❶ 細胞に異常がないか，顕微鏡で観察する
　・細胞はディッシュ内に均一に分散しているか？
　・大きな塊がなく，単一細胞であるか？

↓

❷ 顕微鏡のスイッチを切る

↓

❸ ディッシュをインキュベーターにしまう
　・運ぶ間に培地が旋回して細胞が中心によってしまう心配があるときは，インキュベーターに収める直前にもう一度よく分散させる

↓

❹ 培地ビンの口を炎であぶり，フタもさっとあぶって，フタを閉める

↓

❺ ピペット缶のフタを閉める ⓐ

↓

❻ 培地ビンをクリーンベンチから出し，アルミホイルをかぶせる

↓

❼ クリーンベンチを終了する

↓

❽ 実験ノートに終了時間を書く

↓

❾ あとしまつをする
　・培地，PBS（−）を冷蔵庫にしまう
　・トリプシン/EDTA を冷凍庫にしまう ⓑ
　・ゴミを捨てる
　・使用済みの器具（今日は細胞浮遊液の入ったディッシュ）を入れた缶をオートクレーブする（オートクレーブが終ったら中身を捨て，缶を洗っておく）
　・培地を吸ったトラップの洗浄 ⓒ，使用済みのピペットの洗浄

↓

❿ 手が荒れる人はよくハンドクリームを塗っておく

↓

⓫ 実験ノートを整理する
　・細胞の継代記録をつける

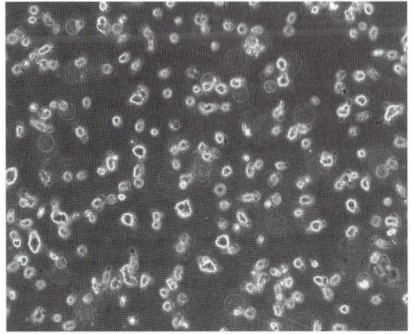

上手くまけていれば写真のように細胞がほぼシングルセルになり均一にまけている．

ⓐ しばしば忘れるので注意する．
ⓑ トリプシン/EDTA に含まれているトリプシンはタンパク質なので，凍結融解を繰り返すと変性して活性が低下する（比較的強いのではあるが）．他方，冷蔵庫保存では，低温では酵素活性が低下しているとはいえ，自己消化が進行する．頻繁に使用して比較的短期間（2〜3 週間以内程度）に使い切ってしまうなら，冷凍保存して凍結融解を繰り返すより冷蔵庫保存が適切であろう．使用頻度が高くないなら，次に使うまで凍結保存するのがよいだろう．この場合，長期の間に凍結融解を繰り返すとトリプシンの効果が次第に低下するので，効きが弱くなってきたと感じたら捨てて，新しいものを出した方がよい．

ⓒ これは液のたまり具合によるが，1 日 1 回でもよい．

> **解説　継代は最低2枚のディッシュにまく**
>
> 継代は，1枚に事故があっても別の1枚が助かるように，通常2枚のディッシュで行う．1枚を継代したとき，数日後にコンタミしたことがわかるかもしれない．そのときは，培地替えだけしておいた細胞を使えばよい（増殖してコンフルエントになってしまうのはやむをえない）．ただし，培地などがコンタミしていたときは2枚とも失うことになる．

▶ 実習1のまとめ

　以上の操作は，はじめは30分かそれ以上かかるかもしれない．あまりに細かい注意が多すぎて，はじめはとても手が動かないかもしれない．

　慣れればせいぜい5分か10分で終了する．先輩は一連の操作中ほとんど無意識に手が動いているはずである．

　継代は，細胞培養の最も基本的な操作である．何でもないようだが，本格的に実験する際に大きな影響を与える．生きのよい細胞を維持すること，性質が変わらないように維持することは基本的に重要である．細胞が自分の思うように行動してくれるように維持できるまで，実はかなりの慣れを要する．どれだけの細胞をまいて，何日目に実験開始できるか，予想通りになってくれないと，計画も立てられない．

　慣れた実験者でも，新しい細胞を手に入れたとき，ある程度その細胞の性質がわかって思うように動いてくれるようになるまで，最低でも1カ月，ときには数カ月かかるのが普通である．

　もちろん，細胞が生きていさえすれば何らかの実験はできるし，実験すれば何らかのデータは出てくる．しかし，正しい継代操作をせずに使い物になるデータがとれるような実験は，ほとんどないであろう．気にしない人もいるが…．

　ここで練習したことは，とりあえず一番扱いの容易な細胞による，一番簡単な継代方法である．それでも上手くやらないと，細胞が増えてこないし，カビが生えるかもしれない．まずは練習あるのみ．

　何回かやってみると，初めは案外コンタミが起きない．非常に注意を払っているからである．実際には，何回か練習して少し慣れた頃にコンタミの洗礼を受ける．慣れて気を抜く頃である．

　多くの細胞は，継代にもっと微妙な注意を要することが多い．特に，分化形質や特定の反応性の維持には微妙な注意を要する．実際には，それぞれ使う細胞に特徴的な注意を払って継代する．

▶ 復習

　クリーンベンチが空いていれば，もう2回練習してみよう（実験ノート＃0005，0006とする）．はじめのうちは練習するごとに慣れてどんどん上手になり，時間が短縮されるのが自分でよくわかる（ようであってほしい）．

● 実習2　細胞を数える

　もっぱらコールカウンターのような細胞数計数装置で数えている研究室では，顕微鏡下で数えることは不要かもしれない．ただ，顕微鏡下で1つ1つ数えることは原始的ではあるが，細胞や核の形を丁寧に確かめながら数えることによって，形や大きさの異常などが同時に発見できることは意外に重要である．

▶ 血球計算盤の構造

　血球計算盤には目盛りのつけ方にいくつかの種類がある．ここでは改良ノイバウエル式を例にとり説明する．

　下右図に示すように，3 mm×3 mmの格子が2カ所にあり，それぞれの格子にはさらに細かい目盛りがある．カバーグラスをセットしたとき，格子目盛りの上には0.1mmの高さの空間ができるように作られており，この空間に細胞の浮遊液を満たして，格子内にある細胞数を計測する．例えば1 mm×1 mmの格子内部の細胞がa個であったとすると，これは1×1×0.1 mmの空間にある細胞数なので，元の浮遊液の細胞濃度は$a \times 10^4$/mLとなることが理解できるであろう．

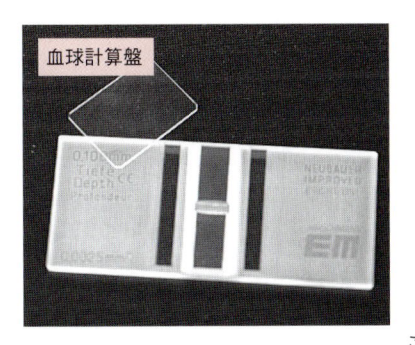

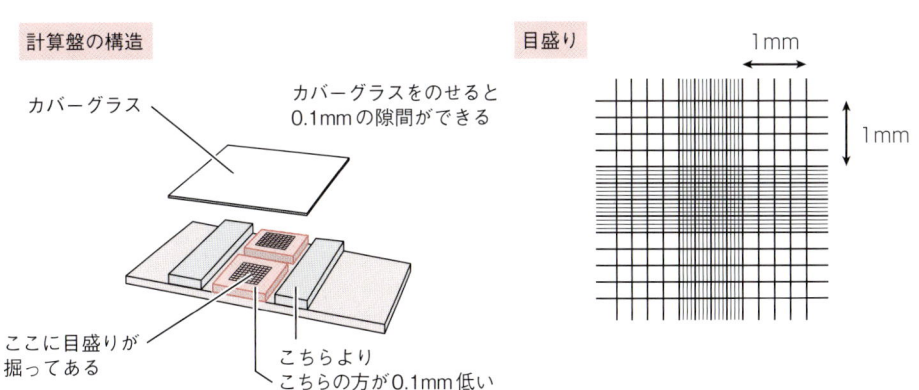

実習2-1　裸核にして細胞を数える

　生きた細胞そのままの浮遊液で数えると，細胞同士が付着したり，塊があったりして，正確に数えられない場合が少なくない．そこで細胞を裸核にすると核同士が付着せずに単一に分散するので，正確に数えられる．ここでは，クエン酸で細胞質を破壊して裸核にし，同時にクリスタルバイオレット（crystal violet）で核を染色する方法をとる．裸核にするので，細胞全体の形態異常はわからないが，核の形態異常はわかる．

実験ノート

#0007　　**裸核細胞を数える練習**　　　　2010年 4月20日（火）

目的　裸核細胞のカウント練習

用意
- ☐ 60 mmディッシュ 1枚の細胞
  細胞名：TIG-3（2010-4-15 plated, Confluent, 45PDL）　　※まいた日，状態，継代数
- ☐ ラバーポリスマン
- ☐ クリスタルバイオレット液
- ☐ 15mL遠心管
- ☐ エッペンドルフチューブ
- ☐ PBS（－）
- ☐ パスツールピペット
- ☐ 血球計算盤

操作　（10:30）

細胞をPBS（－）2mLで2回洗う
↓
PBS（－）2mLを加えてラバーポリスマンで細胞を剥がす
↓
細胞浮遊液をパスツールピペットで15mL遠心管に移す
↓
ディッシュにPBS（－）2mLを加えて洗い，15mL遠心管に合わせる
↓
1,000rpmで5分遠心
↓
上清を吸い取り，ペレットを1mLのPBS（－）で懸濁して，エッペンドルフチューブに移す
↓
遠心5,000rpm, 5min
↓
上清を吸い取る　　※ここは正確に
↓
クリスタルバイオレット液1mLを加えサスペンド
↓
血球計算盤でカウント

185	173
162	178

平均値 174.5 cells（/0.1μL）
細胞数 174.5 ×10⁴＝ 1.75×10⁶ cells/ディッシュ

182	173
191	165

平均値 178.8 cells（/0.1μL）
細胞数 178.8 ×10⁴＝ 1.78×10⁶ cells/ディッシュ

（11:30）

※ただし，この後続けて何回も練習すること

新しく準備するもの

- 60 mmディッシュ1枚の細胞
- 15 mL遠心管，エッペンドルフチューブ
- ラバーポリスマン

　細胞を剥がす"へら"である．ゴムの板を切ってステンレス棒の先に付けたものは滅菌して再利用できる．最近はプラスチックの使い捨ての製品も利用できる．無菌的に使う必要がなければこれも再利用できる．

　先端のゴムの部分はいろいろな大きさのものがある．使用するディッシュに応じて使いやすい大きさのものを選ぶ．

- クリスタルバイオレット液

　クリスタルバイオレット0.5 g（終濃度0.1 %），クエン酸10.5 g（終濃度0.1 M）を500 mLの精製水に溶かす．これをひだ折り濾紙で濾過し，冷蔵庫で保存する．濾過しておかないと，核とまぎらわしい固型物が浮遊して使いにくい．

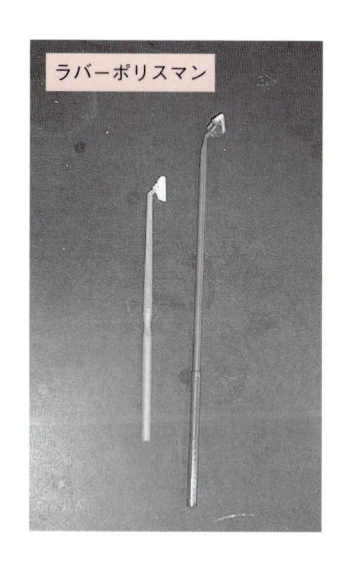

Step 1 核浮遊液の調製

▶ 以下の操作は無菌的に行う必要はない

❶ 細胞浮遊液を用意する
　・培養ディッシュの中の細胞をPBS（−）で2回洗ったあと，2〜4 mLのPBS（−）を入れ，ラバーポリスマンで剥がす[a]

↓

❷ 細胞浮遊液を，駒込ピペットあるいはパスツールピペットで15 mLの遠心管に移す．もう一度ディッシュにPBS（−）を2 mL入れて，同様に残った細胞も遠心管に移す

↓

❸ 1,000 rpm，5分室温で遠心して細胞をペレットにする

↓

❹ 上清をアスピレーターにつないだパスツールピペットで吸い取る

↓

❺ PBS（−）約1 mLを加えて懸濁し，エッペンドルフチューブに移す

↓

❻ 5,000 rpm，5分室温で遠心して細胞をペレットにする（培地に含まれているタンパク質を除去するため）

↓

❼ 予測される細胞数から概算して，1 mLあたり約10^6個になるようにクリスタルバイオレット液を正確に加える

↓

❽ ピペットマンでよくピペッティングする（細胞の塊をほぐすだけでなく，クエン酸による細胞質の破壊を助ける）[b]

[a] トリプシンなどで細胞を剥がして浮遊液を用意してもよいが，ラバーポリスマンで剥がしてもよい（次ページの解説「ラバーポリスマンの使い方」参照）．

[b] クリスタルバイオレット液中の裸核の安定性は細胞の種類によるが，数時間の間に次第に核数が減ることに注意せよ．

解説　ラバーポリスマンの使い方

　片手でディッシュの内側を手前に向けて傾けて持ち，利き手でラバーポリスマンを持つ．ゴムの先がディッシュに垂直に立つようにして上から下へ動かし丁寧に細胞をかき取る．このとき細胞の白い固まりが剥がれ落ちていくのがわかるだろう．ゴムの当たらないところがないように何度か繰り返して引っかいたら次にディッシュの周囲に合うように丸く動かす〔傾けたディッシュの下側に，細胞の白い固まりが浮遊したPBS（−）がたまっている〕．下側になってPBS（−）がたまっていた部分も，ディッシュを回してかき取る．ディッシュの底面や壁，ラバーポリスマンの先に細胞の固まりが引っかかっていないのを確認したら，細胞の浮遊しているPBS（−）を遠心管に移す．

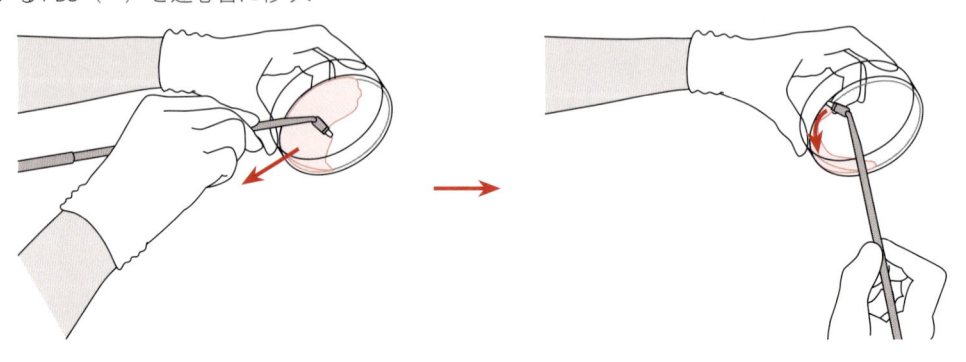

解説　アスピレートのやり方

　一般に，ピペットの先端を液面に触れるか触れないかぎりぎりに保ちながら上の方から吸い取るのがよい（液と空気が一緒に吸い込まれる）．

　なぜなら，ピペットの先を液の中に突っ込んで液を吸うと，液が動いて沈殿を舞い上げることがあるからである．

　もう1つの理由は，しばしば液の表面に浮いている浮遊物の問題である．表面から液を吸い取れば，浮遊物も吸い取れるが，ピペット先端を中へ突っ込んで吸い取ると，浮遊物は最後まで残ってしまう．

　沈殿が少ないときは，パスツールピペットの先をバーナーであぶって引き伸ばし，先端を細くしてから上清を吸い取ると沈殿を吸い上げない．

微量の沈殿があるときの上清の吸い取り方

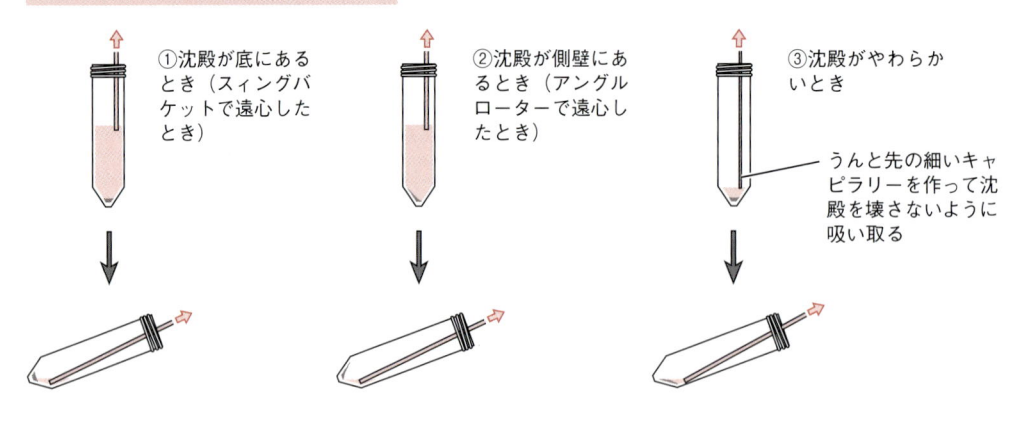

① 沈殿が底にあるとき（スィングバケットで遠心したとき）

② 沈殿が側壁にあるとき（アングルローターで遠心したとき）

③ 沈殿がやわらかいとき

うんと先の細いキャピラリーを作って沈殿を壊さないように吸い取る

解説　クリスタルバイオレット液による核浮遊液の調製ついて

クリスタルバイオレット液の量は，細胞濃度が $1 \sim 2 \times 10^6$/mL になるように見当をつけて正確に液量を加える．慣れればディッシュに生えている細胞の様子からだいたい見当がつくようになる．

血球計算盤に入れて顕微鏡で観察（検鏡という）し，もし濃すぎるようなら，細胞浮遊液にクリスタルバイオレット液を足す．浮遊液からは血球計算盤に入れた分だけ減っているはずであるが，これは数十 μL 程度のはずなので，その誤差は無視する．

もし，薄すぎるようなら，もう一度遠心し，上清のクリスタルバイオレット液を吸い取り，新たに適量の液を加え直す．このとき，裸核は細胞より小さいが，5,000 rpm，5 分間遠心で十分に沈殿する．上清を吸い取るとき，沈殿を吸わないように注意する（沈殿と上清いずれも青く染まっているから見分けにくい）．アングルローターで遠心するとき，キャップの位置をローターの外側に向けて遠心する，と決めておけば，チューブの底のどちら側に沈殿があるかがあらかじめ見当がつく．

クリスタルバイオレット液は不透明なので，沈殿が上手く懸濁できたかどうか，確認が難しい．底の沈殿がなくなったからといって，ほぐれたとは限らない．塊のままで浮遊しているかもしれない．沈殿物を再懸濁する際の原則的方法として，まず少量の核を加えてよく懸濁し，懸濁されたことを確認してから液を足すこと．

Step 2　細胞の数え方

◆ 血球計算盤のセット

血球計算盤にカバーグラスをのせる．カバーグラス両端を親指で血球計算盤に押しつける．密着して干渉縞（ニュートンリング）ができていればよい（そうでないと，液を入れたとき浮き上がることがある）．カバーグラスをクリップで留める形式になっているものが便利である．細胞浮遊液を入れるところは，血球計算盤とカバーグラスとの間の 0.1 mm の隙間である．セットするときにわずかのホコリや糸くずが挟まっても，この隙間が大きくなってしまう可能性がある．また血球計算盤は高価なので取り扱いに注意する．

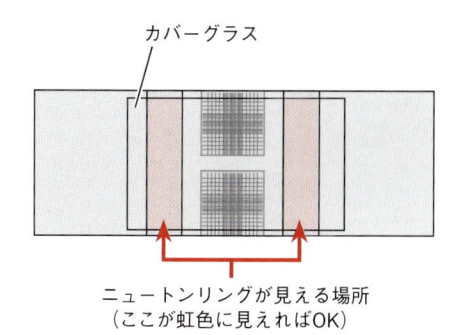

カバーグラス

ニュートンリングが見える場所
（ここが虹色に見えればOK）

❶ 血球計算盤へ細胞を注入する

・核浮遊液をよく懸濁し，核が沈まないうちにイエローチップ（200 μL のマイクロピペットで使用する）で少量の液を吸い取り，血球計算盤へ入れる[a]

❷ "3 mm 角の格子中の四隅" のなかの 1 mm 角中の細胞を数える（次ページ解説「細胞の数え方」参照）[b]

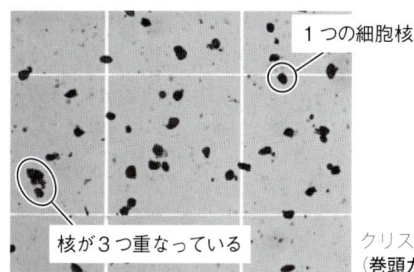

1 つの細胞核

核が 3 つ重なっている

クリスタルバイオレット染色した細胞核
（巻頭カラー図 2 を参照）

[a] 血球計算盤を水平に保つ．
注入する感じではなく，毛細管現象で血球計算盤に吸い込まれるようにする．液の入り方が速すぎると細胞が取り残され，細胞の分布が不均一になる．
液が周りに溢れないように，溢れたときはもう一度やり直す（血球計算盤のクリーニングから）

[b] 正立顕微鏡でも倒立顕微鏡でもかまわない．染色したものを数えるには，位相差である必要もない．

❸ もう一方の3 mm角の枠の四隅の1 mm角をそれぞれ数えてみよう[c]

- 8つの測定値のばらつきはどうか
- 8つの測定値がプラスマイナス10％に収まるか

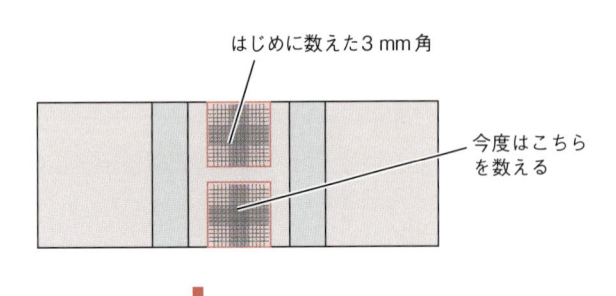

[c] 上手く注入されていれば，4つのばらつきは小さい（10％以内）．

はじめに数えた3 mm角

今度はこちらを数える

❹ 練習のため，何回も細胞浮遊液を入れ直して，測ってみよう
  ◆ 実際の測定の際には
  - 少なくとも2回は細胞浮遊液を注入し，計測をする（注入の誤差を考慮して）
  - 少なくとも1回の細胞浮遊液注入につき2回，合計4回数える
  - 4回の計測結果が，プラスマイナス10％以内に収まること

❺ 細胞濃度を計算する[d]

[d] 1 mm角を数えたときは測定した細胞浮遊液量は0.1 mm³であるから，10^4をかければmLあたりの細胞数になる．1枚のディッシュの細胞を1.0 mLに懸濁したときは，そのままディッシュあたりの細胞数になる．

❻ 血球計算盤のクリーニング
  - 次々に計測を続けるときは，血球計算盤およびカバーグラスをガーゼなどでよく拭きとり，セットして次の検体を測定する
  - 血球計算盤とカバーグラスが接する面は手を触れないこと（手の脂がつくから）
  - 脂などがついてしまったときは，一度洗剤でよく洗い，水洗いしてから拭きとってきれいにする
  - 終了するときは脂がついたときと同様に，洗剤で洗い，水洗いしてから，よく拭きとっておく

解説　細胞の数え方

通常は，1 mm角を数える

- 細胞数が少ないときは，3 mm角（9 mm²）全体を数える
- 一番上の段の左から右へ，次いで一段下の右から左へ，という順に数える．そうでなくてもよいが，数え方は決めておいた方がよい
- 1 mm角の枠内にだいたい100くらいの細胞があるように濃度を調節する（濃すぎれば数えにくいし，薄すぎれば不正確になる）
- 上と左の線にかかった細胞を数えることにしたら，右と下の線にかかった細胞は数えない．もう1つ右，あるいは，下の枠を数えるときに数える

計算盤の3 mm角の枠の四隅の1 mm角をそれぞれ数えてみよう

- 上手く注入されていれば，4つのばらつきは小さい（10％以内）

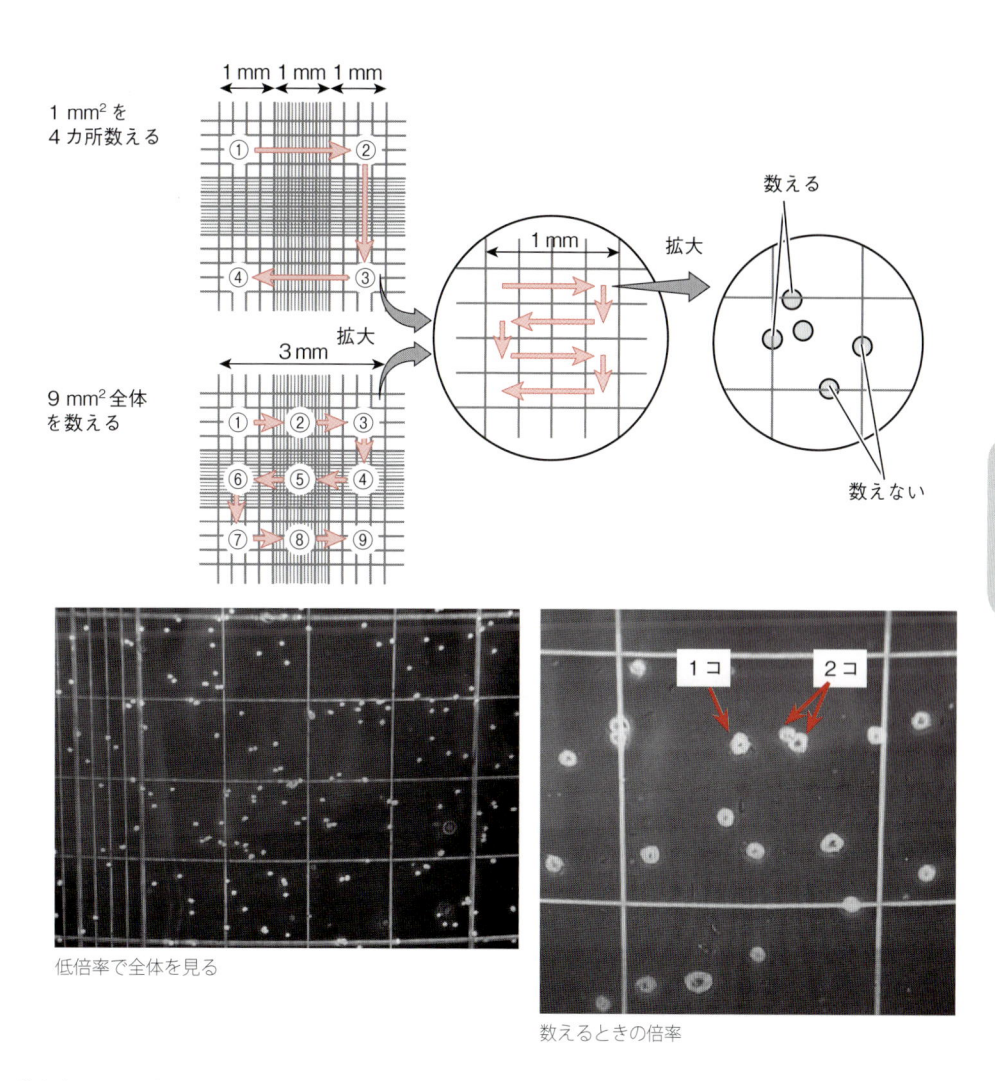

薬剤処理した後などには，死んで萎縮した（picnotic）核や壊れた核（核の断片）が多いことがある．どれを数えるかは判断しなければならない．判断によって得られる核数（＝細胞数）が大きく変わることがある．元気な細胞集団では，核だけでなく分裂期の染色体の集合が見えることがある．これは1つと数える．

通常は，核は下のガラス面上に沈んでいる．上にかぶせたカバーグラスが十分に清浄でないと，カバーグラスの下面にかなりの核が付着していることがある．念のために顕微鏡のフォーカスをカバーグラス側にも合わせて確かめた方がよい．ただ，もとの細胞の状態や細胞の種類によって，カバーグラスがきれいでも，そうなることがある．

核の分布が一様でないのは，何らかの異常（注入のやり方が悪い，血球計算盤が清浄でないなど）があるのでやり直すこと．ただ，数える前に核の分布を一様と見るかどうかは，感覚でしか言えない．

解説　酔う人が少なくない

顕微鏡を使って細胞数を数えると，乗り物酔いのように気分が悪くなる人が少なくない．これにはさまざまな理由があり，接眼レンズの幅と両眼の幅が合っていない，両眼の接眼レンズの焦点合せが不十分で，事実上片眼でしか見ていない場合．いくら合わせても，両眼で見ると視野が1つにならない場合などである．しかし一番多いのは，視野を動かしつつ凝視せざるを得ないため，まさに乗り物酔いの症状が出る．

視野を連続的に動かさずに，視野を動かすときと細胞を数えることを交互にすることで，少しは解消される．我慢して続ければ，ほとんどの人はやがて慣れる．

実習 2-2　裸核にしないで数える

1 生きた浮遊細胞をそのまま数える（細胞を染色しない）

☞ **どういうときに使うか**

細胞浮遊液を作ってから細胞をまき込む前に，概略でよいから細胞数（濃度）を知りたいことがある．細胞は浮遊状態では生きが悪くなるので，なるべく早くディッシュにまきたい．できるだけ短時間で計数したいが，裸核にして測るのでは時間がかかるので，細胞浮遊液そのままで測る．このような理由で生きたままの細胞を数えることがあるが，染色せずに数えるには，位相差顕微鏡を使う必要がある．

なお，このような目的の際には，同じ細胞数となるようまいておいたディッシュを数枚余計に用意しておき，あらかじめこのディッシュの細胞数を正確に測定しておく，という方法がしばしば使われる．この場合は裸核にして数えてかまわない．

実験ノート

 # 0008　　浮遊細胞をそのまま数える練習　　　2010年 4 月20日（火）

目的　　生細胞を数える練習

用意
- ☐ 培地 DMEM（2010- 3 -19- 5 ）10% FBS　lot.（Hyclone 7MO528）
- ☐ PBS（－）（2010- 4 -12- 6 ）
- ☐ トリプシン/EDTA（2010- 3 -22- 3 ）
- ☐ 60mmディッシュ1枚の細胞
　　細胞名：TIG-3（2010-4-15 plated, 45PDL, Confluent）　←まいた日，状態，継代数
- ☐ エッペンドルフチューブ，15mL遠心管
- ☐ 血球計算盤

操作（1:10）

培地を吸い取る
↓
PBS（－）を2mL加え，2回洗う
↓
トリプシン/EDTAを2mL加える
↓
顕微鏡で観察
↓
培地2mLを加えてトリプシン作用を止めてから遠心し，上清を除く
↓
沈殿に培地を2mL加えてサスペンド
↓
100μLをエッペンドルフチューブに移す
↓
血球計算盤でカウント

　　　　87 | 83　　平均値 82.5 cells（/0.1μL）
　　　　79 | 81　　細胞数 82.5 ×10^4×2＝ 1.65×10^6 cells

　　　　76 | 81　　平均値 81.5 cells（/0.1μL）
　　　　84 | 85　　細胞数 81.5 ×10^4×2＝ 1.63×10^6 cells
　　　　　　　　　　　↑2mLの培地にサスペンドしたので，その分を補正

（1:30）

❶ 培地を吸い取る
　↓
❷ PBS（−）を 2 mL を加え，細胞を 2 回洗浄する
　↓
❸ トリプシン/EDTA を 2 mL 加える
　↓
❹ 顕微鏡で観察
　↓
❺ 培地 2 mL を加えてトリプシン作用を止め，細胞を剥がす
　↓
❻ 15 mL 遠心管に移して 1,000 rpm，5 分室温で遠心し，上清を除く
　↓
❼ 細胞ペレットに培地を 2 mL 加えて懸濁し，細胞浮遊液にする
　↓
❽ 100 μL を滅菌チップで取ってエッペンドルフチューブに移す[a]
　↓
❾ 細胞浮遊液をチップ（滅菌してなくてよい）で少量取って，血球計算盤に入れ，細胞数を計測する

[a] もとの細胞浮遊液は無菌的に保ちたいので，滅菌したチップを使う．ピペッターの本体も先の方はアルコール綿でよく拭いて滅菌しておくこと．

――― ただし，この後何回か練習する ―――

考察

裸核と違って，細胞同士の集合がある程度避けられないので，測定は正確さを欠く．特に，線維芽細胞のように細長い細胞では，球形にならずに細長いまま保たれることがあり（細胞株によって異なるが），このような場合には細胞同士が集合しやすい．

2 生細胞のみを数える（トリパンブルー液を用いた計測法）

細胞浮遊液を作ったときの生きている細胞（生細胞："ナマ"ではなく"セイサイボウ"と読む）と死んだ細胞の割合（生細胞率），あるいは生細胞だけの数を知りたいことがある．生細胞を区別するのによく使われるのは色素排除法（dye exclusion）である．生細胞では色素が細胞膜を透過しない，あるいは排除するので染まらないが，死細胞は染まって見えることを利用する．

もっとも，細胞の生死の判定は，生死の定義にもかかわる難しい問題である．膜の透過性の違いは 1 つのマーカーではあるが，絶対的なものではない．色素排除法では死細胞と判定されても，細胞内酵素の多くは活性をもっていることが多い．また後に実習するように（**第 3 日 実習 3「コロニーのギムザ染色」**参照），コロニー形成も生細胞を数える方法の 1 つであるが，これは細胞が増殖能を保持しているかどうかをマーカーにしている．色素排除法では生細胞と判定された細胞が，増殖能を失っていることがしばしばある．健康な細胞集団では，色素排除法による死細胞は 5 ％以下である．

実験ノート

#0009　**生細胞率を測定する練習**　　　2010年 4 月20日（火）

目的　　生細胞率を測定する練習をする

用意
- ☐ DMEM（2010-3-19-5）10% FBS　lot.（ Hyclone 7M0528 ）
- ☐ PBS（−）（2010-4-12-6）
- ☐ トリプシン/EDTA（2010-4-12-6）
- ☐ 60mmディッシュ1枚の細胞
  細胞名：TIG-3（2010-4-15 plated, 45PDL, Confluent）
- ☐ 0.5%トリパンブルー・PBS（−）液
- ☐ 血球計算盤

（まいた日，状態，継代数）

操作　（3:20）

培地を吸い取る
↓
PBS（−）を2mL加え，2回洗う
↓
トリプシン/EDTAを2mL加え，顕微鏡で観察　（剥がれ具合を見る）
↓
遠心して上清を除いた後に培地を1mL加えてサスペンド
↓
100μLをエッペンドルフチューブに移す
↓
トリパンブルー液100μL加えサスペンド　（ここで2倍に希釈された）
↓
血球計算盤でカウント

生(79)	生(79)
全(83)	全(82)
生(74)	生(87)
全(76)	全(91)

生細胞（平均値）79.8 cells（/0.1μL）
79.8 ×10^4×2 = 1.60 ×10^6 cells/ディッシュ
全細胞（平均値）83.0 cells（/0.1μL）
83.0 ×10^4×2 = 1.66×10^6 cells/ディッシュ
　　　　　　　　　　　　　生細胞/全細胞 96.4 %

生(86)	生(80)
全(91)	全(86)
生(74)	生(77)
全(78)	全(79)

生細胞（平均値）79.3 cells（/0.1μL）
79.3 ×10^4×2 = 1.59×10^6 cells/ディッシュ
全細胞（平均値）83.5 cells（/0.1μL）
83.5 ×10^4×2 = 1.67×10^6 cells/ディッシュ
　　　　　　　　　　　　　生細胞/全細胞 95.2 %

（2倍に希釈されていた分を補正）

（4:10）

新しく準備するもの

- 0.5% トリパンブルー・PBS（−）液
  0.5 g のトリパンブルーを 100 mL の PBS（−）に溶解する．

〈個々の操作は実習 2-2 ❶ の実験と同様であるので，ここでは概略のみを示す〉

❶ **細胞浮遊液の調製**
- トリプシン/EDTA で細胞浮遊液を調製する[a]
- 細胞を数えやすいように細胞濃度を調節しておく

[a] ラバーポリスマンで剥がすと細胞が傷み，染色される細胞が増える．細胞が弱らないように，血清入りの培地に浮遊させるのがよい．

❷ **細胞浮遊液に色素液を加える**
- 細胞浮遊液 100 μL にトリパンブルーを 100 μL 加え，ピペットでよく混ぜる

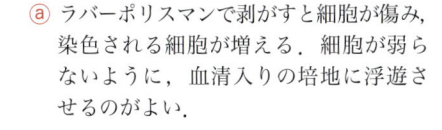

❸ **血球計算盤に入れて細胞数を測る**
1) まず，生細胞（あるいは死細胞）のみを数える[b]
2) 次に，全細胞数を数える

[b] 細胞によっては，染まる細胞が操作中に増えていくことがある（浮遊状態で死にやすい細胞の場合）．

解説　混ぜた後どのくらい時間をおけば染色されるか，どのくらいの時間保てるか

死細胞はすぐに染色される．生きている細胞も時間がたつにつれ次第に染まってくるので，トリパンブルー液を混ぜたら速やかに計算盤に加え計数する．何本かの検体があったとき，まとめてトリパンブルーを加えて後から数える，などということはしてはいけない．

解説　生細胞，死細胞の見分け方

青く染まっている細胞を死細胞として数える．染まっていない細胞を生細胞とする．薄く染まっている細胞も見られるので判断に苦しむことがあるが，迷わず死細胞として数えよう．
このとき顕微鏡の光源のフィルターが緑色のフィルターでは青い細胞を数えにくいので，無色のものに変えておく．

実習 2-3　ディッシュに付着したままの細胞を数える

ディッシュに生えている細胞を剥がさずそのまま数えたい〔細胞密度（細胞数/面積）を知りたい〕ことがある．また，分裂細胞頻度（分裂細胞数/全細胞数）を知りたいことがある．いきなり顕微鏡下で数えようとしても，数え落としや同じ細胞を二重三重に数えたりすることが避けられない（パターン認識のすぐれた人は一瞬にパターンとして認識できるそうであるが，凡人には不可能である）．こういうときには，接眼レンズの中に格子を切ったアイピースを入れて，顕微鏡の視野に格子を作り，ディッシュの決めた場所の細胞数を数える．細胞数が多すぎると数え間違いが多くなるので，観察倍率を変えて視野中の細胞数を調節する．

言うまでもなく，ディッシュに均一に細胞が生えていなければ，細胞密度を出すことはできない．また，重なりあって増殖する細胞は数えられない．逆にいえば，ディッシュの数カ所を測って見ると，まき方や増え方が均一かどうかがわかる．

ディッシュのなかで一定の場所を決めて測ることができれば，同調細胞の分裂細胞頻度の時間的変化を同じディッシュで追跡することができる．正常細胞の場合，細胞が密なところは分裂細胞の頻度が低いこと（コンタクトインヒビションのため）などがわかるであろう．

　組織化学的に染色された細胞頻度を知りたいときや，オートラジオグラフィーなどで標識された細胞の頻度を知りたいときにも，同様に格子を切ったアイピースを使うことで，容易に計数できる．

　また，最近では，顕微鏡のデジタル化に伴い，ディッシュ全体を画像化して処理することができ，後で細胞密度などを算出できるソフトも出ている．詳細については「『顕微鏡活用なるほどQ&A』（宮戸健二，岡部　勝/編），羊土社，2009」など成書を参照のこと．

新しく準備するもの

● マイクロメーター

　マイクロメーターには，接眼マイクロメーターと対物マイクロメーターがある．細胞培養では，主に接眼マイクロメーターを使う．接眼マイクロメーターは，接眼レンズの中に入れて使うように円形のガラス板でできている．このガラス板には10 mmを100等分した一目盛り100 μmになっている．

実験ノート

0010　ディッシュ上の細胞を数える　　2010年 4月20日（火）

【用意】
- □ 60mmディッシュ1枚の細胞
　　細胞名： TIG-1 （ 2010-4-15 plated, Confluent, 45PDL ）
- □ アイピース（格子板）
- □ マイクロメーター

（まいた日，状態　継代数）

【操作】
マス目のサイズをはかる
　　格子板を接眼レンズに挿入
　　接眼レンズ　　10倍
　　対物レンズ　　4倍
↓
マイクロメーターの目盛りから，マス目の面積を求める
　　マス目の一辺　　250 μm（マイクロメーター）
　　マス目の面積　　0.0625 mm^2
↓
細胞数を数える

（今日のところは，どのように見えるか観察するだけにしよう．コンフルエントの細胞は，1つ1つが見分けにくいし，数えにくい）

重要　★まず細胞がディッシュの中で均一に分散しているか観察する．大きな偏りがあるディッシュは使えない

❶ 接眼レンズの内径に合った丸い格子板（格子を切ったアイピース）を用意する．接眼レンズの焦点位置にマス目がくるよう挿入する
・マニュアルを見ながら接眼レンズのパーツを外して入れる ⓐ

❷ マイクロメーターを顕微鏡のステージにのせ，目盛りがはっきり見えるようにフォーカスを合わせる ⓑ
・マス目がマイクロメーターの目盛りに平行になるように接眼レンズを回しマス目の一辺の長さを読みとる ⓒ
・接眼レンズや対物レンズ，顕微鏡内の拡大レンズの倍率を記録しておく ⓓ
・マス目の一辺の長さを出したら面積を計算しておく ⓔ

❸ ディッシュを取り出し測定する場所を決める．平均的な視野を4カ所ほど選び，ディッシュの底面外側にペンで印を付ける

❹ マス目の中の細胞数を数える ⓕ
・計4視野カウントする

❺ マス目の面積で細胞数を割り，細胞密度を計算する

❻ あとしまつ
・接眼レンズに入れた格子板を忘れずに取り出す ⓖ

明日の準備

1) 明日の実習について予習する
2) 実験ノートを作成する
3) 疑問点などを指導者によく聞いておく
4) 操作の手順や，注意するところをよく考え，頭に入れておく
5) 実際の手順を想像しながら，はじめから終わりまでたどってみる

　明日の実習は，今日の実習内容が修了したという前提で進めるから，注意点をよく復習しておく．

　実習は，理屈もさることながら，なにより慣れが大切なので，頭のなかででもよいから操作をよく反芻しておくこと．

ⓐ 指先の脂が鏡筒内やレンズにつかないようによく洗い，ホコリのない実験台で行う．『顕微鏡活用なるほどQ&A』など成書を参照．

ⓑ マイクロメーターも高価なので取り扱いには十分注意する．

ⓒ 例えば7×7の格子で，4×10倍ではマス目の一辺が250μmになる．

アイピースの格子

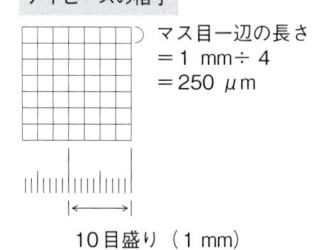

マス目一辺の長さ
= 1 mm ÷ 4
= 250 μm

マイクロメーター

10目盛り（1 mm）

ⓓ 倍率は1つの視野に100個程度の細胞数にすると数えやすい．組合わせが変われば拡大倍率が変わりマス目で読みとれる長さも変わってくる．

ⓔ 一度計算しておくと次回からマイクロメーターを用いる必要はない．

ⓕ 境界線にかかった細胞については血球計算盤と同じように，上，左辺はカウントするが，下，右辺はカウントしない．ディッシュのフタが曇るときは，あらかじめクリーンベンチ内のバーナーの火であぶり乾かしてから使う．

ⓖ ふだん細胞を観察するときにはマス目があると不快である（と感じる人がいる）ので，使い終ったら外しておく．

第2日　継代の方法と細胞数の計測法を身につけよう！

ハイ，お疲れさまでした

　今日は結構辛かった．細胞を数えるのも辛かった．しかし，とにかく細胞をまいてみたぞ．明日見たら死んでいるかもしれない．コンタミしているかもしれない．心配しても始まらないので，楽しみに明日を待とう．

　今日の実習で細胞数の計測をマスターした．これを応用して，明日の実習では，細胞数を正確にまき込むことを学習する．

第3日　正確な細胞数をまく技術を身につけよう！

本日の到達目標

- 一定の細胞数を正確にまき込む方法を身につける
- コロニー形成，コロニーカウントができるようになる
- ギムザ染色ができるようになる

実習のポイント

- 正確で，安定したピペット操作を心がける
- 細胞を弱らせないよう，素早く，細胞に適切な方法で丁寧に実験を行う

　いよいよ，本格的な実験へ入るための準備ともいえる操作をやってみよう．何枚ものディッシュに正確な細胞数をまき込む技術は，すべての実験の基本だ．ここで，細胞を弱らせてしまっては実験にならないし，ディッシュ間のばらつきが大きいようでは実験の精度が落ちる．少数細胞をまき込んで，クローニングすることも実験の基本だ．ここでも細胞を弱らせたら，コロニーが形成されない．今日の実習では一段と難しい課題に取り組むことになる．さあ，始めよう．

● 実習1　細胞浮遊液の正確な分注

> **重要**
> ★ 細胞の浮遊液を作製してから素早くまき込む
> ★ 細胞浮遊液は常によく混ぜてからピペッティングする
> ★ 分注は同一条件で行う（分注スピードなど）

1 実験前に考えておくべきこと

▶ どのくらい正確にまき込むのか

　実際の実験ではディッシュを10枚から，多いときは100枚以上もまく必要があるかもしれない．この場合，細胞浮遊液をどのくらい正確にまき込む必要があるかは考えなければならない．常に正確であるほどよいと思うかもしれない．ただ，そのために著しく長時間かかると，浮遊状態の細胞は次第に弱るので，後の方でまいたディッシュには弱った細胞がまかれることになりかねない．そのため時間を短縮することが優先される場合もある．

1）だいたいでよい場合

　例えば，ノーザンブロット解析のために1点あたり100 mmディッシュ5枚を使ってRNAをとるとする．時間を変えて8点とるとすると，合計40枚の100 mmディッシュに細胞をまき込むことが必要である．このような場合には，各ディッシュにだいたい同数の細胞がまき込まれればよいから，ディッシュ間で同一のピペットを使うなら10 mLの駒込ピペットでも十分であろう．ディッシュ間で多少のばらつきがあっても，1点5枚使っていれば各点の間のばらつきは小さくなる．駒込ピペットの目盛りは不正確なので，10 mLまいたつもりが

9 mL程度であったとしても，各ディッシュに同じように約9 mLずつ分注されてさえいれば正確に10.0 mLである必要はない．ディッシュ間で大きな差があるようではよくないが，多少の差があっても，細胞をまいてから実験に使うまでの数日間に細胞が増殖し，ディッシュいっぱいになる頃には，まき込んだ細胞数の多少の違いは問題なくなる．

2）正確にまく方がよい場合

これに対して，1点あたり35 mmディッシュを3枚用い，10の時点をとって細胞を数え増殖曲線を描くとする（合計30枚）[a]．このときはディッシュごとのまき込み細胞数のばらつきがそのまま結果に反映されるから，メスピペットを使って正確にまく方がよい．もちろん，対照群と種々の濃度の薬剤処理群とを比較する場合など検体間で同一の条件が求められる実験を行う場合にも，正確にまき込む必要がある．

[a] 増殖曲線の描き方については**第5日実習1**を参照

▶ ピペットの選択

1 mLずつ，2 mLずつ，あるいは5 mLずつまき込む際に，1 mL，5 mL，あるいは10 mLのうち，どのメスピペットを使うかについては選択の余地がある．正確さの観点からは，1 mLずつまくときに1 mLのメスピペットを使うのが生化学実験では原則であろう．しかし，小さいピペットでは，細胞浮遊液を何回も吸うことになり，時間がかかるだけでなく，細胞への機械的障害も増えることになる．たくさんまき込むときには，正確さを犠牲にしても早く操作できる方が細胞への障害が少なく，よい結果が得られることもある．早さと正確さは実験者によって大いに違うから一概には言えないが，1 mLから2 mLずつまき込むなら5 mLのメスピペットで，3 mL以上なら10 mLのメスピペットというところが妥当な線であろうか．

2 正確な分注のしかた

> **重要**
> ★ 細胞浮遊液は常に振って細胞が沈まないように保つ（ただし上下に振らない）
> ピペッティングのたびに，よく混ぜる．ビンに細胞浮遊液を調製し，ビンを回して混ぜる場合は，最初に回した方向と逆にも回してからピペッティングしよう．

▶ メスピペットで細胞浮遊液を分注するときのポイント（★1）

☞ ピペット内で細胞が沈むのをどう防ぐか
- ピペットに細胞浮遊液を吸い込んだ後，早くしないとピペット内でどんどん細胞が沈み，液の上と下とでは細胞濃度に差ができてしまう．吸い込んだらなるべく早く分注しなければいけない．ピペット内で濃度差ができてしまったら，戻してもう一度吸い直す

☞ 泡が入ったらどうするか（メニスカスが読み取れない）
- もう一度取り直す

☞ 液を吸ったときに泡が途中についていたらどうするか
- もう一度取り直す
- ピペットがきれいでないために同じ位置に泡がつくときは，ピペットを替える

Point
★1 手早く，一定の速度で！

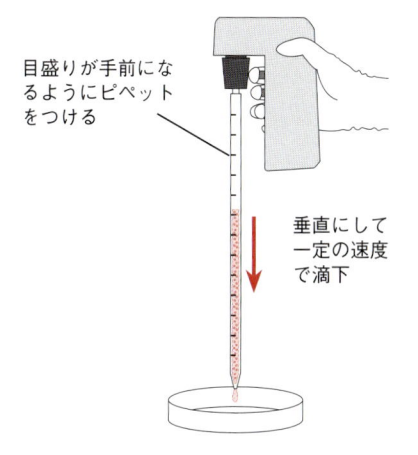

目盛りが手前になるようにピペットをつける

垂直にして一定の速度で滴下

5 mmくらいの高さから滴下する．慣れてくると無意識のうちに，ピペットの先と液面の間隔も一定になる（そういうことに無頓着な人もいる）

実習1 細胞浮遊液の正確な分注

☞ **液を落とす速さ**
- 液を落とす速度があまりに遅いと，細胞の方がどんどん沈んでしまい，液の上と下とで細胞濃度に差ができてしまう
- 液を落とす速度があまりに速いと，細胞が取り残され，液の上の方に細胞がたまる
- ピペットを斜めにして分注すると，ピペットの下面へ細胞がたまる
- 適当な速度で，一定の速度で，細胞濃度が不均一にならないように液を落とすことに慣れること

☞ **ディッシュに入れすぎたらどうするか**
- 吸い取ってももうだめ．あきらめる（必要な実験精度にもよる）

▶ **大量に扱うときは分注器を使ってもよい**

　1人でも扱えるが，できれば2人で扱う方が楽である．1人が分注器を扱い，もう1人がディッシュを扱う．ただし，初心者がいきなり扱うことはあり得ないから，使うときに詳しく先輩から習うことにしよう．

分注器

実験ノート

#0011　　細胞分注の練習　　　　　　　　　　　2010年 4月21日（水）

目的　細胞を正確な細胞数で，かつ，無菌的に分注する操作を練習する

用意
- ☐ PBS（－）（2010- 4 -12- 6 ）
- ☐ トリプシン/EDTA（2010- 3 -22- 3 ）
- ☐ 培地DMEM（2010- 3 -19- 5 ）10% FBS　lot.（Hyclone 7MO528）
- ☐ 15mL遠心管
- ☐ 50mL遠心管
- ☐ 60mmディッシュ
- ☐ エッペンドルフチューブ
- ☐ 100mmディッシュ2枚の細胞
  細胞名：TIG-3（2010 - 4 - 17 plated,　45PDL,　Subconfluent）
- ☐ クリスタルバイオレット液
- ☐ 血球計算盤

操作　細胞浮遊液をつくり，分注 ➡ **Step ①**

（9:30）培地を吸い取り，PBS（－）5mLで細胞を2回洗う
　　　↓
　　　それぞれにトリプシン/EDTA 2mLを加える
　　　↓
　　　細胞が剥がれたら，それぞれ培地 5mLを加えてサスペンド
　　　↓
　　　50mL遠心管に細胞浮遊液を移し，1,000rpm，5分室温で遠心（ 9:45〜 9:50）
　　　↓
　　　遠心の間に，60mmディッシュ 5枚を用意し，1〜5まで番号をつけておく
　　　↓

```
☐                    上清を吸い取り，沈殿に培地25mLを加えてよくサスペンド
                                        ↓
☐           ( 9:58) 60mmディッシュ5枚に4mLずつ分注        少量の溶液を加えて十分に
                                                      ほぐしてから必要量を足す
                    細胞を数える ➡ Step ②
☐                   各ディッシュから細胞浮遊液を15mL遠心管（No1〜5）に回収
                                        ↓                あらかじめ番号を
                    1,000rpm，5分室温で遠心（10:06〜10:11）  つけておく
☐                                       ↓
                    上清を吸い取り，PBS(−)1mLでサスペンドし，エッペンドルフチューブに移す
☐                                       ↓
                    1,000rpm，5分遠心                     裸核にして数え
                                        ↓                やすくするため
☐                   上清を吸い取り，沈殿にクリスタルバイオレット液500μLを加えてよくサスペンド
                                        ↓
                    それぞれの試験管について，2回ずつカウント
```

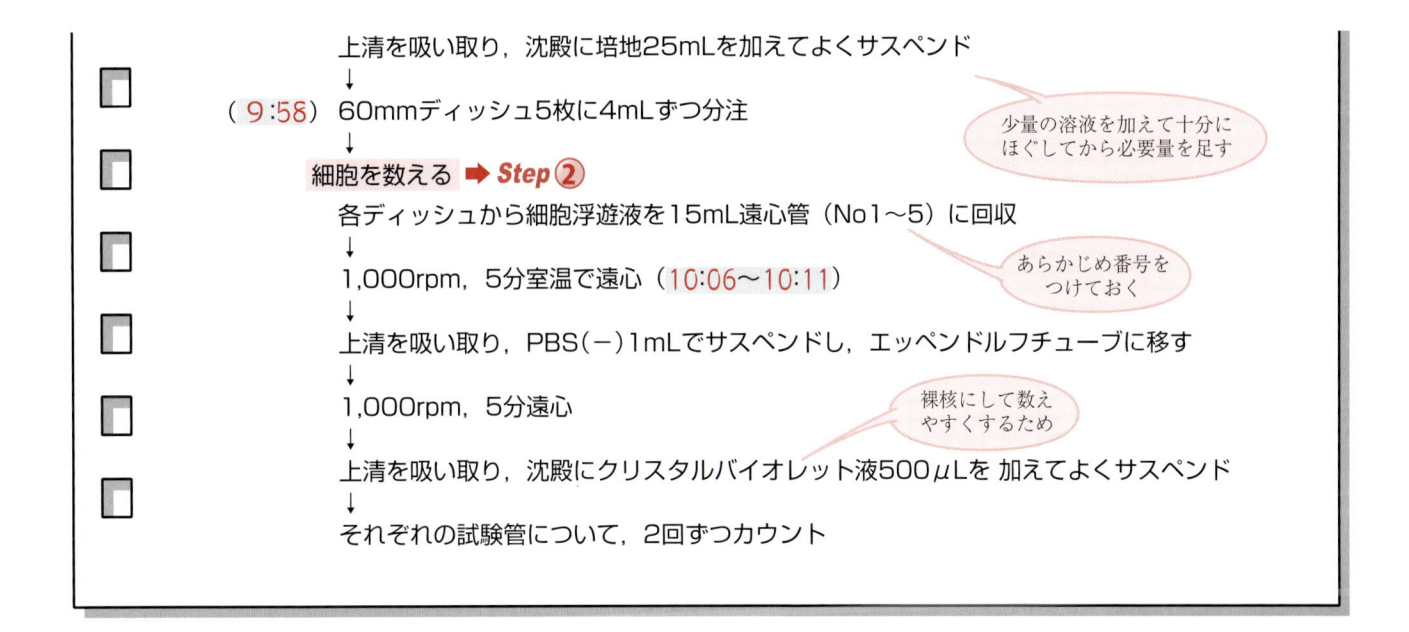

> **重要** ★ 操作としては，メスピペットの使い方以外に新しいことはない

Step ① 細胞浮遊液をつくり，分注する（★1）

❶ 培地を吸い取り，PBS（−）5 mLで細胞を2回洗浄する

❷ 2枚のディッシュそれぞれにトリプシン/EDTA 2 mLを加える[ⓐ]

❸ 細胞が剥がれてきたら，それぞれ培地5 mLを加えて懸濁する

❹ 50 mL遠心管に移し，1,000 rpm[ⓑ]，5分室温で遠心する[ⓒ]

❺ 遠心の間に，60 mmディッシュ5枚を用意し，1〜5まで番号をつけておく

❻ 上清を吸い取り，沈殿に培地25 mLを加えてよく懸濁する[ⓓ]

❼ 用意しておいた60 mmディッシュ5枚に細胞浮遊液を5 mLのメスピペットで4 mLずつ分注する[ⓔ, ⓕ]

> **Point**
> ★1 細胞がシート状に剥がれたり，トリプシンが不十分で細胞が複数の細胞のかたまりにならないように注意しよう．細胞をカウントするときにシングルセルでないと正確にカウントできない．

ⓐ 細胞の剥がし方については**第2日実習1**を参照
ⓑ revolution per minutes（回転数/分）
ⓒ 遠心管のキャップの間にホコリが入らないように，ビニールテープを巻いておく．

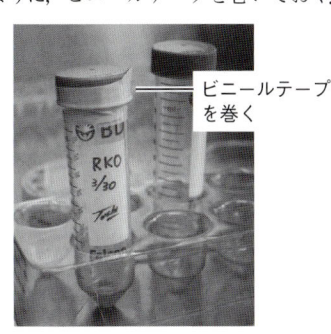

ビニールテープを巻く

ⓓ まず5 mLを加えてピペットから液を出し入れして懸濁し，よくほぐれてから20mLを足す．
ⓔ この場合は，ディッシュに細胞が生えていないので，ディッシュの器壁を伝わらせて注入する必要はなく，ディッシュの底面中央に注入してよい．
ⓕ **2 正確な分注のしかた**参照．

Step 2　細胞を数える

▶ この操作は無菌的でなくてもよい

❶ 各ディッシュから細胞浮遊液を 15 mL 遠心管（No 1〜5）に回収する

　　↓

❷ 1,000 rpm，5 分室温で遠心する

　　↓

❸ 上清を吸い取り，PBS（−）1 mL で懸濁し，エッペンドルフチューブに移す

　　↓

❹ 1,000 rpm，5 分遠心する

　　↓

❺ 上清を吸い取り，沈殿にクリスタルバイオレット液を 500 μL 加えてよく懸濁する（★1）

　　↓

❻ それぞれの試験管について，2 回ずつ血球計算盤に入れて，それぞれ 8 回ずつ数える

Point

★1　細胞カウント数は最低でも 50，最高でも 200 以内になるようにしよう．通常 100 程度がよい．この間に入らない場合は，希釈したり濃縮し直してから計るようにしよう．

解説　一般的な懸濁のやり方

下図①の懸濁方法では塊がほぐれないことがある．②は細胞に対して激しすぎ，細胞が傷む．③④は液がフタにつくおそれがあるうえ，塊がほぐれないことがある．ここでは⑤でおだやかに懸濁することで，single cell suspension（単一細胞の浮遊液）になるであろう．この場合でも，小さなピペットで液の一部を出し入れすると，何回やっても一度も吸われない部分が残り，そこに浮いている塊はほぐれないことになる．液の全量を吸えるピペット（例えば 10 mL の駒込ピペット）で，できるだけ液をたくさん吸ってゆっくり出し入れすることで細胞塊はほぐれる．

沈殿の固さにもよるが，比較的固いときは，少量（数 mL）の培地を加えてまずピペットで塊をピペッティングでほぐして懸濁し，後から必要量の培地を足して振るほうがよい．固い沈殿に対して，はじめから溶液をたくさん加えてしまうと，沈殿が塊のまま舞い上って，塊がほぐれないからである．細胞の場合には，沈殿がそれほど固くないので，はじめから十分量の溶液（この場合には培地）を加えて懸濁しても簡単に細胞 1 つ 1 つがほぐれることが多い．

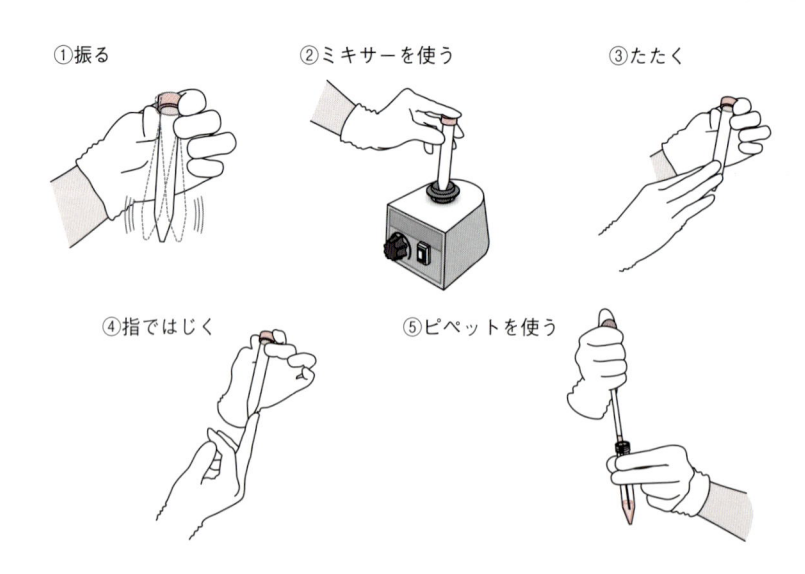

①振る　　②ミキサーを使う　　③たたく

④指ではじく　　⑤ピペットを使う

考察

- 異常な形態や，断片化した核などは見えなかったか
- 各試験管に同じ数の細胞が分注されているか（試験管の間のばらつきは10％程度に収まっているか）
- 5 mLのメスピペットで分注した場合，1番から5番までの間で一定の傾向があるか（番号順に細胞が多くなる，あるいは少なくなる傾向があるか）ⓐ
- 10 mLのピペットで取って2枚のディッシュにまいた場合，前半と後半で細胞数が異なるかⓑ

ⓐ 細胞浮遊液の容器をきちんと振らなかったのが原因．
ⓑ 液を落とす速さが遅すぎる，あるいは速すぎるのが原因．

▶ 復習

実習1で正確な分注ができることがわかったら，もう一度同じ要領で60 mmディッシュ6枚にまき込んでみよう（実験ノート＃0012になる）．

翌日，まき込んだ細胞を観察する．1週間後に各ディッシュの細胞を数える．まき込み細胞数に違いがあっても，コンフルエントに達すると差は小さくなるのが普通である．

● 実習2　少数細胞のまき込みによるコロニー形成

> **重要**
> ★ いくつかの希釈倍率でまき込み，適切な希釈倍率のものをクローニングに用いる．
> 細胞によってコロニー形成率は違う．薄すぎるとコロニーが全く現れない．濃すぎると，コロニー同士がくっついてコロニーを拾えない．
> あらかじめいくつかの希釈倍率でまくことが大事だ．

1個の細胞から増殖した細胞集団（**クローン**：同一の遺伝的背景をもつ個体あるいは細胞の集団）を得るための操作が**クローニング**（クローンを得ること）である．ディッシュに少数細胞をまき込むと，1つの細胞から増殖した細胞の集落（**コロニー**）を形成する．少数細胞をまき込んだとき，どれだけの細胞が増殖してコロニーを形成できるかは細胞の種類によって著しい差がある．一般に正常細胞はコロニー形成率が低く，0.01％以下であることもめずらしくない．癌細胞はコロニー形成率が高い場合が多く，ほとんど100％になる場合もある．

▶ コロニー形成を行う目的

1）細胞のクローニング

培養している細胞は，継代中に少しずつ変化し，次第に性質の異なった細胞の混ざった不均一な集団に変化する．このような集団から，もとの性質を保持した細胞，あるいは積極的に性質の異なった細胞を得ようとするとき，クローニングを行う．

また，細胞遺伝学的な研究のために，突然変異を起こさせ，変異細胞を拾おうとするときにもクローニングを行う．

クローニング（コロニー形成）するには，できたコロニーが互いに接しないように大きなディッシュに少数細胞をまき込む方法と，希釈した細胞浮遊液を小さな培養器（96ウェルあるいは24ウェルのマルチウェルプレート）に平均1個ずつの細胞が入るようにまき込む方法がある．

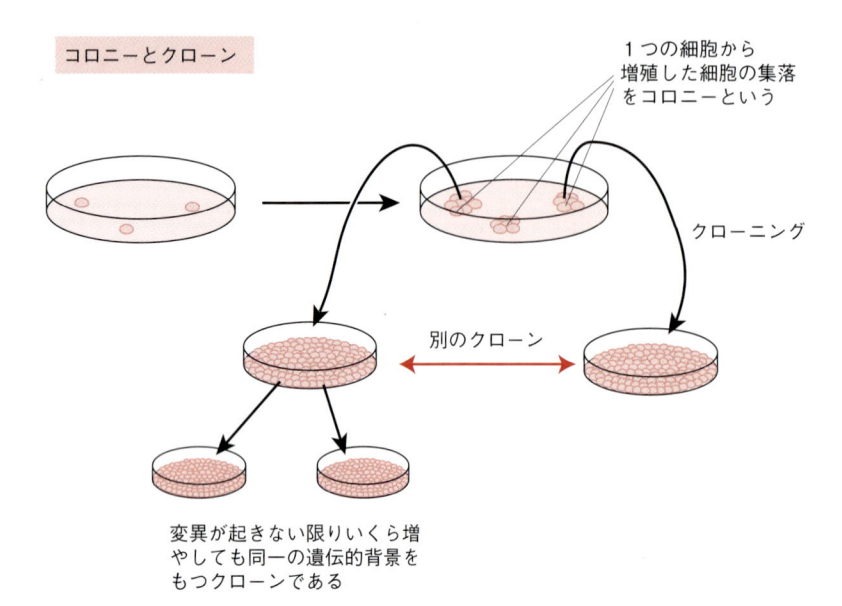

コロニーとクローン

1つの細胞から増殖した細胞の集落をコロニーという

クローニング

別のクローン

変異が起きない限りいくら増やしても同一の遺伝的背景をもつクローンである

2）それ以外の目的

コロニー形成実験の目的のもう1つは，細胞培養に使う血清のロットチェック（**特別実習3-4**を参照）や細胞の増殖能力を障害する種々の処理の影響を調べるときによく使われる．例えば増殖因子としての血清の良否を判定する際に，細胞の増殖速度などを用いてもよいが，コロニー形成率は複数種類の細胞を対象にでき，簡単で鋭敏な方法として用いられる．また，細胞に放射線や薬物を処理したとき，用量に従って細胞が増殖能力を失うことに対して，コロニーを形成しうる細胞がどれだけ残っているかを数えることで，定量的な解析ができる．実際には，ディッシュで普通に培養している細胞に種々の処理をした後，細胞を剥がして少数細胞をまき込んでコロニーを形成させる方法と，あらかじめ少数細胞をまき込み，細胞が接着した後に種々の処理をする方法がある．

▶ **細胞によるconditioning**

一般に，細胞は培養中に種々の物質を培地中に出し，結果として培地を自分の都合のよい状態に変える．これを細胞による**conditioning**という．日本語で順化というが，あまり使われない．たくさんの細胞をまいたときはconditioningが速やかに起きるのでその必要性に気付かないことも多いが，少数細胞をまいたときは，新鮮な培地に使い古しの培地（conditioned medium）を半量くらい混ぜたほうがコロニー形成率が上がる場合がある．

使い古しの培地は，一般にはコンフルエントの細胞を3～4日培養した培地を用いる．遠心分離あるいは濾過によって細胞の破片などを除去して用いる．培地があまり黄色くならないうちに採取する方がよいが，あまり短い時間で採取するとconditioningが不十分である．

▶ **本実習でコロニー形成実験をする目的**

コロニー形成率は，細胞のダメージがあると顕著に値が低下するので，先輩の結果と比べることで培養技術の程度に見当をつけることができる．

本実習では100 mmディッシュに50，100，1,000，10,000個の細胞を4枚ずつ（計16枚）まいてみる．

実験ノート

#0013　コロニー形成の練習　　2010年 4月21日（水）

用意
- ☐ PBS（−）（2010-4-12-6）
- ☐ トリプシン/EDTA（2010-3-22-3）
- ☐ 培地DMEM（2010-3-19-5）10% FBS lot.（Hyclone 7MO528）必要量（200）mL
- ☐ 滅菌50mLおよび15mL試験管
- ☐ 細胞（60mmディッシュ1枚分）
  細胞名：TIG-3（2010-4-17 plated, 45PDL, Subconfluent）
- ☐ 血球計算盤
- ☐ 100mmディッシュ12枚
- ☐ 0.5%トリパンブルー・PBS（−）液

操作

（1:20）培地を吸引
↓
PBS（−）5mLで細胞を2回洗う
↓
トリプシン/EDTA 2mLを加える
↓
細胞が剥がれるまで室温放置
↓
培地を2mL加えサスペンド
↓
15mL遠心管に移して，1,000rpm，5分遠心して上清を除く
↓
培地0.5mLにサスペンド（懸濁液A）
↓
100μLを取って1mLチューブに移し，トリパンブルー液100μLを加える
↓

生細胞数を血球計算盤でカウント ← 希釈液を作るためにカウントする

生 96	生 80
全 98	全 87
生 95	生 93
全 102	全 95

生細胞　182　×10^4/mL of A
全細胞　191　×10^4/mL of A
生細胞率　95.3　%

→ ここでは懸濁液Aを等量のトリパンブルー液で2倍希釈したものをカウントしていたので，91（生細胞数の平均）×2×10^4 ＝182×10^4/mLとなる

◆**10,000 cells/100 mmディッシュ（8mL培地）を5枚分作るとする**
50,000 cells/ 40 mL培地（100mLビン）
　　28 μL 懸濁液A
　　40 mL 培地　　）懸濁液B

（以下，系列希釈する）

◆**1,000 cells/ 100 mmディッシュ・8 mL培地×5枚分**
5,000 cells/ 40 mL培地（100mLビン）
　　4.0 mL 懸濁液B
　　36 mL 培地　　）懸濁液C

（4枚分必要．この一部をさらに希釈するので余裕をもって5枚分作る）

◆**100 cells/ 100 mmディッシュ・8 mL培地×5枚分**
500 cells/ 40mL培地（100mLビン）
　　4.0 mL 懸濁液C
　　36 mL 培地　　）懸濁液D

◆**50 cells/ 100 mmディッシュ・8 mL培地×5枚分**
250 cells/40 mL培地（100mLビン）
　　2.0 mL 懸濁液D
　　38 mL 培地　　）懸濁液E

↓
懸濁液 B～E，それぞれ8mLずつを100mmディッシュに4枚ずつまき込む

（次のページに続く）

☐ (2:20)　↓　37℃インキュベーターへ　　　　　　　　　実際にまき込んだ数を正確
　　　　　　　↓　　　　　　　　　　　　　　　　　　　　　に出すためにカウントする
☐　　　　　　裸核にして数える
　　　　　　　　　①懸濁液A 200μLをエッペンドルフチューブにとる
☐　　　　　　　　②3,000rpm，5分遠心
　　　　　　　　　③クリスタルバイオレット液400μLを加えてよくサスペンド
☐　　　　　　　　④カウント

☐　　　　　　　　$\dfrac{98 \mid 105}{103 \mid 102}$　　カウント数の平均＝ 102
　　　　　　　　　　　　　　　　　　　　　　$102 \times 10^4 \times 2 = 204 \times 10^4$/mL　　懸濁液Aを2倍希釈したとき
☐　　　　　　　　　　　　　　　　　　　　　　　　　　　　　　　　　　　　　のカウント数であったので，
　　　　　　　　　希釈前のカウント全細胞数　 191 ×10⁴としたので　　　　　　2倍して補正する

☐　　　　　　　　　　　　$\dfrac{204}{191} = 1.07$　　　　　この程度は誤差範囲で
　　　　　　　　　　　　　　　　　　　　　　　　　　　　　1.0と考えてもよい
☐　　　　　　　したがって，実際にまき込んだ生細胞数は
　　　　　　　　　　　　　10,000× 1.07 cells
　　　　それぞれ実験終了後　1,000× 1.07 cells
☐　　　　に，時間を記入して　100× 1.07 cells
　　　　　おく　　　　　　　 50× 1.07 cells

☐　　　　　　　↓
　　　(-:-)　1週間後に培地替え
☐
　　　(-:-)　2週間後にギムザ染色をしコロニーを観察

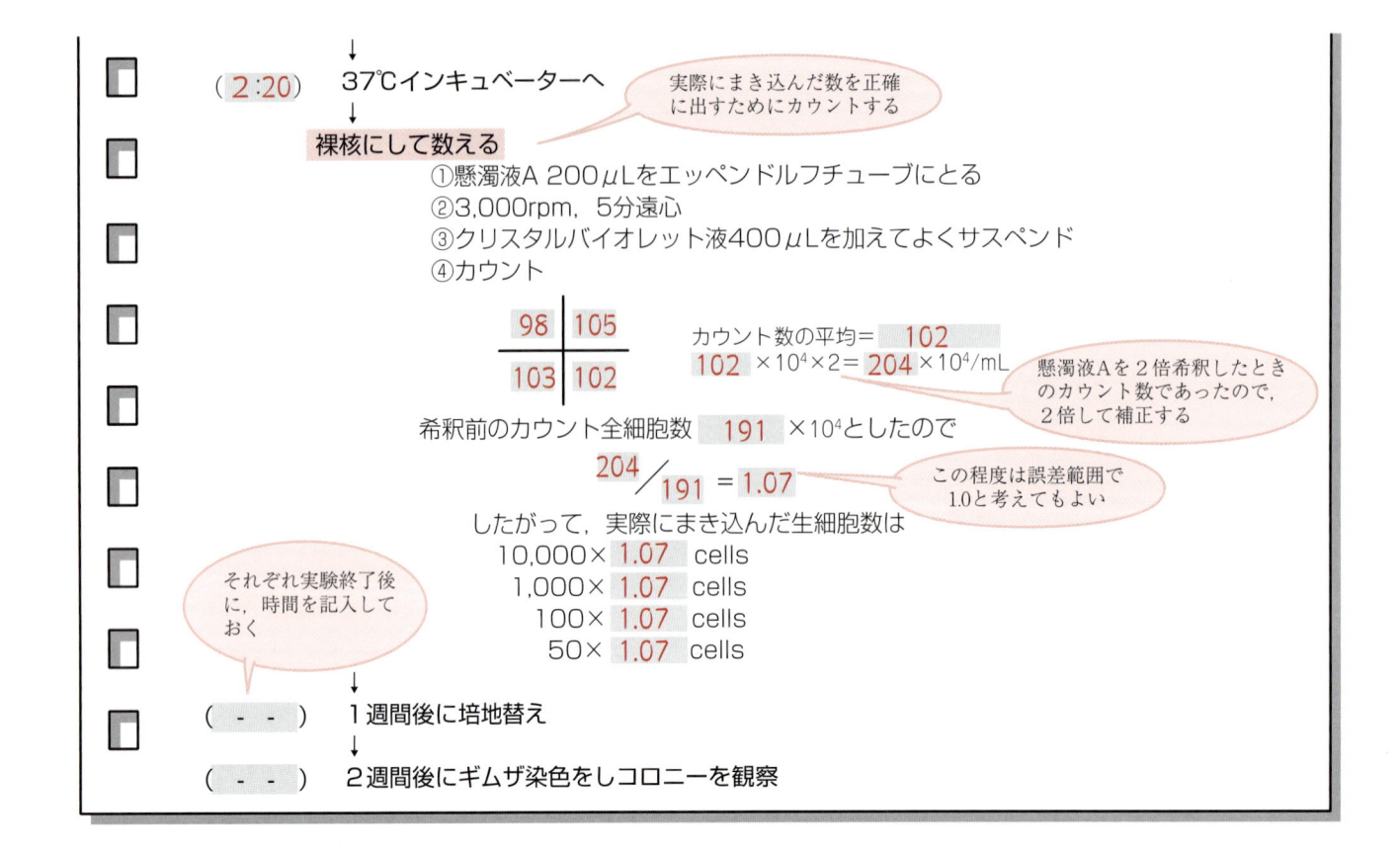

〈個々の操作についてはすでに学んだ通りであるので概略のみを示す〉

❶ 細胞浮遊液を作る ⓐ
　↓
❷ 生細胞を数える（第2日実習2-2参照）
　↓
❸ 目安として50～10,000 cell/100 mmディッシュとなるよう，段階的に細胞の希釈液を作る ⓑ
　↓
❹ 細胞をまき込む
　↓
❺ ❷で使用した懸濁液の一部を裸核にして正確な細胞数を数える ⓒ
　↓
❻ 1週間後，培地替えをする ⓓ,ⓔ（第1日実習1参照，★1）
　↓
❼ クローニングする場合は，第4日実習2を参考にして行おう．コロニー形成率を調べる場合は，2週間後に，形成されたコロニーをギムザ染色して観察する

考察

まき込んだ生細胞数と形成されたコロニー数とが等しい場合（コロニー形成率が高い）と，まき込んだ生細胞数に比べて形成されたコロニー数が低い場合（コロニー形成率が低い）がある．先輩の例と比べてみよう．

ⓐ 細胞が弱らないように手早くかつ丁寧に操作すること．

ⓑ 1段階目の希釈で28μLのA液をとるところは誤差が大きくなるかもしれない．不安であれば，懸濁液Aを200μLとって培地で20 mLとし（100倍希釈），これをもとに懸濁液Bを作ってもよい．

ⓒ 生細胞を数えたとき，細胞数としては不正確であった．細胞の凝集もあるからである（第2日実習2-2）．このため，改めて裸核にして正確に数え，まき込み数とする．

ⓓ 細胞数が少ないから培地の消耗が少ないことと，培地のconditioning効果を考え，培地替えは週1回で十分であろう．ディッシュを動かすと，接着の弱い細胞（例えば分裂中の細胞など）が剥がれて，別の場所で接着し，新たなコロニー（サテライトコロニー）を形成する恐れがあるから，培養中はなるべくディッシュを動かさない方がよい．

ⓔ 細胞が剥がれないように注意深く操作すること．

Point

★1 通常の培養のように2～3日で培地替えは行わない．コロニー形成などは細胞がconditioningするまでに時間がかかり，培地替えによってかえってコロニー形成率が下がる．

テクニックが悪い場合にはコロニー形成率が低くなるのは当然であるが，使用した細胞（剥がす前）の生きのよさなど多くのことも関係している．

● 実習3　コロニーのギムザ染色

　細胞の染色法は目的によって種々のものがあるが，ここでは最も簡単なギムザ染色を実習する．

　実習2でまいた細胞は，2週間後，細胞を固定・染色して観察する（増殖の速い細胞は10日でも十分な大きさのコロニーを形成する）が，実習日程の都合上，ここではテレビの料理番組のようではあるが，あらかじめ用意されたものを用いて観察することにする．もちろん，コロニーに限らず，普通に生えている細胞も同様に染色できる．

実験ノート

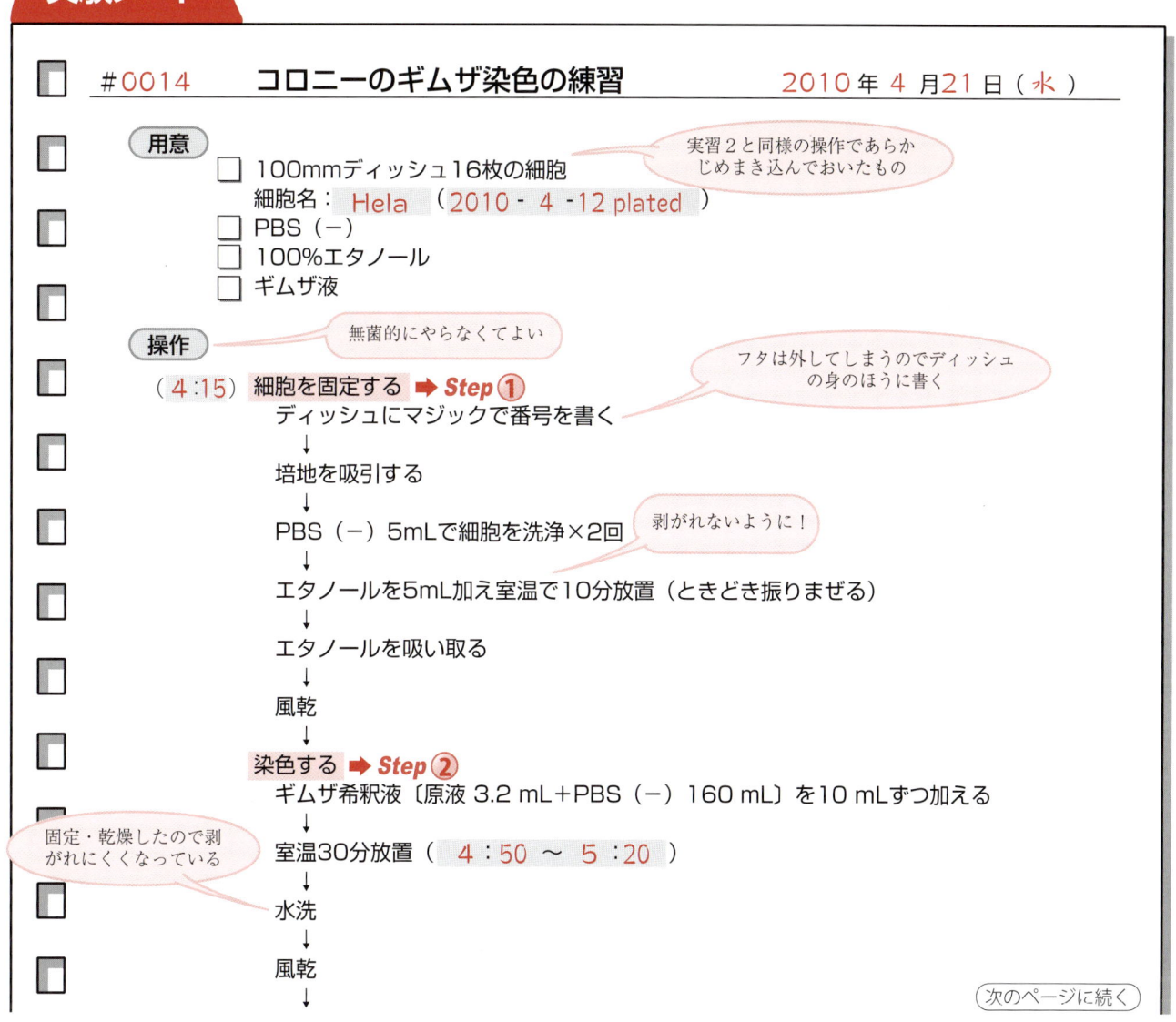

#0014　　コロニーのギムザ染色の練習　　2010年 4 月21日（水）

用意

- 100mmディッシュ16枚の細胞　　（実習2と同様の操作であらかじめまき込んでおいたもの）
  細胞名： Hela （2010-4-12 plated）
- PBS（-）
- 100%エタノール
- ギムザ液

操作　　（無菌的にやらなくてよい）

（4:15）細胞を固定する ➡ **Step ①**

ディッシュにマジックで番号を書く　（フタは外してしまうのでディッシュの身のほうに書く）
↓
培地を吸引する
↓
PBS（-）5mLで細胞を洗浄×2回　（剥がれないように！）
↓
エタノールを5mL加え室温で10分放置（ときどき振りまぜる）
↓
エタノールを吸い取る
↓
風乾
↓

染色する ➡ **Step ②**

ギムザ希釈液〔原液 3.2 mL＋PBS（-）160 mL〕を10 mLずつ加える
↓
室温30分放置（ 4:50 ～ 5:20 ）　（固定・乾燥したので剥がれにくくなっている）
↓
水洗
↓
風乾
↓

（次のページに続く）

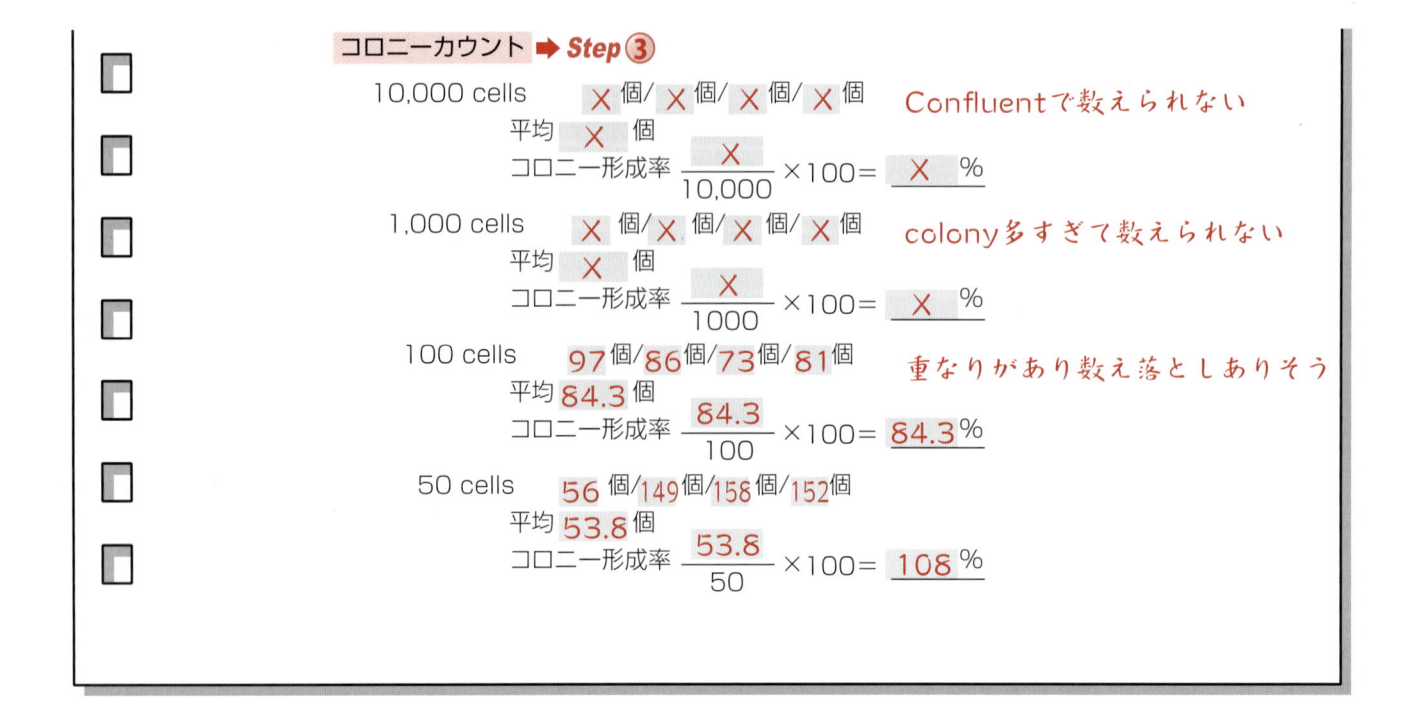

	コロニーカウント ➡ **Step ③**	
☐	10,000 cells　X 個/ X 個/ X 個/ X 個	Confluentで数えられない
☐	平均 X 個	
	コロニー形成率 $\dfrac{X}{10{,}000} \times 100 =$ X ％	
☐	1,000 cells　X 個/ X 個/ X 個/ X 個	colony多すぎて数えられない
	平均 X 個	
☐	コロニー形成率 $\dfrac{X}{1000} \times 100 =$ X ％	
☐	100 cells　97 個/86 個/73 個/81 個	重なりがあり数え落としありそう
	平均 84.3 個	
☐	コロニー形成率 $\dfrac{84.3}{100} \times 100 =$ 84.3 ％	
☐	50 cells　56 個/149 個/158 個/152 個	
	平均 53.8 個	
☐	コロニー形成率 $\dfrac{53.8}{50} \times 100 =$ 108 ％	

新しく準備するもの

- ギムザ希釈液〔ギムザ原液をPBS（−）で50倍希釈したもの〕
  - 希釈は正確でなくてもよいので，駒込ピペットで十分
  - ギムザ液の原液に水を入れないこと（ギムザ液を取るピペットは乾燥したものを用いること）．水を入れると沈殿ができてしまう
  - 希釈後しばらくすると沈殿ができるので，使用直前に希釈すること
  - 希釈液用に，コルク栓に 2 mL の駒込ピペットを通したものを作り，100 mL 位のビンに差しておく（目盛りのついたビンが便利）．ギムザ液は乾くとなかなか取れないので，容器は専用にしておく．使い終わった希釈ビンとピペットは軽く水ですすいでおけば，また次に使ってよい（落ちない色素はそのままにしておく）

ギムザ液　2mL 駒込ピペット　コルク栓

Step ① 細胞を固定する[a]

❶ 細胞をインキュベーターから出す（以後は無菌的に操作する必要はない）

↓

❷ ディッシュの縁に油性マジックでマーク（番号，細胞名など）を書いておく[b]

↓

❸ 培地をアスピレーターで吸い取る

↓

❹ PBS（−）約 5 mL を駒込ピペットで加える

↓

❺ ディッシュをよく回して残った培地と混ぜる

↓

❻ アスピレーターで吸い取る

↓

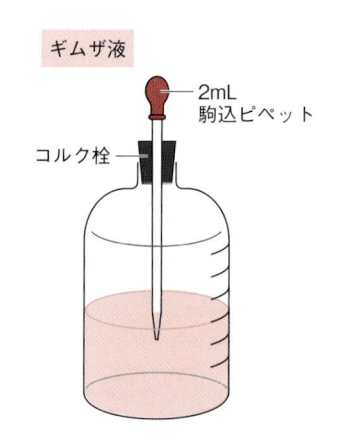

[a] 固定（fixation）は，主にタンパク質を変性して不溶化することにより，細胞の生きている状態の構造と物性をできるだけ維持する操作をいう．組織の固定にはしばしばホルマリンが用いられるが，培養細胞ではアルコールが用いられることも多い．固定後の標本を何に使うかの目的によっても固定法が異なる．ディッシュ表面に分泌された細胞外基質タンパク質も固定されるため，ディッシュから細胞が剥がれないようにする効果もある．

[b] 培養中はフタの上面に書いてあったであろうが，フタを取ってしまうと，どの細胞かわからなくなる（特に何十枚もあるとき）．これを忘れて，実験の最後になって，得られた結果が全然わからなくなった学生がいた．

❼ もう一度PBS（−）で洗浄する

⬇

❽ 駒込ピペットでエタノールを約5 mL取り，ディッシュの端から静かに加える©, ⓓ

⬇

❾ ディッシュをよく回して全体に混ぜる

⬇

❿ そのまま室温で10分放置するⓔ

⬇

⓫ アスピレーターで吸い取る

⬇

⓬ ディッシュを斜め逆さにして放置し，乾燥する

© エタノールを加えたとき，残っているPBSと混ざるとシュワシュワっとなり，細胞が剥がれてしまうことがある．特に，剥がれやすい細胞では全部剥がれてしまう．こういう細胞を扱うときはホルマリン固定する．操作手順はエタノール固定と同様であるが，固定後，水で軽く細胞を洗っておく（そうしないと，乾かしたときにPBSの塩類が析出して標本が汚なくなる）．

ⓓ エタノールをディッシュの縁につけるとマークが消えてしまうので注意すること．

ⓔ たくさんのサンプルがあるときはフタをした方がよい（蒸発したアルコールがその辺に漂うから）．ただこの場合，蒸発したアルコールでディッシュの縁に書いたマークが消える（流れる）ことがあるので注意がいる．

Step ❷ 染色する

❶ PBS（−）で50倍希釈したギムザ液約5 mLをディッシュに入れ，ディッシュをよく回してなじませる

⬇

❷ フタをして室温で約30分放置して染色する

⬇

❸ 染色液を捨てる

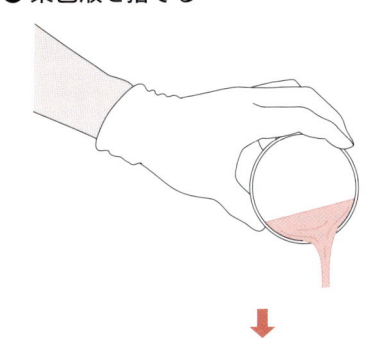

⬇

❹ 水道水を勢いを弱めて出しながらディッシュに注ぎ，よくすすぐⓐ

⬇

ⓐ 固定して乾燥した後は剥がれにくいが，乾燥する前だと結構剥がれることがある．

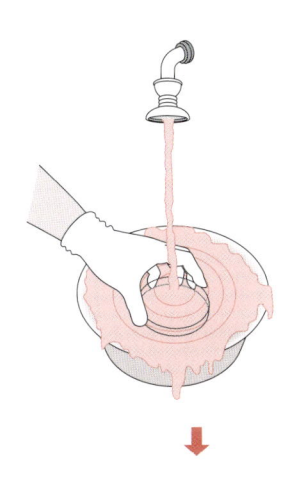

第3日 正確な細胞数をまく技術を身につけよう！

実習3 コロニーのギムザ染色

❺ ディッシュを斜め逆さにして乾かす

Step ③ 観察／コロニーを数える

❶ 肉眼で観察する
- ◆ 全体を観察する
  - ・コロニーの分布に偏りはないかⓐ
  - ・コロニーサイズは一様であるかⓑ
  - ・コロニーの形はきれいな円形であるかⓒ
  - ・コロニーがくっつきあっていないか

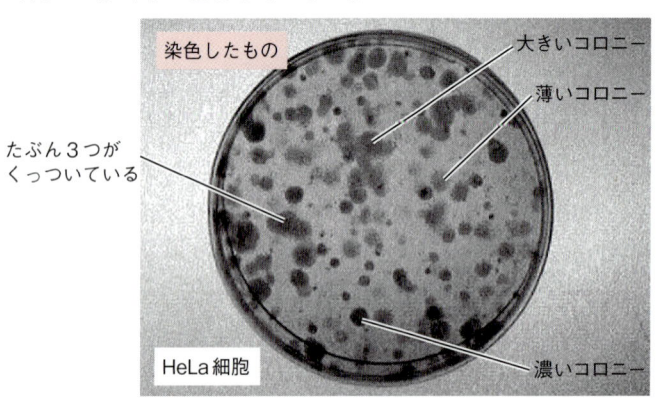

❷ コロニーを数えるⓓ

❸ 顕微鏡で観察するⓔ

ⓐ ディッシュの半面にはほとんどなく他の半面にはたくさんあるとか，中心部にはなく周辺にたくさんある，などはよくない（まき方が悪い）．
ⓑ 例えば，ほとんどのコロニーが 5〜7 mm 位であれば，数えやすい．小さいコロニーと大きいコロニーが混ざっているときは，どの大きさまで数えたらよいのか迷うであろう（方眼紙の上にディッシュを置いてカウントすると大きさが一目でわかる）．
ⓒ 細胞の種類によって縁がくっきりしない場合や，ギザギザすることもある．だるま型のコロニーは 2 つのコロニーが融合した可能性がある．
ⓓ 本実習では HeLa 細胞をたくさんまき込んだディッシュはコロニーが多すぎて数えられなかった（100 個，50 個まいたものは数えられる）．**実習 2** でまき込んだ TIG-3 細胞はコロニー形成率が低いので，それと比較する目的で，コロニー形成率の高いものを示した．
ⓔ コロニーの様子や染色の具合などを確認してみよう．40 倍くらいで観察するだけで十分である．

解説 コロニーを数える

- 光を当てる器具であるシャーカステンの上にディッシュを裏返しに置いて数えるとよい
- 数えたコロニーを水性マジックなどでマークしながら数えると，数え落としや二重に数えることがない（油性マジックだと後で落とせないので，コロニーを顕微鏡観察するときなどじゃまになる）．あるいは，方眼紙などの上にディッシュを置いて数える
- 比較的小さなコロニーまで数えたいときは，コロニーかゴミか区別がつきにくいことがある．このような場合は面倒がらずに顕微鏡で確認すること
- 小さいコロニーの場合，初期のころ（初めの 1 週間くらい）は増えて細胞集団を形成した

が，その後死んでしまったと思われる場合がある．慣れると，生きていたであろう細胞と，死んでいたであろう細胞について，顕微鏡下で区別（推定）がつく．このようなコロニーまで数えるべきかどうかは実験目的によるであろう 
- もちろん，専用のコロニーカウンター装置があればそれを使えばよいが，初めのうちは機械に頼らず，コロニーをよく観察する意味からも肉眼で数える（少なくとも併用する）ことをすすめる．機械はバカ正直なところがあって，知らん顔してとんでもない結果を出すことがある．いわんや，機械がやったのだから正しいはず，などという感覚をもたないこと

シャーカステン

解説　顕微鏡での観察について

個々のコロニーは，意外に異なった形態の細胞集団からなることがある

もとの細胞集団がかなりヘテロな細胞からなる集団であったことがわかる．場合によっては1つのコロニー内の細胞でさえ異なった形態をもつ場合もある．

ギムザ染色液は塩基性色素なので，酸性物質が染色される

細胞内で主な酸性物質は核酸である．核内ではDNA，細胞質ではリボソームRNAである．
中性ではやや青味がかった赤紫色になるが，酸性では青味が強く，アルカリ性では赤味が強くなる．染色後，水道水で洗うと，水道水がやや酸性のために青味が強く染まる．pHを調節したPBSなどで洗うのが本来であるが，コロニーを数えるだけならそれほど色調を気にしなくてよいであろう．カラー写真を撮るなら，PBSで洗い，本来の色調にしないとみっともない．

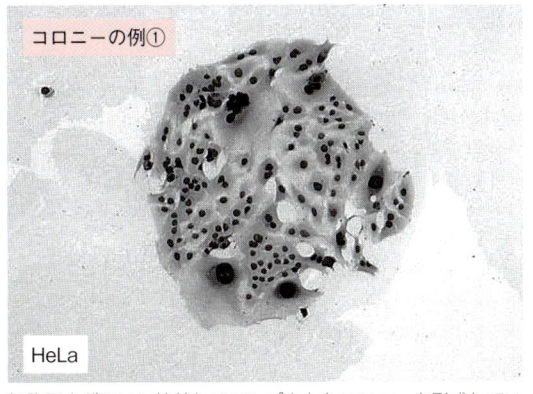

コロニーの例① HeLa
細胞同士が互いに接着してコンパクトなコロニーを形成している．大きい細胞と小さい細胞が混在している．とても均一な細胞のコロニーとはいえない

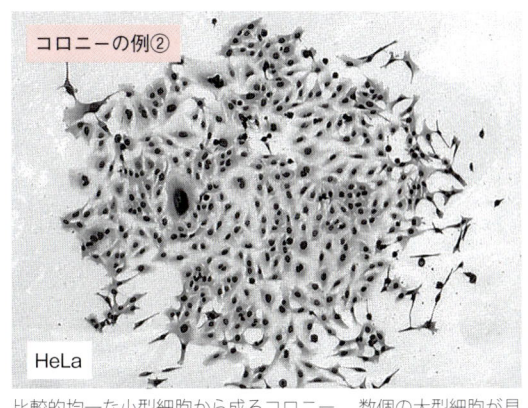

コロニーの例② HeLa
比較的均一な小型細胞から成るコロニー．数個の大型細胞が見える．細胞同士はやや離れ気味で，コロニー周辺では細胞が散ばっているように見える

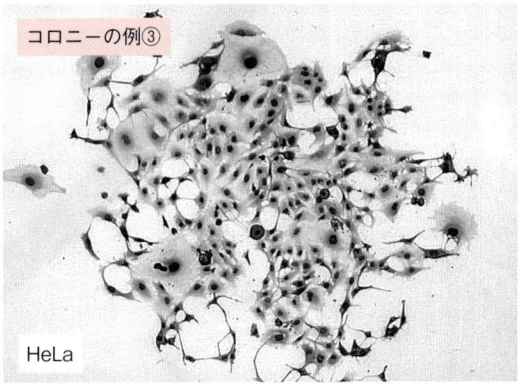

コロニーの例③ HeLa
大部分は小さい細胞であるが，大きい細胞もかなり混ざっている

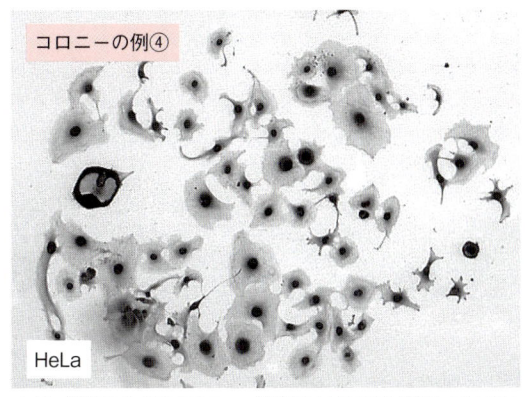

コロニーの例④ HeLa
大きい細胞から成るコロニー．細胞同士はあまり接着していない

第3日　正確な細胞数をまく技術を身につけよう！

実習3　コロニーのギムザ染色

コロニーの例⑤

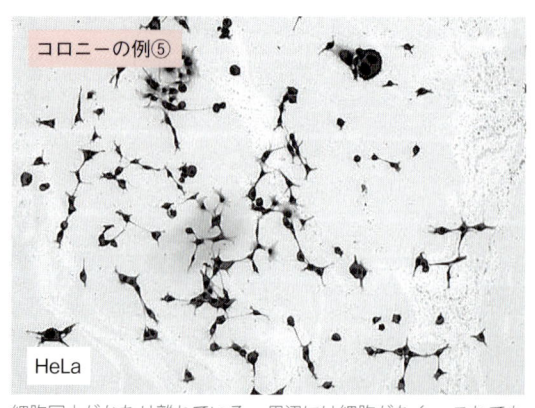

HeLa

細胞同士がかなり離れている．周辺には細胞がなく，これでもコロニーである．たぶん，細胞がよく動く（這い回る）ためである

ときにはスケッチをしよう

観察した細胞を記録する際に，写真に撮っておくことは悪くない（必要な場合も多い）が，ときには（毎回とは言わないが）きちんとスケッチすることをすすめるのは，スケッチすることで注意深く細胞を観察することになるからである．漫然と見ているだけでは，目の前にある事実を見逃すことが想像以上に多いのである．

包埋剤について

染色した標本を顕微鏡観察するには，包埋剤をつけてカバーグラスをのせて観察する．乾いたままの細胞を観察すると非常に汚らしく見える．永久標本にするには専用の包埋剤（オイキットなど）を用いるが，一時的に観察するだけなら，水を一滴たらしてカバーグラスをのせるだけで十分に用が足りるし，観察後は容易にカバーグラスを外せる．

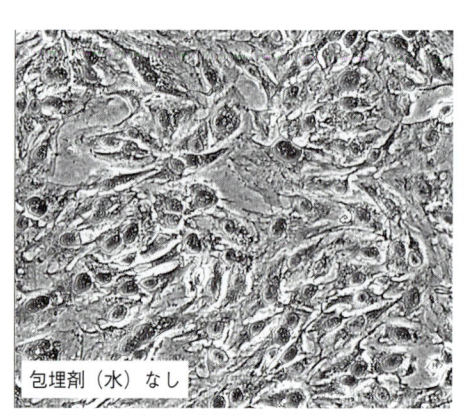

包埋剤（水）なし
ギムザ染色した細胞を乾燥状態で観察

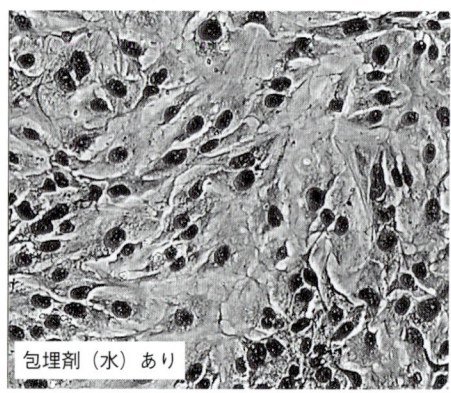

包埋剤（水）あり
ギムザ染色したものに水をのせ，カバーグラスをかけて観察．水だけでも見やすくなる

考察

コロニーがディッシュの上に均一に分散しておらず，偏っている場合には正しい結果が得られないことが多い．

☞ **コロニー形成率は，まき込んだ生細胞数に対するコロニー数で表す**

細胞が少ないディッシュほどコロニー形成率が低いのは，細胞によるconditioningが不十分になるからであろう．まき込んだ細胞数によってコロニー形成率が異なるとき，正しいコロニー形成率としてどの値を採用すべきなのであろうか．大きく異なるときは，何個まき込んだときは何％とそれぞれの結果を記載する他ないであろう．

👉 コロニーの大きさについて

　たくさんの細胞をまいたディッシュでは，コロニー数は多いが，各コロニーのサイズは小さいかもしれない．

　コロニーサイズが著しく不均一で，直径1 cm程度のコロニーから，ようやく見える程度（0.2 mmくらいか）まで連続的な分布に見えることさえある．実験操作に問題がなければ，もとの細胞の増殖性に関する不均一に由来する．このような細胞集団を実験に用いることがよいかどうかは考える必要があるだろう．

　大きいコロニーと小さいコロニーに二分されるとき，2種類の細胞が混ざっている集団である可能性と，サテライトコロニーができている可能性とがある．サテライトコロニーは，すでに形成しつつあるコロニーのなかの細胞が移動して（培養途中でディッシュを動かしたときなど）新たなコロニーを作った（当然サイズは小さい）ものである．

　コロニー数を数える実験では，どのサイズのコロニーまで数えるかによって，著しく結果が変わることがある．大きなコロニーだけ数えればコロニー形成率は1％であるが，小さなものまで数えると25％になったりする．どちらを正しい値とするかは一概には言えないが，どのサイズ（あるいは細胞数）のコロニーまで数えたかは，記載しておくべきであろう．

👉 コロニー形成率には，テクニックが反映する

　下手なうちは，慣れた人の10分の1以下しかコロニーができないかもしれない．使う細胞が元気だったか，まき込み操作中に細胞を弱らせなかったかなどが大きく影響する．特に，トリプシン処理やまき込みに時間がかかると細胞が弱るので，コロニー形成率が低下する．この細胞のコロニー形成率は何％である，と自信をもって言えるまでには，練習がいるし，本人の器用・不器用が関係する．

👉 もとの細胞集団の均一性

　できたコロニーの形態が意外に一様でないことに驚くだろう．全然別の種類の細胞かと思われるコロニーが見えることさえある．こんな細胞集団を使っていたのかと驚く．しかし多くの場合，1つのコロニー内では，よく似た細胞が集まっているだろう．

👉 コロニー＝クローンではない

　この方法で形成されたコロニーが1個の細胞に由来しているという保証はない．本当にクローン（single cell clone）をとりたいときは，この操作を3回は繰り返すのが普通である．あるいは，"96ウェルプレート"に希釈した細胞をまき込み，顕微鏡下で1個ずつ細胞をまくことができたと確認されたウェルからコロニーを回収するなどの方法がとられる．

▶ あとしまつ

👉 観察の終わったサンプルの保存法

　乾燥状態でフタをして，とっておけばよい．不要なものを保存する必要はないが，染色したコロニーはしばらくもっていて，空いた時間によく顕微鏡でながめてみよう．

明日の準備

1）明日の実習について予習する
2）プロトコールを作成する
3）疑問点などを指導者によく聞いておく
4）操作の手順や，注意するところをよく考え，頭に入れておく
5）実際の手順を想像しながら，始めから終わりまでたどってみる

　明日の実習は，今日の実習内容が修了したという前提で進めるるから，注意点をよく復習しておく．

　実習は，理屈もさることながら，何より慣れが大切なので，頭のなかででもよいから操作をよく反芻しておくこと．

> **ハイ，お疲れさまでした**
> 　どう？　無菌操作そのものに対する恐怖感はもうなくなったかな．毎日新しいことをやるので緊張感はそれなりにあると思うが．
> 　そろそろ，無菌操作への恐怖感がなくなって，最初のコンタミの洗礼を受ける頃かもしれない．今日まいた細胞は大丈夫だったろうか．明日見てみよう．

第4日 マルチウェルプレートの扱いとクローニングの方法を学ぼう

本日の到達目標
- マルチウェルプレートやカバーグラスに細胞をまけるようになる
- 細胞のクローニング方法がわかる

実習のポイント
・今までより細かい作業を手早く，しかも丁寧に行う

今日はディッシュ以外のものに細胞をまく練習をしてみよう．マルチウェルプレートやカバーグラスにまくなど，ちょっと気分が変わる．それと，クローニングをやってみよう．DNAを導入した細胞や変異細胞の単離などにも広く利用されるクローニングは，ちょっと高級な気分になる．たった1つの細胞が10^2くらいに増えたコロニーを拾うのは，それなりに感動ものではあるまいか．

● 実習1 マルチウェルプレートにまく

今回は第5日の実習の下準備として24ウェルプレートの各ウェルにカバーグラスを入れ，その上に細胞をまいてみよう．細胞をまく対象がディッシュからプレートへ変わるが，細胞の扱いやピペット操作などの基本は変わらないので，今までの実習で学んだことを思い出して実習に入ろう．

▶ マルチウェルプレートの種類

1) 4ウェルプレート
　直径16 mmのウェルが4つある．他のマルチウェルプレートと比べて，これだけがプレートのサイズが小さい．対象群2つ（duplicate），実験群2つ程度の小規模実験によい．

2) 6ウェルプレート
　ウェルは一番大きい．

3) 24ウェルプレート
　直径16 mmのウェルが24ある．適当なサイズなので，薬物の濃度検討をはじめ，さまざまな実験によく使われる．

4) 96ウェルプレート
　ウェルが非常に小さく，少数の細胞しかまけない．クローニングやスクリーニングに使われる．

5) 384ウェルプレート
　96ウェルプレートよりもさらにまける細胞数は限られるが，この系でできるスクリーニング法であれば，多量のスクリーニングを一度にこなすプレートとしては有用性が高い．主に，創薬スクリーニングなどに用いられる．

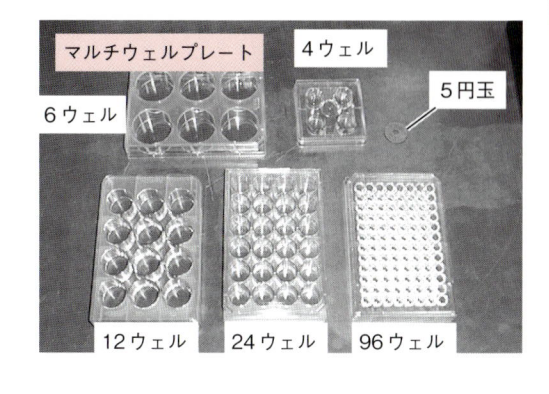

▶ 今回使用するプレートとカバーグラスについて

1）24ウェルプレートを使うときはどんなときか

以下に具体例をあげて説明する．細胞に種々の条件で処理（例えば無処理対照群，溶媒のみ添加した対照群，薬剤処理6濃度群の計8群）をして，経時変化をみるとする．このとき，24ウェルプレート5枚に細胞をまくと，1点あたり3ウェルを使うと24ウェル（プレート1枚）で，1時点がとれる．つまり，プレート5枚を使って5時点とれる．ばらつきが大きい場合には，1点あたり4ウェルで6群，あるいは1点あたり6ウェルで4群とるなどの変化も可能である．このように，24ウェルプレートは細胞数，酵素活性，高分子合成などさまざまなパラメーターをとることができるので，比較的少数の細胞で，たくさんの群をとる実験に適している．

2）カバーグラスの上に細胞をまくのはどんなときか

カバーグラス上に生やした細胞は，組織化学的染色，酵素化学，免疫染色，オートラジオグラフィー，その他さまざまな検出法に適用できる．カバーグラス上の細胞を回収した後，マルチウェルプレートは洗浄・滅菌して，何回も再利用することが可能である（本来は使い捨てであるが）．マルチウェルプレートは値段の高いものなので，節約しながらたくさん使用する際には大切である．

最近では，スライドグラスの上にチャンバーがついたものも市販されている．細胞培養して，細胞を免疫染色するときにそのまま免疫染色ができる．観察時には，チャンバーを外して，普通のスライドガラスと同じように扱えるので観察も容易であるうえ，1つのスライドガラスで多数のサンプルを扱える点も便利である．同一スライドガラスに違う細胞をまいて，異なる抗体で染色なんてこともできる．

スライドチャンバー

実験ノート

 # 0015　カバーグラス入り24ウェルプレートに細胞をまく練習　2010年 4月22日（木）

目的　24ウェルプレート2枚に13mmカバーグラスを8枚ずつ入れ細胞を1mLずつまき込む

（ここでは，第5日の2つの応用実習で使えるように，2枚のプレートに分けてまき込む）

細胞の希釈
・サブコンフルエントになるようにまき込む
・面積比　$\dfrac{24ウェルプレート}{60mmディッシュ} = \dfrac{16^2}{60^2} ≒ 0.07$

（24ウェルプレートでは1ウェルの直径は約16mmである）

すなわち，60mmディッシュのコンフルエント細胞の0.07相当をまき込めば，ウェルはコンフルエントになる．その半分量（サブコンフルエント）でまき込むとすると，0.035相当（すなわち約30分の1）をまき込めばよい．
60mmディッシュから30mLの細胞浮遊液を作り，1mLずつまき込めばよい．

用意
- ☐ PBS（−）（2010- 4 -26- 6 ）
- ☐ トリプシン/EDTA（2010- 3 -22- 3 ）
- ☐ 培地DMEM（2010- 3 -15- 5 ）10% FBS　lot.（Hyclone 7MO528）
  必要量（40）mL
- ☐ 60mmディッシュ1枚の細胞
  細胞名：TIG-3（2010- 4 -15 plated，45PDL，Confluent，2010-4-14 MC）
- ☐ 24ウェルプレート
- ☐ カバーグラス

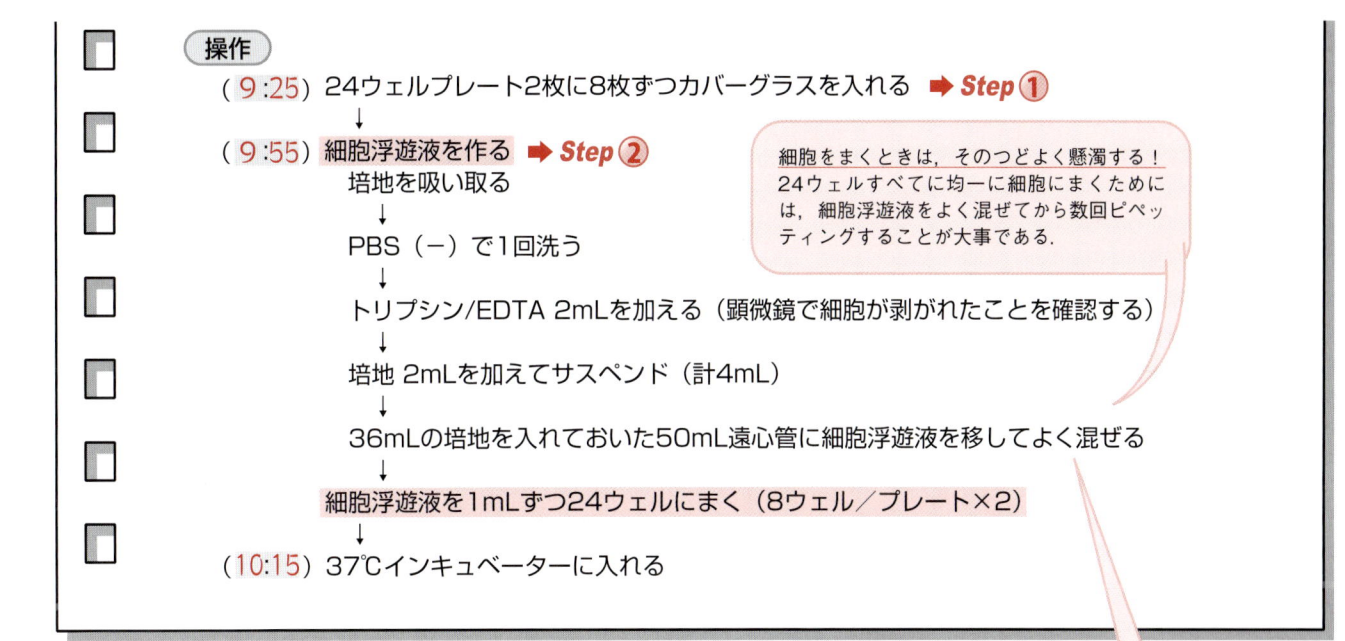

☐　**操作**
☐　（ 9:25）24ウェルプレート2枚に8枚ずつカバーグラスを入れる ➡ **Step ①**
　　　　　↓
☐　（ 9:55）細胞浮遊液を作る ➡ **Step ②**
　　　　　　培地を吸い取る
　　　　　　　　↓
☐　　　　　　PBS（−）で1回洗う
　　　　　　　　↓
　　　　　　トリプシン/EDTA 2mLを加える（顕微鏡で細胞が剥がれたことを確認する）
　　　　　　　　↓
☐　　　　　　培地 2mLを加えてサスペンド（計4mL）
　　　　　　　　↓
　　　　　　36mLの培地を入れておいた50mL遠心管に細胞浮遊液を移してよく混ぜる
☐　　　　　　　↓
　　　　　　細胞浮遊液を1mLずつ24ウェルにまく（8ウェル／プレート×2）
　　　　　　　　↓
☐　（10:15）37℃インキュベーターに入れる

> 細胞をまくときは、そのつどよく懸濁する！
> 24ウェルすべてに均一に細胞にまくためには、細胞浮遊液をよく混ぜてから数回ピペッティングすることが大事である。

> ピペッティングの速度は一定に！かつ迅速に！
> 　細胞浮遊液を吸うスピード、はき出すスピードは一定である方が均一にまくことができる。そのためには、一回のピペッティングで正確に1mLはき出せる技術の習得が大事である。また、ゆっくりやると細胞がどんどん沈んできて正確に1mLはき出しても細胞数が変わってくるので注意が必要である。

新しく準備するもの

● カバーグラス

　24マルチウェルプレートの穴は直径16 mmくらいなので、直径13 mmのカバーグラスを使う。あまりキチキチだと取り出すのに苦労する。
　買ったばかりの新しいカバーグラスでも、念のため洗ってから使う。現在の製品は洗わなくても生えると思うが洗わないと細胞が生育しにくいことが昔はあった。

☞ カバーグラスの洗浄・乾燥・滅菌

1) カバーグラスを100枚くらいずつ500 mLの三角フラスコに入れ、薄めた中性洗剤の液を入れて、ときどき振り混ぜながら一晩くらい放置する
2) 洗剤液を捨て、水道水で数回洗う
3) 水道の先にチューブをつけて細く水を出し、フラスコ内に導いて数時間洗浄する。カバーグラスが舞い上がってよく洗浄されるように工夫する
4) 精製水（最後はMiliQ水）をときどき振りまぜながら、10分程度洗浄する
5) ステンレスの金網の上にあけ二重にならないようにピンセットで丁寧に広げ、ホコリよけにアルミホイルをかぶせて乾燥器で乾燥する
6) 2枚が重なってくっついたものがないかどうかをチェックしながら、ピンセットで1枚ずつガラスディッシュへ移す。
7) ガラスディッシュをアルミホイルで包んで、乾熱滅菌する

Step 1 カバーグラスをマルチウェルプレートに入れる

❶ 右手のパスツールピペット（綿栓付）に適当量の培地を取り，左手でプレートのフタを取って，各ウェルに1滴ずつ入れる[a]

ⓐ 乾いた培養器にカバーグラスを入れ，後から培地あるいは細胞浮遊液を入れると，カバーグラス下面の空気が逃げないために浮いてしまう．あまり大きな滴だと後でカバーグラスが浮くので，加える培地は少なめでよく，滴下せずにピペットの先でウェル底面に触れる程度でよい．

❷ 右手のピンセット先端を火炎滅菌し，左手でカバーグラスの入ったガラスディッシュのフタを取り，カバーグラスを1枚取る（★1）．フタを閉める

Point
★1 写真のように光に当ててみて，2枚重なっていてニュートンリングが見えないかどうか確認する！

巻頭カラー図3を参照

❸ 左手でプレートのフタを取り，カバーグラスをウェルに入れ，フタを閉める

❹ これを繰り返す[b],[c]

ⓑ ピンセットは毎回火炎滅菌しなくてもよい．
ⓒ ディッシュにカバーグラスを入れるときも同様にする．

Step 2 細胞をまき込む

❶ 目的の実験に合わせて希釈した細胞浮遊液を用意する[a],[b],[c]

ⓐ すでに学んだ通りであるのでそちらを参照してほしい（第2日実習1「細胞の継代」の項）．
ⓑ 直径16 mmのウェルは60 mmディッシュの1/14の面積であるから，60 mmディッシュの飽和密度が10^6である細胞を1/10飽和密度にまき込むには7×10^3/mLの細胞浮遊液を作って1 mL/ウェルにまき込めばよい．計算上60 mmディッシュ1枚から140ウェルにまくことができる．
ⓒ ここでは，まいた翌日に細胞を使うのでサブコンフルエントでまき込むことにする．実験の目的によっては，細胞数を正確に数え，正確に希釈してまき込む．

❷ 細胞をまき込む（★1）

↓

❸ 37℃のインキュベーターへマルチウェルプレートを入れる
なお，この細胞は5日目の実習で使用する

↓

❹ 後始末をする

> **Point**
> ★1 ピペットの先端でカバーグラスを押さえつけながらまき込む

解説　カバーグラスへまき込むときのポイント

ピペットの先端でカバーグラスを押さえつけながらまき込むとよい．そうしないと，カバーグラスが液の表面に浮いてやっかいなことになる．

わずかでもカバーグラスが浮いていると，カバーグラスの裏側にもウェル表面にも細胞が増えて，後で顕微鏡観察するとき細胞が二重に見えて，はなはだ観察しにくい（表面の細胞に焦点を合わせれば裏側の細胞は焦点は合わないものの，モヤモヤしたものが見えるであろう）．

細胞は器壁の表面に生えるが，上側にしか生えないわけではない．ディッシュの壁面（垂直である）でも培地で覆われた部分には生えるし，上記のように，カバーグラスの裏側にさえ生えるのである．

▶ 24ウェルプレートにまき込む液量について

普通にディッシュにまくときと同じ"深さ"となるように培地を加えるなら，0.5 mLの量でよいはずである．しかし，はじめから0.5 mLの細胞浮遊液をまき込むと，メニスカスのために中心部と周辺部の液層の厚みの差が細胞数に影響し，周辺部の細胞が密になる．1 mL程度まき込む方が液層の厚みの差が小さくなり，細胞分布が平均化する．細胞が付着したら，0.5 mLに培地替えすればよい．

（図：メニスカス／細胞が濃い／薄い）
細胞は下に沈むので，液層のうすい部分（中央部）は細胞濃度が低くなる

▶ 細胞を均一にまくコツ

ディッシュの場合と異なり，細胞をまき込んでからプレートを上手に振って均一に底面に分布させるのはなかなか難しい．中央と周辺で細胞密度があまり異なると，実験目的によっては非常に都合が悪い．これについては，「こうすれば大丈夫」と説明できるような上手い手がない．しかし，たいていの人は，何回かやると上手くまけるようになるから不思議である．

実験によっては，はじめからコンフルエント近くなるような細胞をまき込めば，比較的均一に分布した細胞を得ることができる．

▶ 培地替えをするときの注意点

基本的にはディッシュの培地替えと異なることはない．

1）カバーグラスに細胞をまき込んだとき

細胞によって性質が異なるが，ディッシュ（プラスチック）上に比べて，カバーグラス上の細胞が剥がれやすいことがある．このような場合には，プレートの壁面から特にゆっくり培地を入れるなど，培地替えで細胞が剥がれないように注意する．また，冷えた培地を加えるとなお剥がれやすい．細胞が互いに接する飽和密度になると，細胞同士の収縮力がガラス面との接着力を上回って，ちょっとした刺激（細胞面の一部に傷がつくなど）でシート状に剥がれやすくなる．

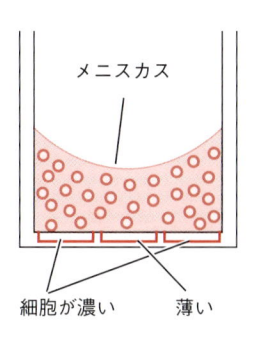

2）マルチウェルプレートに細胞をまき込んだとき

プレートは手軽に扱えるだけに，例えば，5枚とか10枚のプレートを扱うとき，一度に全部のプレートから培地を抜いて，培地替えすると，慣れないうちは時間がかかって途中で細胞が乾くことがある．乾いた細胞は確実に死ぬ．初めのうちは，一度にたくさん扱わない方が安全である．これはディッシュについても同様である．

> **解説　ディッシュにカバーグラスを入れて細胞をまく場合**
>
> 少数のカバーグラスでよいときは，ディッシュにカバーグラスを入れて培養してもよい．まず，ディッシュに複数のカバーグラスが入っているときは，それぞれのカバーグラスについて，細胞浮遊液が盛り上がって覆うようにする．あらかじめ少量（1滴より少ない）の培地を置いて，その上にカバーグラスをのせ，カバーグラスが器の底につくようにしておくことは，マルチウェルプレートのときと同じである．このときの培地が多すぎてカバーグラスがはじめから浮いているようでは意味がない．全部のカバーグラスに液をのせたら，ピペットを浮かせて残りの液を入れる．
>
> カバーグラスが底面に接していれば，ディッシュを回してもカバーグラスがほとんど移動しない．カバーグラスが動いても，底面に近いところで移動するだけなら，ぶつかりあうことはあっても，厚みがあるために，互いが重なるようなことはない．カバーグラスが浮いていて動いて互いが重なりあうようでは具合が悪い．

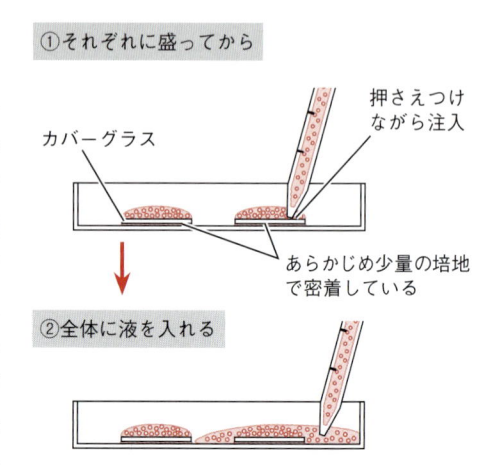

実習2　細胞のクローニング

3日目の実習2「少数細胞のまき込みによるコロニー形成」で述べたように，細胞をクローニングすることがしばしば必要になる．ここでは大きなディッシュにコロニーを形成させ，それを回収する練習をする．

初心者は大きいディッシュの方が扱いやすいので，100 mmディッシュにできたコロニーを拾うことにする．

コロニー数を数えるときと違って，あまりたくさんのコロニーができていないほうが扱いやすい．10～20個くらいのコロニーができているくらいがちょうど扱いやすい．また，クローニングシリンダーの大きさを考慮に入れて，あまりコロニーが大きくなりすぎないように注意する．一度，マジックでディッシュの底面にクローニングシリンダーと同じ大きさの円を描いて顕微鏡で観察すると感覚がわかる．

解説 クローニングの目的と方法

クローニングの目的は遺伝的に均質な細胞集団を得ることであるが，ここで紹介した方法では，得られたクローンが真に1つの細胞から出発したかには疑いがある．このため，この方法でクローニングした場合にはクローニング操作をさらに繰り返す（リクローニングする）ことを推奨する研究者もいる（それでも100％確実とはいえないが）．あるいは，希釈した細胞の浮遊液を96穴のマルチウェルプレートにまき込み，細胞1つだけを含むウェルをマークして経時的に観察し，1つの細胞から出発した細胞集団を得る方法もある．

他方，厳密に1つの細胞から出発したことを問わずに，クローニングあるいはクローンと称することも多い．例えば，細胞にさまざまな遺伝子を導入（トランスフェクションという）して，導入遺伝子が発現した細胞をクローニングして実験に用いる．GFP（緑色蛍光タンパク質）遺伝子導入や，iPS細胞（誘導多能性幹細胞）の作製等もこの応用である．

このような目的では，通常，目的遺伝子とともに薬剤耐性遺伝子を一緒に導入して，選択薬剤を添加した培地で培養し，遺伝子導入されなかった大部分の細胞を死滅させ，薬剤耐性遺伝子の発現で生き残った細胞がコロニー状に増殖してきたものをクローニングする．通常，複数のクローンを採取して，それぞれのクローンについて，目的遺伝子が確かに導入されているか，導入遺伝子の発現量は適切か，導入した遺伝子は安定に細胞内で維持されているか等を調べて，適切なクローンを選択して使用する．実験の目的によるが，このような性質を保持していることが重要であり，クローンが真に1個の細胞から出発したかどうかは厳密には問わない場合も少なくない．もちろん，選択したクローンをリクローニングして使う場合もある．

セルソーターがあれば，目的遺伝子とともにGFP遺伝子を導入したり，目的の細胞を蛍光抗体や蛍光色素で染色して，レーザー照射によって発光する細胞を1つずつクローニングすることができる．

実験ノート

#0016　**クローニングの練習**　2010年4月22日（木）

用意
- PBS（-）（2010-4-12-6）
- トリプシン/EDTA（2010-3-22-3）
- 培地DMEM（2010-3-19-5）10% FBS lot.（Hyclone 7MO528）
  必要量（　）mL
- 100mmディッシュ1枚の細胞
  細胞名：HeLa（2010-4-12 plated, 2010-4-11 MC, Subconfluent）
- 24ウェルプレート　1枚
- クローニングシリンダー
- グリース

＊コロニーが5mmぐらいに育ったものを用いる

操作
顕微鏡で観察し，選択するクローンを決定する ➡ **Step ①**
↓
(11:55) 選択するクローンにマークをする
＊10個/ディッシュ くらいマークする
↓
培地を吸い取る ➡ **Step ②**
↓
PBS（-）5mLで洗う

次のページに続く

```
↓
☐    クローニングシリンダーを立てる
      ↓
☐    PET（数滴/シリンダー）を加える
      ↓
☐    顕微鏡で観察
      ↓
☐    培地（1滴/シリンダー）を入れる
      ↓
☐    サスペンドして24ウェルプレートに移す
      ↓
☐    顕微鏡で観察
      ↓
☐   (12:40) 37℃インキュベーターへ入れる
```

> 各ウェルに回収した細胞について簡単にコメントしておく

	1	2	3	4	5	6
A	No1ディッシュより小型細胞のコロニー	No1ディッシュよりグリース入ったかも	No2ディッシュより回収細胞少ない	No2ディッシュより大型細胞のコロニー	回収失敗らしい	
B						
C						
D						

新しく準備するもの

- **クローニングシリンダー**

  ガラス製のシリンダーを用意する．既製品もあるが，業者に，厚み1 mm，内径5 mmから7 mm位のガラス管を7 mm位の長さに切ってもらってもよい．その場合は切った面は平面的であるようにやすりで砥いでおくことを忘れないようにする．ガラス細工に自信のある人は自分で作ってもよい．カバーグラスと同様に洗浄，乾燥し，ガラスディッシュに入れてアルミホイルでくるみ，乾熱滅菌しておく．

- **グリース**

  硬めの真空グリース（シリコングリース）を用意する．これを100 mmのガラスディッシュに5 mmくらいの厚みで，均等に塗り付ける（★1）．ガラスディッシュでないとダメなのは，オートクレーブの必要があるからである．表面がケバ立たないように，なるべくなめらかにすることが大事で，ヘラのようなもので平滑にしておくこと．アルミホイルでくるんで，オートクレーブで滅菌しておく．アルミホイルの外側には，「作製日時」と「クローニング用のグリース」と明記しておく．滅菌後はそのまま乾燥器に移して，グリース表面に水滴が残らないようにしておく．

クローニングシリンダー

5円玉

ガラスディッシュに入れて乾熱滅菌する（オートクレーブした場合は乾燥すること）

Point

★1 グリースの厚みを均一かつ適切にすることがクローニングの成否のポイント！

グリースの塗り方

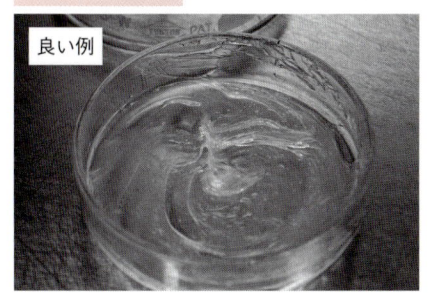

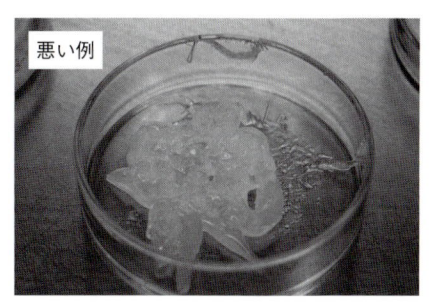

良い例　　　悪い例

● 24ウェルプレート
　コロニーから回収した細胞をいきなりディッシュにまくと，細胞密度が低すぎて培地のconditioning[ⓐ]ができず，細胞の増殖が悪いことがあるので，なるべく小さい器ということで，24ウェルプレートを使う．もちろん，少数細胞でもよく増殖する細胞なら，直接ディッシュ（35 mmなど）にまき込んでかまわない．

[ⓐ] 96ページ，**第3日実習2**を参照．

Step 1　コロニーを選択する

❶ ディッシュをインキュベーターから出す

❷ 顕微鏡で観察し，どのコロニーをクローニングするか決め，マジックでマークしておく（★1）

Point
★1 コロニーの形態が識別できるように細いマジックでマークすること！

解説　どのコロニーを選ぶか

　一般的には，大きいコロニーは増殖の盛んな細胞集団であろう．小さなコロニーは増殖が悪いか，あるいは培養途中で別のコロニーから流れついた細胞が作った二次的（サテライト）コロニーかもしれない．

　一般には，コロニー内での各細胞の形態がほとんど同じものがよいが，均一な細胞であっても，コロニー中心部と周辺部では細胞密度が異なるため，形態がかなり異なることがある．

　1つのコロニー内であまりにも形態の違う細胞が混ざっているときは，いろいろな原因が考えられる．最初から性質の異なる複数の細胞が近くにあり，それが増えて1つのコロニーのように見えるときは，異なる細胞集団が混ざり合わずに存在するかもしれない．異なった形態の細胞が渾然と混じりあっているようなコロニーは，仮に出発が1個の細胞であったとしても増殖中に変化しやすいのかもしれず，クローンとはいえないかもしれない．

第4日　マルチウェルプレートの扱いとクローニングの方法を学ぼう

実習2　細胞のクローニング

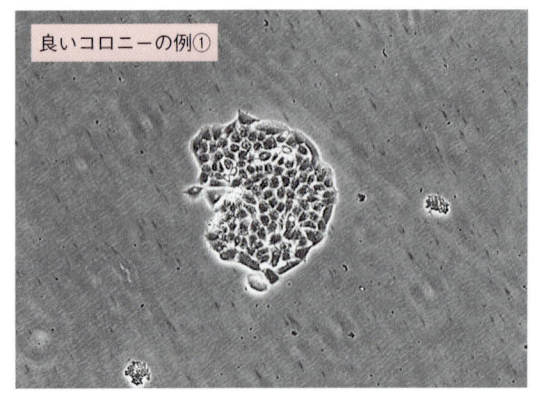

良いコロニーの例①	良いコロニーの例②
均一な細胞が互いに密集したコロニー．クローニングする	中央密集，周囲は散在しているコロニー．中央部と周辺部で細胞形態が異なるように見えるが，細胞密集度の違いにすぎないように見える．クローニングしてみる

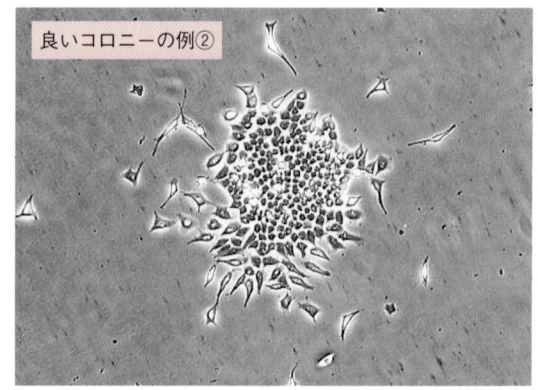

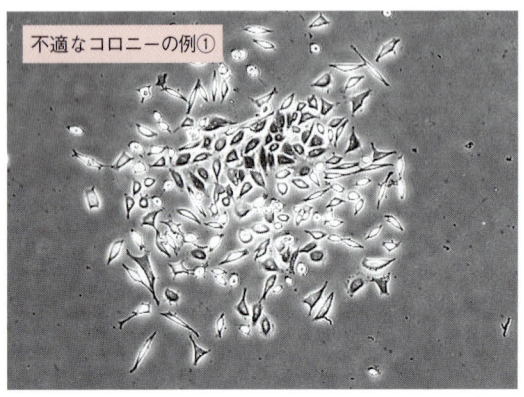

不適なコロニーの例①	不適なコロニーの例②
2種類の細胞がいるように見えるコロニー．クローニングしない方がよい	異なった表現型の細胞からなる（と思われる）コロニー．クローニングしない方がよい

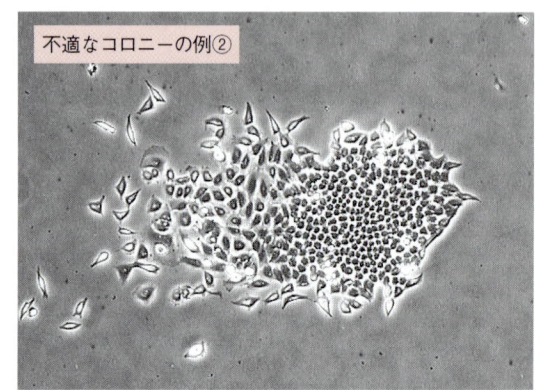

解説　必要なコロニーに印をつける

- 実験目的によって，どのような細胞からなるクローンを拾うかは異なる
- いらないコロニーに×印，いるコロニーに○印をマジックでつけておく．まず肉眼で見当をつけて，ディッシュの下面からマジックでマークする．○印は，ちょうどクローニングシリンダーがのる位置にぴったりあうように印をつけるのがよい．そうしないと，後でクローニングシリンダーをのせるときに苦労する．人によって器用，不器用のちょっとした差が出る．次に各コロニーを倒立顕微鏡で観察し，不適当なものは×をつけておく
- ディッシュを傾けすぎて培地をこぼさないように
- ディッシュの端にあるコロニーは扱いにくいので避ける

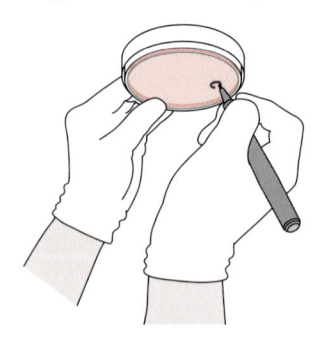

天井の明かりを透かしてマークする

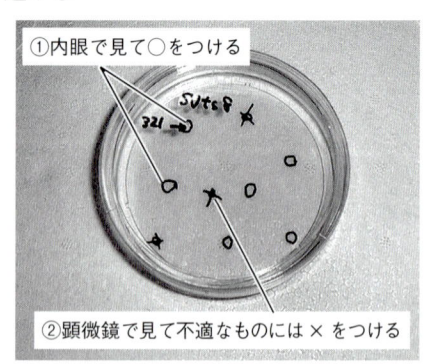

①肉眼で見て○をつける

②顕微鏡で見て不適なものには×をつける

――― ここまでは前もってやっておいてよい．以下は無菌操作になる ―――

Step ❷ コロニーを回収する

❶ 24ウェルプレートに培地を 0.5 mLずつ入れる
- クローニングする予定の数より少し多めのウェルに用意しておく[ⓐ]

⬇

❷ コロニーを形成した 100 mmディッシュから培地を吸い取る

⬇

❸ PBS（−）5 mLで1回洗う[ⓑ]

⬇

❹ ピンセットを火炎滅菌する（★2）

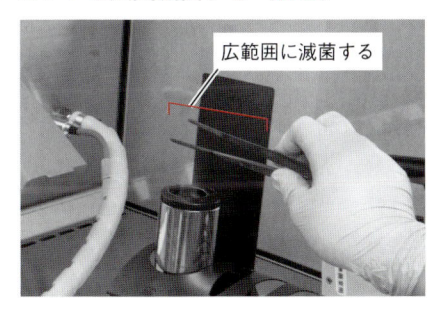

広範囲に滅菌する

⬇

❺ クローニングシリンダーを取り出す
- 左手でクローニングシリンダーの入ったディッシュのフタを取り，ピンセットでクローニングシリンダーを取り出し，フタをする（★3）

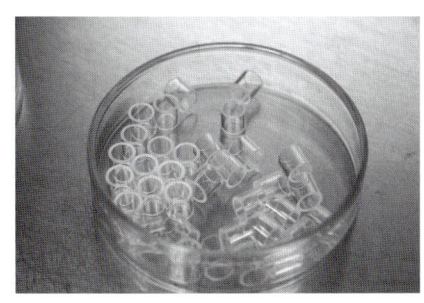

⬇

❻ クローニングシリンダーにグリースをつける
- 左手でグリースの入ったディッシュのフタを取り，クローニングシリンダーの一面をグリース表面に軽く押しつけて（0.5 mmくらいめりこんでもよい，★4, 5），グリースをつけ終わったら，ディッシュのフタをする[ⓒ],[ⓓ]

- 114ページの「新しく準備するもの」でも述べたようにチューブから出したグリースのままだと，クローニングシリンダーの底面につくグリー

[ⓐ] 失敗があるかもしれないから．
[ⓑ] PBS（−）による洗いは1回でよいか2回の方がよいか，などは細胞のトリプシン/EDTAに対する感受性を考えて調節する（★1）．

Point

★1 細胞によってトリプシンに対する感受性が違う！ あらかじめ条件検討しておこう！
★2 先端のみならず少し広範囲に滅菌！ ただし，表面の雑菌を殺す目的だから短時間（1秒くらい）で十分．1秒は一瞬ではないが，手が熱くならない程度．
★3 シリンダーを滅菌するときに立てた状態で並べておくと取り出しやすい！
★4 少なすぎると下の写真のようにガラス管内部の液体が漏れ出すので注意！
★5 グリースを平滑に伸ばしておくと扱いやすい！

グリースが少なかった場合

シリンダー内部より漏れ出た液

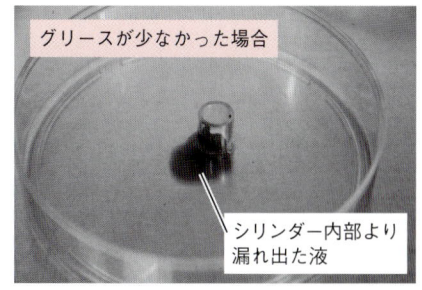

写真では液体がわかりやすいように濃い色の液体を使っている

[ⓒ] グリースの数カ所を軽く押さえてもよい．
[ⓓ] グリースがついていないところがあるとトリプシン/EDTAが漏れるし，グリースが多すぎてシリンダーの内側までつくと細胞がダメになる．適量を均一につけるにはコツがいる．

スが均一でなく密着性が悪いばかりか，肝心のコロニーの内部にグリースが入ってクローニングできなくなるので注意！グリースの念入りな準備が，クローニングの正否に関わるといってもいい．グリースを滅菌する前に，いくつかのグリースの厚さを試して，上手くいくものを選ぶのがポイントである

解説　細胞は乾かさないように

❸のステップでPBS（－）を十分に吸い取ってしまうと後の操作中に細胞が乾く．乾いた細胞は確実に死ぬ．その一方で，PBS（－）が残っていると，クローニングシリンダーのグリースがつかない．この加減ははじめはちょっと難しいし，後の操作の手早さと関係するので，一概には言いにくい．

【裏技】1つのディッシュからたくさんのコロニーができて，それらをクローニングしたいときは，3～5個ずつクローニングシリンダーをかぶせた後に，少量のPBS（－）または培地をディッシュに滴下しておく．これで，残りのコロニーの乾燥は防げる．クローニングシリンダーをかぶせた内部には培地は入らないので，トリプシン処理をこのまま行えばよい．他のコロニーについては最初のコロニーをクローニング後に，❷の作業から同様に行えばよい．

❼ 左手でコロニーのできているディッシュのフタを取り，マジックでマークした○印の上に，クローニングシリンダーを真上からのせる(e)

(e) 位置がずれると，せっかくのコロニーを失うので慎重に．

❽ ピンセットで上から押しつけ，クローニングシリンダーをディッシュにしっかり固着させる(f)

(f) しっかりついていないと後でトリプシン/EDTAが漏れてコロニーが拾えない．押しつけたときにシリンダーがずれて細胞をこするとコロニーを失う．

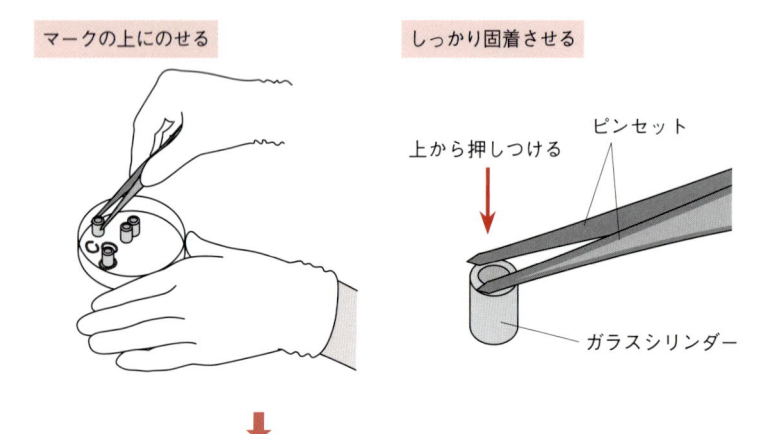

マークの上にのせる　　しっかり固着させる

上から押しつける　ピンセット
ガラスシリンダー

❾ ❹～❽を繰り返し，必要なコロニーの上にクローニングシリンダーを立てる(g)

❿ トリプシン/EDTAを数滴落とす(h)
・パスツールピペット（綿栓つき）で2～3滴を滴下する（★6）

(g) この操作であまり時間がかかると細胞が乾いてしまう（乾けば確実に死ぬ）ので，処理可能な数に抑えておく必要がある（本ページ上の解説を参照）．

(h) 1本のパスツール（綿栓つき）で複数のシリンダーに入れてよいと思うが，クローン間の細胞のコンタミを厳密に避けたいときは，それぞれ新しいパスツールピペット（綿栓つき）を使うこと．

Point
★6 クローニングシリンダーの高さの半分以下（1/3程度）にすること．入れすぎると培地を加えて軽くサスペンドするときに溢れてしまうことがある．

シリンダーの密着

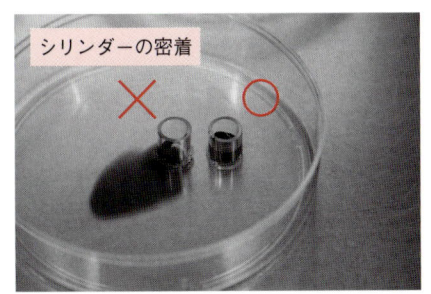

グリースによる密着が悪いと写真の左のように液体が漏れ出す．上手くいくと右のように液体が漏れ出さない

❶ 顕微鏡でトリプシン/EDTAの効きを観察する（★7）ⓘ

❷ クローニングシリンダー内に培地を1滴ずつ落とすⓙ
 ・かなりの細胞が丸くなったところで培地を1滴ずつ加えてトリプシン/EDTAの効果を止める
 ・トリプシン/EDTAの半量〜等量を目安に培地を加える

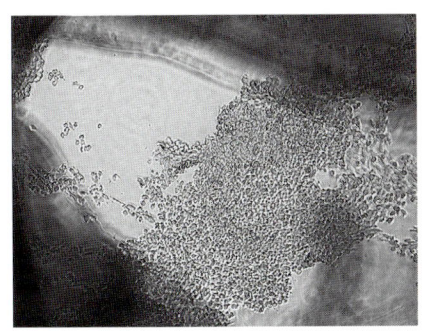

トリプシンが効いてきた．まわりの黒いところはマジックでマークしたところ

❸ パスツールピペット（綿栓付き）でクローニングシリンダー内の細胞を懸濁し，細胞を回収するⓚ, ⓛ（★8）
 ・1コロニーに対して1ピペット（綿栓つき）を用いる

❹ シリンダー内の細胞浮遊液をマルチウェルプレートへ移す（★9）

❺ 新しいパスツールピペット（綿栓つき）で培地を取って，2〜3滴をクローニングシリンダーに入れてクローニングシリンダー内を洗い，残った細胞を回収する（❹で十分に細胞が回収されていれば省略してもよい）

❻ 上記❶〜❺を繰り返し，1枚のディッシュ内の必要なクローンを順次回収する

❼ 複数のディッシュからクローニングするときは，1枚のディッシュの処理が済んでから，同様に次のディッシュを処理する

Point

★7 トリプシン/EDTAが十分に温まっていないとコロニーがなかなかばらばらにならない．トリプシン/EDTAの効きが悪いときは，インキュベーターに入れて適度に（細胞間接着が剥がれる最短の時間）温める．

ⓘ 全部のコロニーでトリプシン/EDTAの効き方が同様に進行することが望ましいが，そう上手くいくとは限らない．一般に，細胞数の少ないコロニーの方がトリプシン/EDTAの効きがよい（もちろん，コロニーを形成している細胞の性質にもよる）．
 一般に，ディッシュから継代するよりトリプシン/EDTAを効かせぎみにする（機械的なピペッティングが十分にできないから）．コロニーによって，トリプシン/EDTAの効き方に著しい差があるときは，どちらかのコロニーをあきらめるほかない．

ⓙ 1本のパスツールピペット（綿栓付き）で複数のシリンダーに入れてよいと思うが，クローン間の細胞のコンタミを厳密に避けたいときは，それぞれ新しいパスツールを使う．

ⓚ 泡を作らないように懸濁する．また，パスツールの先をディッシュに押しつけて液をはき出すと，強く懸濁されて細胞がよく剥がれるが細胞傷害も大きくなる，などの注意点は通常の継代の場合と同様である．

ⓛ パスツールピペットでクローニングシリンダーを動かさないように注意する．慣れないうちは苦しい．液をシリンダーの外へこぼさない．

Point

★8 泡立たないようによく懸濁しよう！
★9 操作していないディッシュやマルチウェルプレートは，培地が冷めないようにあらかじめインキュベーターに入れておこう．作業中も可能な限りインキュベーターに戻そう！

❶⓼ 細胞をまいたマルチウェルプレートを顕微鏡観察する
・細胞が回収されているか
・細胞が塊になってはいないか
・細胞が壊れていないか
・グリースが混入していないか

⓳ インキュベーターに収める

⓴ コンフルエント近くまで細胞が増殖したら，35 mmディッシュへ継代する（まだ十分に増えていないクローンは引き続き培養する）

解説 いくつぐらいのコロニーを拾うか

　1枚のディッシュからいくつのコロニーを拾うかは，実験目的にもよる．
　変異源処理した細胞集団から変異細胞をクローニングしたいとき，1枚のディッシュから複数拾っても同じ細胞の子孫クローンである可能性があるので，せいぜい2〜3個にとどめる（そのかわり，独立に変異源処理したディッシュの数を増やす）．
　培養を続けるうちにコンタクトインヒビション（接触阻止）の性質が弱くなってきたので，コンタクトインヒビションの強い細胞をクローニングしたいときは，1枚のディッシュからコンタクトインヒビションの強そうなクローンを10個でも20個でも拾って，拾ったもののなかからコンタクトインヒビションの強いものを選べばよい．

▶ あとしまつ

　一番気をつけることは，グリースが他の培養器具などについてしまうと細胞が生えなくなることである．有機溶媒などで洗浄すると，かえってグリースによる汚染を広げるので，避けた方がよい．グリースがついた（可能性のある）ものは再生しないで，捨てる．もちろん，グリースが不用意に他のものに付着しないように気をつけることが必要である．捨てるのは，クローニングシリンダーがのっているディッシュ，細胞を回収したパスツールピペットくらいなもののはずである．24ウェルプレートもグリースを持ち込んでいる可能性があるので，後で細胞を回収したら捨てる．

　グリースのついた手をペーパータオルでよく拭き，有機溶媒でぬぐってから，流しで石鹸を使ってよく洗ったところ，そのあと，同じ流しで洗浄したガラス器具が全部水をはじくようになってしまった，などという経験がある．グリースがついた手は捨てるわけにいかないので，実験室のどこかに，汚いものだけを処理する専用の流しを設けておくか，あるいはトイレの流しだけを使う．その場合でも，水道の蛇口を汚い手でひねるようなことはしないことが，汚染を広げないために必要である．

▶ 途中でコンタミしたときの対処法

24ウェルプレートにまき込んだ細胞は，コンフルエント近くまで増えたら35 mmあるいは60 mmディッシュへ継代する．どのウェルも同じ速度で増えるわけではないが，10日から2週間たっても十分に増えないウェルはあきらめる．その間に一部のウェルがコンタミすることがある．他のウェルに拡大するのを防ぐためには，①そのウェルの培地を滅菌パスツールで丁寧に吸い取って（アスピレーターは使わない）乾燥させる，②培地と同量の1N NaOH液を加える，などの手段がある．

明日の準備

1) 明日の実習について予習する
2) プロトコールを作成する
3) 疑問点などを指導者によく聞いておく
4) 操作の手順や，注意するところをよく考え，頭に入れておく
5) 実際の手順を想像しながら，始めから終わりまでたどってみる

明日の実習は，今日の実習内容が修了したという前提で進めるから，注意点をよく復習しておく．

実習は，理屈もさることながら，なにより慣れが大切なので，頭のなかででもよいから操作をよく反芻しておくこと．

> **ハイ，お疲れさまでした**
> 今までと違う道具を使って面白かったかな．クローニングした細胞が死んでいたり，コンタミしていることは1〜2日もすればわかるが，順調に増えてくるかどうかは4〜5日しないとわからない．楽しみに待つことにしよう．

第4日 マルチウェルプレートの扱いとクローニングの方法を学ぼう

実習2 細胞のクローニング

第5日 増殖曲線の作成と応用実習にチャレンジしよう！

本日の到達目標
- 増殖曲線を描けるようになる
- 応用実験にチャレンジする

実習のポイント
・基礎実習のまとめとおさらい
・実験計画や考察の方法についても意識を向けて実験してみよう

さて，今日で基礎実習はおしまい．最後に，ささやかながらデータらしきものが出る初めての実験らしい実験「増殖曲線」に取り組んでみよう．応用実験は選択科目として，できればどれか1つくらいやってみよう．

実習1　増殖曲線を描く

細胞をまいた後，細胞数の変化を経時的に追いかけて描いたものが増殖曲線（growth curve）である[a]．

はじめて細胞を入手したとき，一度は増殖曲線を描いてみることによって，細胞の基本的な性質（増殖速度，倍加時間[b]，飽和密度）を把握し，今後の実験計画を組むにあたっての参考にする．増殖曲線を描くことは実験としてきわめて簡単なものであるが，細胞をまくこと，培地替えを行って細胞を維持すること，細胞を観察すること，細胞数を数えることなど，これまでに学んだ技術を一通り（全部ではないが）復習することになるので，やってみよう．

> **重要**　★ まず，まき込む細胞数と観察する期間や間隔，用意するディッシュの数を決める

[a] 増殖曲線については**事前講義2 1**と126ページの「**増殖曲線についての解説**」も参照のこと．

[b] 倍加時間（doubling time）：細胞数が2倍になる時間のこと．
細胞数が2倍になる時間が1日であるとする（doubling time = 1 day）と，全部の細胞が増殖サイクルに入っていて死細胞がでなければ，細胞個々の細胞周期回転時間（cycle time）も1日である．増殖中に死細胞がたくさん出たり，細胞周期を回らない細胞が含まれていれば，doubling timeはcycle timeより長くなる．

実験ノート

#0017　TIG-3 細胞の増殖曲線　　　2010年4月23日（金）

目的　TIG-3 細胞の増殖の様子を知るため，増殖曲線を描く

概要　直径35 mmのディッシュを使ってヒト正常線維芽細胞（TIG-3）を対数増殖期から接触による増殖阻害まで1日おきにtriplicateでみる

はじめのまき込み数：1×10^4 cells / 35 mm dish
ディッシュの数：1, 2, 4, 6, 8, 10, 12, 14（日間）×3（triplicate）＝24枚
　　　　　　　24+9＝33枚
必要な細胞数：$1 \times 10^4 \times 40$（初日cell count用を含めて）＝4.0×10^5 cells
これを80 mLの培地にサスペンドして，2 mLずつ33枚まく

> 1，2回目は細胞数が少ないから2枚で1点とるとすれば6枚追加．さらに念のため3枚追加

> コンタミなどで失うかもしれないから

用意
- ☐ PBS（－）（2010- 4 -12- 6 ）
- ☐ トリプシン/EDTA（2010- 3 -22- 3 ）
- ☐ 培地DMEM（2010- 3 -19- 5 ）10% FBS　lot.（Hyclone 7M0528）
  必要量（ 80 ）mL
- ☐ 100mmディッシュ1枚の細胞
  細胞名：TIG-3（2010- 4 -17, 45PDL, Subconfluent, 2010-4-21 MC ）
- ☐ 100mLの滅菌ビン　← 細胞浮遊液を入れるため
- ☐ 血球計算盤
- ☐ クリスタルバイオレット液
- ☐ エッペンドルフチューブ
- ☐ 35mmディッシュ

操作

(10:05)　培地を吸い取る
↓
PBS（－）5mLで細胞を1回洗う
↓
PET 2mLを加える
↓
細胞が剥がれたら培地 2mLを加えてサスペンド
↓
細胞の濃度を血球計算盤ではかる

131	128
124	126

平均　127 cells×10⁴　→　1.27×10^6 /mL

$$\frac{4.0 \times 10^5}{1.27 \times 10^6} = 315 \mu L$$

↓
希釈
　　1枚あたり　　　　1×10^4 cells / 2 mL
　　40枚分として　　 40×10^4 cells / 80 mL

　　細胞浮遊液　315 μL
　　培地　　　　79.7 mL

(10:25)　細胞浮遊液を2mLずつ33枚の35mmディッシュにまく
↓
37℃インキュベーターに入れる

測定　**実際にまき込んだ細胞数**　（まき込んだ日（第0日目）に数える）

まき込みに使用した細胞浮遊液4mLを正確にとる
↓
3,000rpm, 5分遠心
↓
上清をよく吸い取る
↓
ペレットにクリスタルバイオレット液20μLを加えてサスペンド
↓
細胞の濃度を血球計算盤ではかる

98	110
107	103

平均　　　　（ 104.5 ）cells×10⁴
まき込み数　（ 1.0×10^4 ）cells/dish

$$104.5 \times 10^4 \times \frac{1}{50} \times \frac{2}{4} = 1.045 \times 10^4$$

（mLあたりの細胞数）
（実際には20μLだから）
（ここでは4mLの細胞浮遊液を使ったが、ディッシュにまいたのは2mLだから）

次のページに続く

実習1　増殖曲線を描く

第1日目

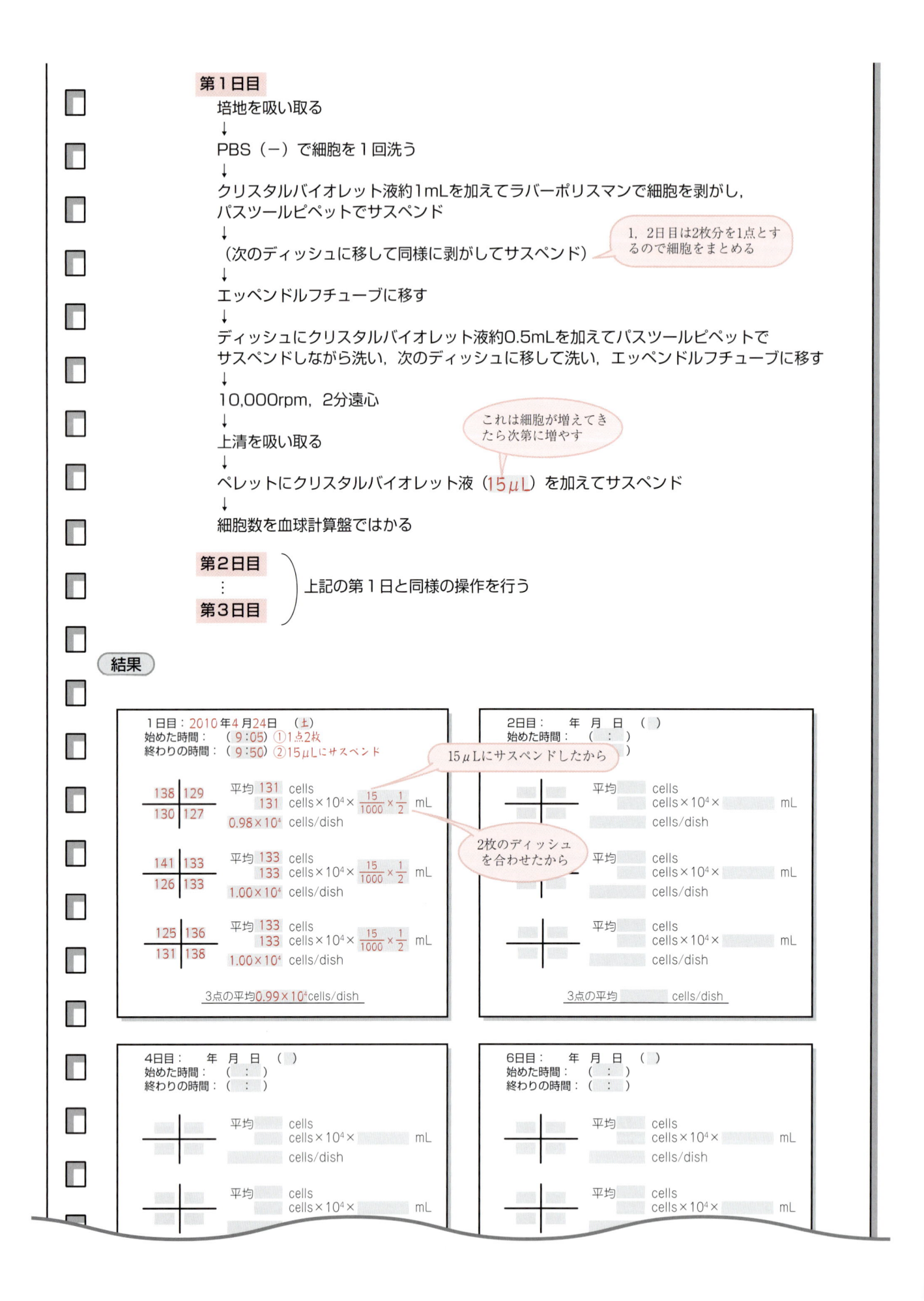

培地を吸い取る
↓
PBS（－）で細胞を1回洗う
↓
クリスタルバイオレット液約1mLを加えてラバーポリスマンで細胞を剥がし，パスツールピペットでサスペンド
↓
（次のディッシュに移して同様に剥がしてサスペンド）

> 1, 2日目は2枚分を1点とするので細胞をまとめる

↓
エッペンドルフチューブに移す
↓
ディッシュにクリスタルバイオレット液約0.5mLを加えてパスツールピペットでサスペンドしながら洗い，次のディッシュに移して洗い，エッペンドルフチューブに移す
↓
10,000rpm，2分遠心
↓
上清を吸い取る
↓
ペレットにクリスタルバイオレット液（15μL）を加えてサスペンド

> これは細胞が増えてきたら次第に増やす

↓
細胞数を血球計算盤ではかる

第2日目 〜 第3日目

上記の第1日と同様の操作を行う

結果

1日目：2010年4月24日（土）
始めた時間：（9:05）①1点2枚
終わりの時間：（9:50）②15μLにサスペンド

138	129
130	127

平均 131 cells
131 cells×10^4×$\frac{15}{1000}$×$\frac{1}{2}$ mL
0.98×10^4 cells/dish

> 15μLにサスペンドしたから

141	133
126	133

平均 133 cells
133 cells×10^4×$\frac{15}{1000}$×$\frac{1}{2}$ mL
1.00×10^4 cells/dish

> 2枚のディッシュを合わせたから

125	136
131	138

平均 133 cells
133 cells×10^4×$\frac{15}{1000}$×$\frac{1}{2}$ mL
1.00×10^4 cells/dish

3点の平均 0.99×10^4 cells/dish

2日目：　年　月　日（　）
始めた時間：（　：　）
終わりの時間：（　：　）

平均　　cells
　　cells×10^4×　　mL
　　cells/dish

平均　　cells
　　cells×10^4×　　mL
　　cells/dish

平均　　cells
　　cells×10^4×　　mL
　　cells/dish

3点の平均　　cells/dish

4日目：　年　月　日（　）
始めた時間：（　：　）
終わりの時間：（　：　）

平均　　cells
　　cells×10^4×　　mL
　　cells/dish

平均　　cells
　　cells×10^4×

6日目：　年　月　日（　）
始めた時間：（　：　）
終わりの時間：（　：　）

平均　　cells
　　cells×10^4×　　mL
　　cells/dish

平均　　cells
　　cells×10^4×

プロトコールは第1日目の操作，第1日目の結果，第2日目の操作，第2日目の結果…という順に最終日まであらかじめ用意しておく

〈以下の実験操作はすでに学んだ通りであるので，ここでは概略のみを記す〉

❶ 細胞浮遊液を作る（第3日実習1を参照）
　↓
❷ 細胞浮遊液の細胞数を測り希釈液をつくる
　↓
❸ 細胞を35 mmディッシュにまき込む ⓐ, ⓑ
　↓
❹ まき込んだ細胞浮遊液を正確に測り取ってクリスタルバイオレット液で染色し，もう一度細胞数を測る
　↓
❺ 翌日（1日目），クリスタルバイオレット液で細胞を回収し，細胞濃度を測る ⓒ, ⓓ, ⓔ
　↓
❻ 2，4，6，8，10，12，14日目についても同様にして，細胞数を測る ⓕ
　↓
❼ 計測した細胞数をもとにして，増殖曲線を描く

1 実験操作で注意すべきこと

1) ディッシュ間で細胞密度に偏りがあると正確な増殖曲線は出ない

きれいな増殖曲線を出すためには，すべてのディッシュに同じ細胞数が均一に分散するようにまかれていることが重要である．

2) 細胞を測る時間はできるだけ揃える

細胞をまいた時点を0日とする．以後，1，2，4，6，8，10，12，14日目に細胞を回収して数える．

毎日，大体同じ時間に数えるが，かなりずれたときは，あとでグラフの横軸に合わせて点を打つことになる．増殖の早い細胞では数時間のずれがグラフ上に反映されてしまうことがある．

3) ここでは付着した細胞を数える

付着細胞は死ぬと浮くので，ディッシュをPBS（-）で洗った後の細胞を数えるのが普通である．ここではディッシュに付着した細胞をすべて数えるので，正確にいえば生細胞のみを数えたことにはならない（第2日実習2-2参照）．死んだけれどもまだ浮くまでに至っていない細胞が含まれている．通常，正常細胞は増殖中に死細胞がほとんど出ないので，死細胞数を数えても無視しても大きな違いはない．

ただ，癌細胞などでは増殖しつつかなりの細胞が死ぬ場合がある．1日あるいは2日の間に細胞がどれだけ分裂するかを知るには，浮いた死細胞も含めて数えた方がより正しい増殖速度（cycle time）が出る場合もある．

ⓐ 5mLのメスピペットを使って2mLずつ2回まくか，10mLのメスピペットを使って2mLずつ5回まくか，自分の技術と相談して決める．

ⓑ 細胞浮遊液を入れた100mLのビンは，ときどき振って細胞が沈降しないよう，不均一にならないように注意する．

ⓒ プロトコール中で，ディッシュにPBS（-）ではなくクリスタルバイオレット液を入れてサスペンドするのは2つの理由がある．1つは，特に細胞数が少ないときには，クリスタルバイオレット液を直接に入れて細胞（核）を染色することで，細胞を完全に剥がせたかどうかわかりやすいからである．もう1つは，PBS（-）でサスペンドすると細胞が浮いたりディッシュ壁に付着して回収されないものが出るためである．細胞数が多いときはわずかな誤差であるが，細胞数が少ないときには大きな誤差になる．クリスタルバイオレット液ではそういうことが起きない．

ⓓ クリスタルバイオレット液を加えてラバーポリスマンで細胞を剥がすと，ラバー部分が染色されるので，専用のラバーポリスマンを用意しておくとよい．

ⓔ 細胞のペレットをサスペンドするときの液量は，予想される細胞数に応じて適当に判断する．癌細胞によっては35 mmディッシュで10^8個に近い細胞数まで増殖する．この場合には，細胞数を測るのに適切な細胞濃度にするには液量が多くなり，エッペンドルフチューブでは無理で，大きなチューブに移すか段階希釈することになる．

ⓕ 培地をそのままにして培養を続けると細胞がへばるので，適切に培地を交換する（細胞数が少ないときは3日に1回，コンフルエントになったら毎日など）．癌細胞によっては，細胞数が増えてくると1日に2回培地を交換しないと培地が黄色くなるケースもある．新しい培地に交換することで細胞の増殖が影響されるので，交換した日時をプロトコールに記録しておく．

どの細胞を数えるか

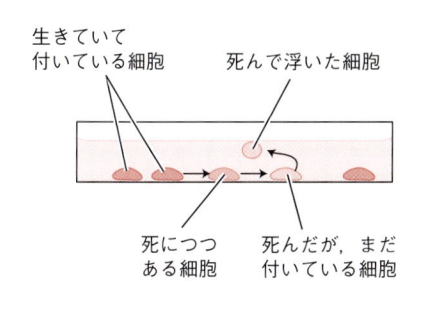

4）生細胞を数えたいとき

　実験目的により，例えば増殖因子欠乏や薬剤処理など，弱った細胞が出る場合には，全細胞数の計測とともに，トリパンブルー液を用いた染色法（**第2日実習2-2 2**）により，細胞の生死をみて，生細胞率の変化を知る必要があるかもしれない．弱った細胞が，トリプシン/EDTAで剥がす処理によってダメージを受けて染色されてしまう恐れがある場合には，ディッシュに生きたままの細胞に色素を添加して，染まる細胞の頻度（％）を数えることもある．

　癌細胞やトランスフォーム細胞では，細胞がコンフルエントになったとき，付着細胞数は経時的に変わらない（増殖停止したようにみえる）にもかかわらず，DNA合成は低下せず，細胞周期を回って増殖は続いており，余分な細胞が浮遊してくる（死んで浮く，または浮いて死ぬ）ことがしばしばみられる．

解説　増殖曲線についての解説

　正常細胞の増殖曲線には3つの期がある（**図A1**）

遅滞期（誘導期）

　細胞をまいて増殖曲線を描いたとき，1日くらいは細胞の増殖がみられない時期があるのが普通である．これを増殖の**遅滞期**（lag phase）という．日本語でもラグフェーズということが多い．遅滞期がみられる原因の1つは，正常細胞はシャーレいっぱいになると増殖を停止して，細胞周期のG_0期に入ることである（**図A2**）．G_0期の細胞をまき替えて増殖できる環境においたとき，細胞がDNA合成して分裂が開始するまでには1日以上かかる．このため，まき替えてから1日か2日の間は細胞数の増加が見られないのが普通である．2つめは，細胞まき替えによるダメージがあって，そこから回復して増殖を開始するまでに時間がかかることである．ダメージが大きいときには，1日目，2日目ではまきこんだ数より細胞数が減少することもある．

　よく増殖している浮遊細胞を希釈してまき直し，増殖曲線を描いたときには，G_0期に入り込んだ細胞が少ないのですぐに増え出し，まき替えによるダメージもないので，遅滞期がなく，すぐに曲線が立ち上がる．

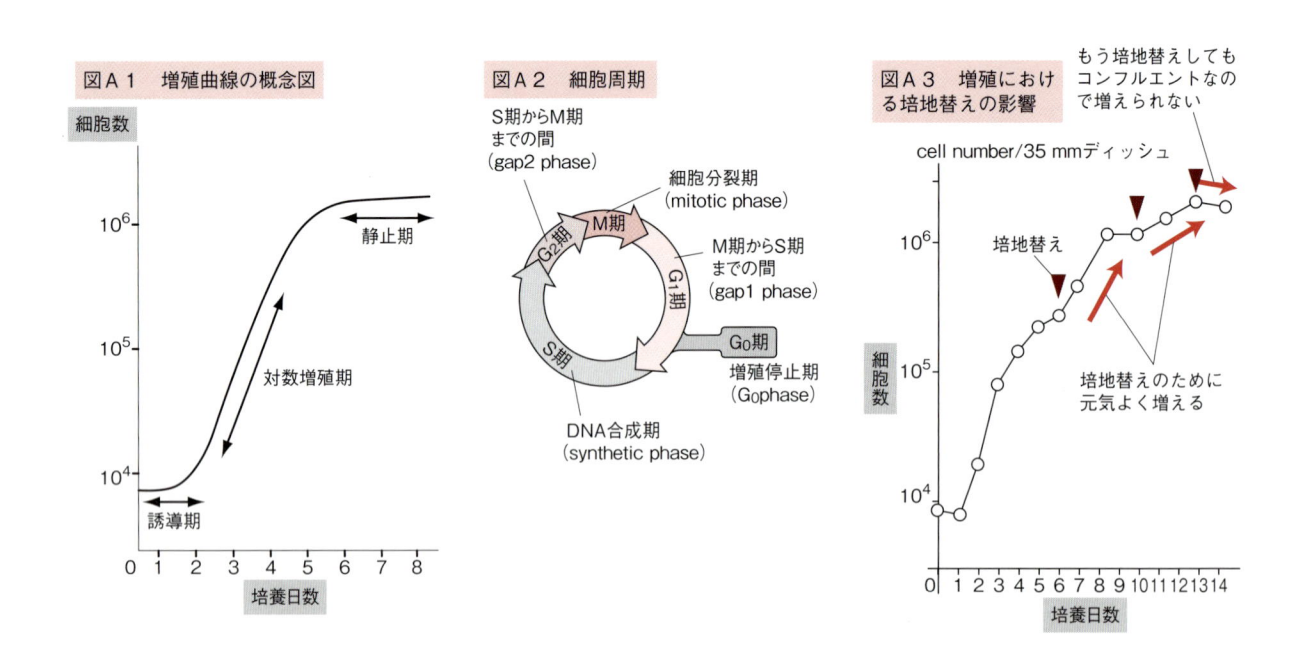

図A1　増殖曲線の概念図

図A2　細胞周期

図A3　増殖における培地替えの影響

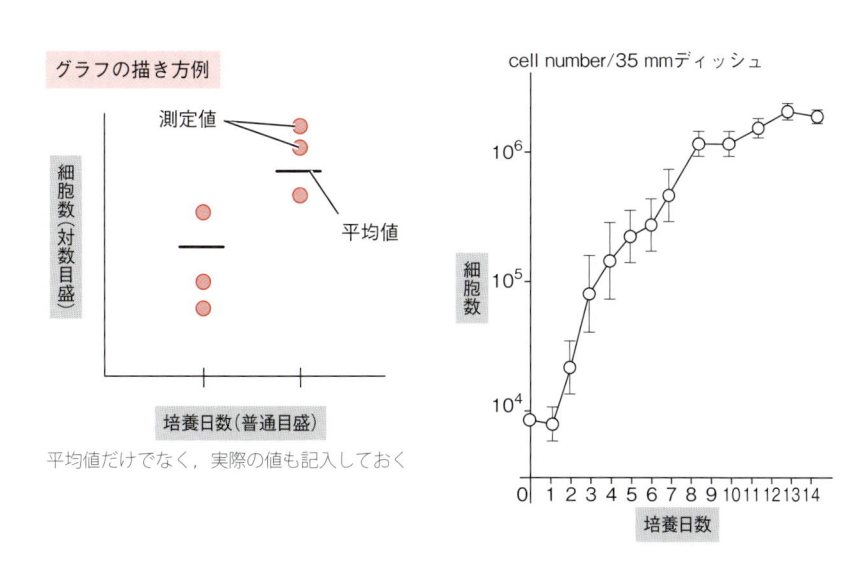

対数増殖期

　細胞が旺盛に増殖している時期には，時間とともに細胞数が2倍，4倍，8倍と増え，この時期を**対数増殖期**（log phase：logarithmic growth phase）という．日本語でもログフェーズということが多い．細胞数が倍になる時間を倍加時間（doubling time）という．すべての細胞が増殖に参加していれば，倍加時間は個々の細胞が細胞周期を1周する時間（周期時間）に等しいが，100％の細胞が増殖に参加しているわけではないので，倍加時間の方が長いのが普通である．

　増殖曲線を描いたとき，対数増殖期にはディッシュ間のばらつきが大きい（標準誤差をつけて描いた本ページ**下の右図**を参照）が，静止期に近づくとばらつきが小さくなる．実際の増殖曲線では，対数増殖期の途中で培地の栄養素等が不足して増殖が遅くなり，培地替えすることで旺盛な増殖が回復する場合もある（**図A3**）．

定常期（静止期）

　正常細胞は，ディッシュいっぱいにまで増殖すると増殖を停止するため，細胞数が増えなくなる．この期を**定常期**（stationary phase）といい，このときの細胞密度を飽和密度（saturation density）という．増殖の接触阻止（コンタクトインヒビション：contact inhibition）ともいうが，細胞が触れ合うことで増殖が止まるという単純なことではない．他の細胞の上に積み重なって増殖しない性質は正常細胞がもつ重要な性質であるが，培地替えすれば少しずつは増殖し，細胞は単層（monolayer）のままであっても，細胞密度は限界まで高くなる．癌細胞は重なり合って他の細胞の上にも増殖するために，飽和密度が非常に高くなる．

2 増殖曲線の描き方

1）グラフの描き方の基本

　片対数グラフ（縦軸：細胞数，横軸：培養日数）にそれぞれの点について平均値を記入する（細胞数を計測したら，すぐに片対数グラフにプロットしておく）．それぞれの点については平均値をはさんで実際の値も記入しておくと，どのような数値からその点が得られたのかがわかる．

　整理した図として一番普通な描き方は，平均値±標準誤差（standard error）ⓐで示す方法である．

ⓐ 標準誤差（S.E.）

$$\text{S.E.} = \sqrt{\frac{\Sigma(x-x_i)^2}{n(n-1)}}$$

x：平均値
x_i：各測定値
n：サンプル数

グラフの描き方例

平均値だけでなく，実際の値も記入しておく

2）線の引き方

各点をどのように線でつなぐかには，平均値を単純に直線で結ぶ，各点をできるだけなめらかにつなぐ，多少外れる点があっても，なめらかな線で結ぶなど，いくつかのやり方がある（図B1）．線のつなぎ方は実験者の主張でもある．

平均値に忠実に直線で結ぶのは，値に誤差はあろうとも，測定値に忠実であろうとの主張である（図B1-①）．細胞の増殖を連続的にモニターしたとすれば，折れ線ではなくなめらかな曲線になるはずだから，各点を結んで無理のないように曲線でつなぐという考え方もある（図B1-②）．各点には誤差があることを考慮して，各点にあまりこだわらずに全体をなめらかに結ぶ方が真実に近い，という主張もできる（図B1-③）．この具体的な例は図B2に示す．ただ，せっかくの測定点をあまりに無視して，「こうなるはず」という思い込みで線を引いてはいけない．

真実の増殖曲線は曲線のはずだから，折れ線で結ぶのは真実からかけ離れる．とはいえ曲線で結ぶのは主観的（恣意的）であって，これまた真実からかけ離れると考えて，線で結ばずに点だけを示す，というのも1つの主張である．ただ，全体の様子を一目でつかむには，線があった方が印象的である．

図B1　線の引き方（概念図）
①直線でつなぐ　②各点をできるだけなめらかに引く　③全体を見てなめらかな曲線を引く

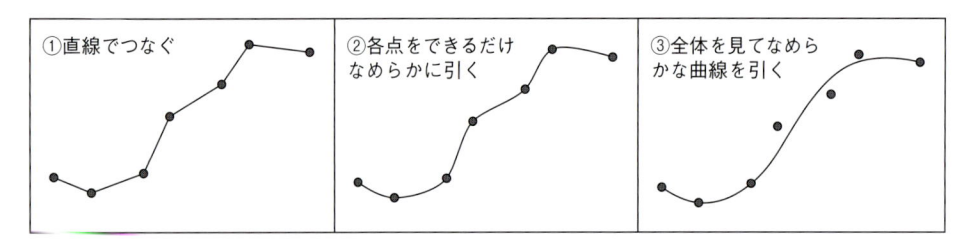

図B2　線の引き方（実際の例）

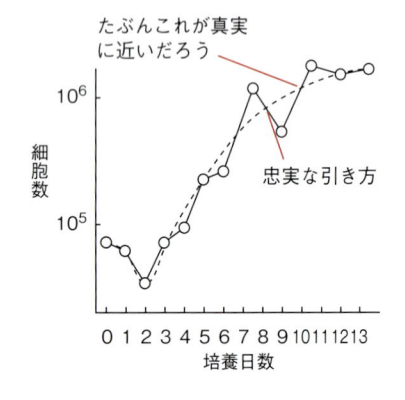

3）測定点のとり方

増殖曲線の場合には，測定点を粗くとっても密にとっても結果に大きな影響はないが，実験によっては，点のとり方で新たな事実を発見できる場合と，逃す場合が出てくるのは当然である．図B2のように1点ずつで上下している場合，この点を無視してなめらかに線を引くのが妥当だろう．図C①のように1点だけ点が外れて存在するとき，これはエラーとみなして図C②のように線を引く方が自然である．ただ，もっと細かく点をとったとき，図C③が真実であったとわかるかも知れない．粗く点をとったのでは1つの変化を見逃すことになる．図C④では見逃していた山や谷が，図C⑤のように密に点をとればあることがわかる．ただ，やたらにたくさんの点をとることは費用や労力を要するばかりなので，必要な情報は見逃さずに，必要最小限（それよりやや多め程度）の点をとって実験計画を組むのが上手なやり方

であろう．そういう計画を組むには，経験のうえに洞察力やセンスが必要とされる．

図C　1点だけおかしいとき

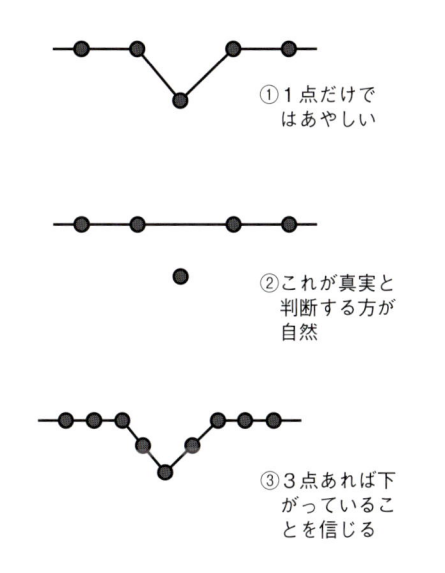

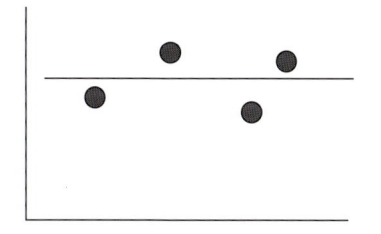

① 1点だけではあやしい

② これが真実と判断する方が自然

③ 3点あれば下がっていることを信じる

④ これだけの点では，ばらつきと思われるので，こうであろうと考えるが...

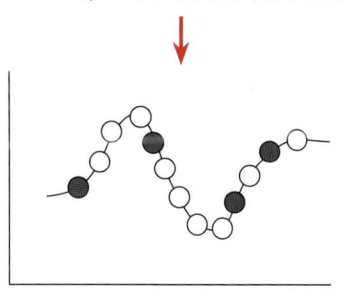

⑤ 詳しく点をとってみたら，本当はこうかもしれない

> **ハイ，お疲れさまでした**
>
> 　さて，順調に細胞が増えるか，ディッシュ間のバラツキがないか，上手く増殖曲線が描けるか，不安はあるが，とにかくコンタミがないことを祈ることにしよう．全部の結果が出るのは10日ほど先のことである．経過を追いながら，結果が出たときのデータの解釈の方法についても頭に入れておこう．
>
> 　これで基礎実習はおしまい．今まで学んできたことの復習もかねて，次の応用実習にも取り組んでみよう．

第5日　増殖曲線の作成と応用実習にチャレンジしよう！

実習1　増殖曲線を描く

実習2　応用実習

　今までに学んできたことを応用して，よく行われる実験操作を学習する．以下は選択科目であるが，実習のためだけに，普段使っていない試薬や細胞を用意するのは指導側としては面倒なことなので，基本的には，その研究室で日常的にやっている方法・試料を用いて実験を進めてもらいたい．ということは，この部分は1つの参考例として示すだけで，各研究室で工夫していただきたい．

実習2-0　実験材料となる細胞の準備

▶ カバーグラスにまき込んだ細胞の扱い

> **重要** ★ 固定する前の細胞は機械的な刺激に弱い（剥がれやすい）ことと，カバーグラスは薄くて割れやすいことに注意する

〈ここでは第4日の実習1で準備した細胞を用いる〉

❶ アスピレーターで培地を吸い取る
　　　↓
❷ PBS 1 mLずつで洗浄する（正確に1 mLである必要はないので，10 mLの駒込ピペットでよい）．必要に応じて1〜2回洗う
　　　↓
❸ 24ウェルプレートのままで固定する[a]

[a] 目的にもよるが，PBSで洗浄した後，そのままホルマリン，100％エタノール，5％TCA（trichloroacetic acid）などの固定液を入れて固定してもよい．ただし，エタノール以外の有機溶媒（アセトンなど）による固定は原則としてガラスの器に移してから固定するほうが安全である（マルチウェルプレートが溶けるとやっかいだから）．

> **解説　カバーグラス上の細胞の洗い方**
> 　ディッシュあるいは24ウェルプレートに入ったカバーグラスの細胞をPBSで洗浄するときと，ディッシュに生えている細胞を洗浄する場合とでは大きな違いはないが，2つだけ注意する．
> 　①ディッシュにカバーグラスが入っている場合，培地を吸い取った後，PBSを入れてディッシュを軽く回し，残っている培地を洗浄液（PBS）と混ぜて希釈する．このとき，カバーグラスがディッシュの底面についたままで移動することは差しつかえないが，カバーグラスが複数入っているときは，カバーグラスが浮き上がって別のカバーグラス表面の細胞を剥がさないように気を付けること．
> 　②マルチウェルプレートの場合，1つのウェルにカバーグラスは1枚しか入っていないから，カバーグラス同士がこすれあう心配はない．むしろ，カバーグラスの下面の培地を洗い去るために，カバーグラスを浮かせて洗浄することを考える．

先だけを曲げる

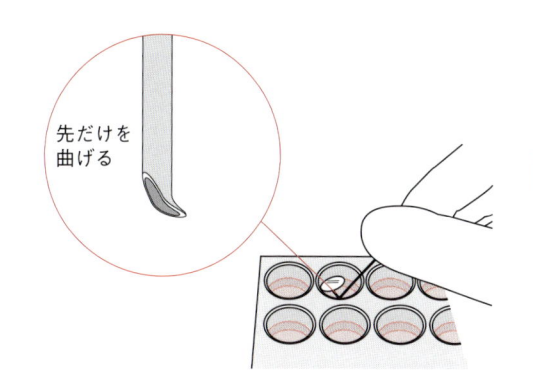

カバーグラスの浮かせ方

注射針の先端を曲げ，カバーグラスの端にひっかけて引き起こす．カバーグラス上の細胞は剥がれやすいので，表面をこすらないように注意すること

解説　カバーグラスを培養器から出して固定する場合

　PBSが入った状態で，左手に持った注射針の先端を曲げたものでカバーグラスを浮かせ，すかさず右手のピンセットでカバーグラスの端をつかんで出し，別の器に移す．
　PBS（他の液でも）が入っていない状態ではカバーグラスが培養器の床面から剥がれにくく，無理するとカバーグラスが割れる．また，カバーグラスの細胞を傷めないために，なるべく端をつまむ方がよいが，あまり端をつかむとカバーグラスが割れることがある．
　カバーグラスを外したマルチウェルプレートは，洗剤で洗浄した後，滅菌すればまた同様の目的に使うことができるが，マルチウェルプレートのままで固定してしまうと，固定液によってはプラスチック表面が変化することと，カバーグラスの外に生えている細胞が落ちなくなるので，別の器に移してから固定する（これは，マルチウェルプレートを使い捨てできる豊かな研究室では考えなくてよい）．

実習2-1　免疫染色

▶ 染色法の選び方

　どういう状態の細胞のどんなタンパク質を染めるかによって，細胞の固定法や染色法を選ぶ[a]．
　抗体に蛍光物質を付けて直接染色するものから，二次抗体などに酵素を用いて，シグナルを増強し感度を上げて検出する方法までいろいろある．ここではPCNA（proliferating cell nuclear antigen）という核内タンパク質を抗体による免疫蛍光染色法で検出する．

[a]「実験医学別冊『染色・バイオイメージング実験ハンドブック』（高田邦昭，斎藤尚亮，川上速人/編），羊土社，2006」などを参照のこと

▶ あらまし

1) 固定したカバーグラスに一次抗体液をかけ適当な時間反応する
2) 余分な抗体液を洗浄する
3) 二次抗体液をかけ適当な時間反応する
4) 余分な抗体液を洗浄する
5) スライドグラスにマウントする
6) 顕微鏡で観察する

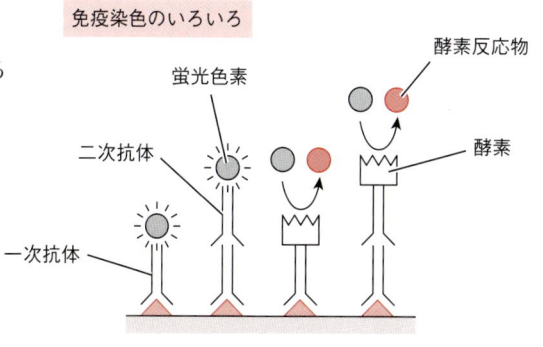

免疫染色のいろいろ

蛍光色素　酵素反応物
二次抗体　酵素
一次抗体

実験ノート

#0018　PCNAの **抗体染色**　　　　　　　　　　　　2010年 4 月23日（金）

用意
- ☐ 24ウェルプレート（8ウェルにカバーグラスを入れて細胞をまいてある）　← 第4日実習1でまき込んだものを使う
- 細胞名：TIG-3（ 2010- 4 -22 plated ）　← まいた日、処理の内容
- ☐ PBS（−）（ 2010- 3 -25 - ）
- ☐ 一次抗体：(anti-human PCNA (mouse) (100 μg/mL)　Calbiochem lot # 134950101)
- ☐ 二次抗体：(anti-mouse IgG FITC (goat) (200 μg/mL)　Santa Cruz lot # F028)　← 抗体の名前、由来動物、製造元を記入する
- ☐ メタノール
- ☐ 35mmディッシュ
- ☐ 50%グリセロール〔100%グリセロールを等量のPBS（−）で希釈したもの〕

操作

（ 1 :40）マルチウェルプレートから培地をアスピレーターで吸う
↓
PBS（−）1 mLで2回洗う
↓
カバーグラスを取り出し，氷上に置いた35mmガラスディッシュに移す　← 細胞面は表にして置く
↓
100%メタノール（−20℃保存したもの）を加える
↓
室温で5分放置　← ときどきディッシュをおだやかに回しながらメタノールを撹拌する
↓
カバーグラスを取り出し，キムタオルの上に並べ風乾
↓
加湿容器に移す
↓
一次抗体液をかける

　　抗体液 100 μL作る（1枚あたり25μL）
　　　　抗体（原液） 5 μL　　（20倍希釈）
　　　　PBS（−） 95 μL

　　抗体液約25μLをチップでカバーグラスにのせる
↓
室温で30分放置（ 3:10〜 3:40）
↓
ここで蛍光顕微鏡のUVランプのスイッチを入れる
↓
35mmディッシュに移す
　　PBS（−）2 mL加える　　⎫
　　室温5分放置　　　　　　⎬　×3回
　　アスピレーターで吸う　　⎭
↓
二次抗体（蛍光抗体）をかける
↓
室温で30分放置（遮光）
↓
洗浄する
↓
（ 4:10）スライドグラス上にマウントする　← 分裂期の細胞ではどこが染まっているだろう？
↓
蛍光顕微鏡で観察　← 核がきれいに染まっているかな？

❶ 細胞をカバーグラスにまき込んだものを用意する[a]

↓

❷ PBS（−）で2回洗浄する

↓

❸ カバーグラスを取り出し，氷上に置いた35 mmガラスディッシュに移して，冷却した（−20℃）メタノールを加え−20℃のフリーザーに入れて5分間固定する[b]

・必要なら，メタノール固定の後，メタノールを除いて冷却した（−20℃）アセトンでさらに5分間固定する

−20℃フリーザーで5分間固定

↓

❹ カバーグラスを取り出し，細胞の生えている面を上に向けて軽く風乾する[c]

↓

❺ 湿らせたキムワイプを敷いた100 mmディッシュ（抗体液が蒸発しないように加湿するため）にガラス棒を置き，その上に細胞が生えている面を上に向けカバーグラスを置く

↓

❻ 一次抗体液をかけ反応させる[d],[e]

・チップを横にして液を広げる[f]

加湿容器

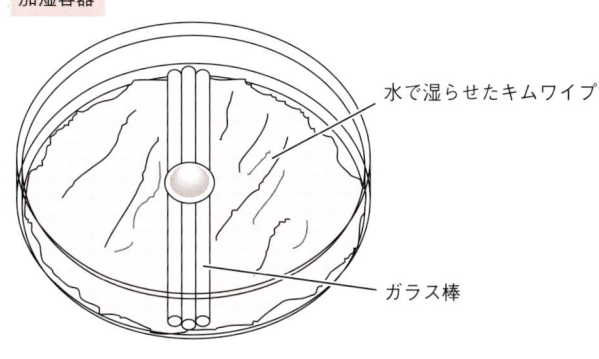

水で湿らせたキムワイプ
ガラス棒

↓

❼ この間に蛍光顕微鏡のUVランプのスイッチを入れておく[g]

↓

❽ 35 mmディッシュに移して洗浄する．洗浄には十分量（2 mL以上）のPBS（−）を加え，ときどきゆすりながら5〜30分放置した後，アスピレーターで除く

↓

[a] もちろんよく増殖している細胞を使う．一般には，まき込んでから1〜3日位の間によく増殖する．増殖しているかどうかは，顕微鏡で観察したとき，細胞分裂像がよく見えるかどうかで見当をつけることができる．

[b] これらの有機溶媒によってタンパク質を固定するとともに，脂質成分を抽出し，抗体（高分子タンパク質）が細胞膜を通過できるようにする．低温で行うのはタンパク質の変性（高次構造の変化）を防ぐため．なお，観察対象とする抗原によっては別の固定法や脱脂方法を用いる．

[c] このとき親油性のマジックで細胞が生えている側の端の部分を塗っておくと抗体液が端まで広がりにくいので後の操作に便利である．もちろん，有機溶媒が乾いてからにすること．

[d] PBS（−）で希釈した一次抗体液（抗ヒトPCNAマウス抗体）は，25 μLもあれば十分．

[e] 使用する抗体の濃度は，抗体により大きく異なるのであらかじめ濃度検討が必要．例えば，希釈倍率を何種類か作り（例えば×10，20，50）二次抗体を一定（比較的濃くしておいて）にして，染まり具合を見る（シグナルの強さとバックグラウンドの強さを比較して最良の条件を選ぶ）．また，反応の際の温度（低温，室温，37℃など）や時間は，抗原と抗体の種類によって異なる．

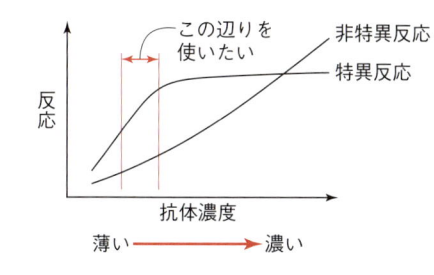

この辺りを使いたい
非特異反応
特異反応
反応
抗体濃度
薄い → 濃い

[f] 細胞面が乾いているので，こうしないと液が広がらない．

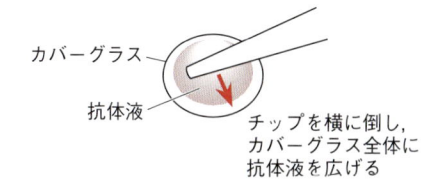

カバーグラス
抗体液
チップを横に倒し，カバーグラス全体に抗体液を広げる

[g] しばらく余熱の必要があるので，少し早め（20分前位）にスイッチを入れる．ただし，ランプには寿命があり，交換は高価なので，あまり早くてもいけない．

第5日 増殖曲線の作成と応用実習にチャレンジしよう！

実習2 応用実習 ● 133

❾ ❽の操作を3回行う ⓗ

❿ カバーグラスを傾けながら，表面についた水分をキムワイプなどでできるだけ除く

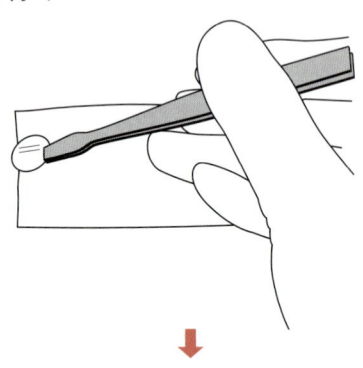

⓫ PBS（−）で希釈した二次抗体液（FITCⓘラベル抗マウス抗体）をかけ反応させるⓙ

アルミホイルをかけ遮光して反応させる

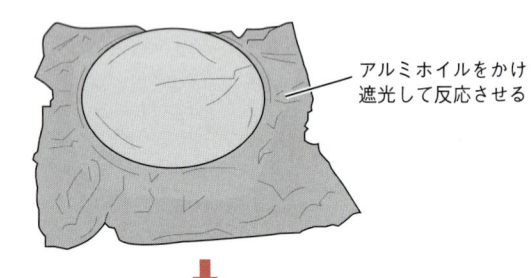

⓬ 上記❽〜❿のステップを繰り返す

⓭ カバーグラスをマウントする
・スライドグラスの上に50％グリセロール・PBS（−）液を一滴垂らし，カバーグラスを裏返しにして気泡が入らないように注意しながら液の上にのせるⓚ

細胞の面を下側に

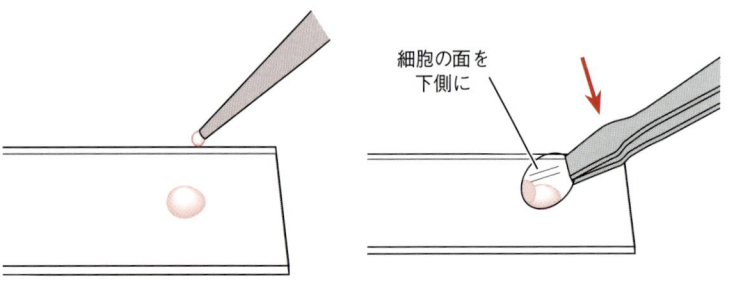

①グリセロール・PBS（−）液を一滴垂らす　　②気泡が入らないようにのせる

⓮ 余分な液を除き周囲を封入剤ⓛで塗り，水分が飛ばないようにする

ⓗ 洗浄の温度や時間も抗原と抗体の種類によって異なる．

ⓘ FITC：Fluorescein-4-isothiocyanate 黄緑色蛍光を発する．
ⓙ これも25μLもあれば十分．
これも最初は希釈倍率を検討する（添付文書に書いてあればそれを使えばよい）．

ⓚ 蛍光の減衰が遅い封入剤も市販されている．

ⓛ オイキットなど．簡単には，無色のマニキュアでも代用できる．

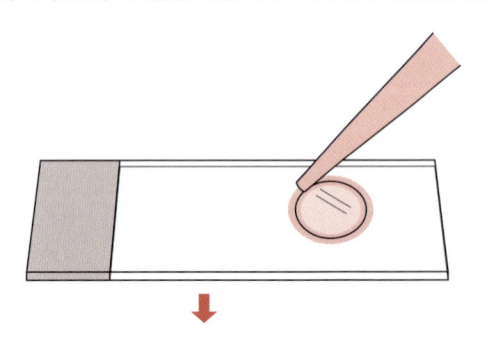

❺ カバーグラスの表面にPBS（−）が乾いた塩が析出するのでイオン交換水で表面を洗う⑯

⑯ 蛍光顕微鏡をFITC（励起波長，発光波長）に合わせてフィルターを設定し観察する⑰

⑰ 冷暗所に保存する⓪
　　アルミホイルなどで遮光し，4℃の冷蔵庫，低温室などで保存

ⓜ 封入剤が乾いてから行うこと．

ⓝ 蛍光顕微鏡の使い方はここでは述べないので，各自成書を参考にしてほしい

ⓞ 1週間くらいは保存できる．場合によってはもっと長く保存できる．ただ，次第に蛍光が失われるので，なるべく早く観察し，記録にとっておく方がよい．

実習2-2　細胞への遺伝子導入（トランスフェクション）

　近年，遺伝子の強制発現，遺伝子のノックダウン，タンパク質の産生などを目的として，培養細胞に遺伝子導入（トランスフェクション）を行う機会が増えてきている．それに伴って，各社からさまざまなトランスフェクション試薬が販売されており，細胞の種類や実験系によって適しているものが異なるので，サンプルなどをもらって自分の実験系に最適なものを選択する必要がある．具体的な遺伝子導入の方法としては，リポフェクション法やエレクトロポレーション法，レトロウイルス法などがある．今日の実習では，最も一般的なリポフェクション法を用いて緑色蛍光タンパク質（GFP：green fluorescent protein）の遺伝子を細胞へ導入してみよう．

　細胞に遺伝子導入を行う際にはトランスフェクションの効率が問題になる．通常は，遺伝子導入されたかどうかを目視することは困難だが，導入するベクターに同時にGFPなどの蛍光タンパク質を発現させるベクターを用いると蛍光顕微鏡やフローサイトメーターなどで導入効率を知ることができる．また，遺伝子導入された細胞のみを観察したり，セルソーターを用いると緑色蛍光タンパク質を発現している細胞のみを分離・濃縮して実験に用いることができる．蛍光顕微鏡で緑色蛍光を発する細胞を観察するだけで，実験も楽しくなる．

　ここではリポフェクション試薬のうち，FuGENE6 Transfection Reagent（Roch Diagnostics社）を使用したトランスフェクション方法を一例として紹介する．

準備するもの

- GFP発現ベクター
  - 例）目的の遺伝子とGFPが融合タンパク質として発現するベクター
  - 　　目的の遺伝子とGFPが独立のプロモーターで発現するベクターなど
- トランスフェクション試薬
  - ・FuGENE6 Transfection Reagent（Roch Diagnostics社）ⓐ,ⓑ
- 35 mmディッシュ
- 無血清培地
- 血清入り培地（培養時に用いているもの）
- 滅菌した1.5 mLチューブ（低吸着タイプ推奨）
- 滅菌チップ（低吸着タイプ推奨）
- 蛍光顕微鏡

ⓐ 今回紹介したFuGENEは，血清が入った状態でも効率よくトランスフェクションされるので，自分の細胞で上手くいけば非常に簡単にトランスフェクションができる．他のトランスフェクション試薬を用いる場合は，無血清条件下でトランスフェクションを行う必要があるキットもあるので注意する．その場合，ステップ❾では，無血清培地を用いる必要がある．細胞によっては，無血清培地下では細胞増殖が悪い細胞もあるので注意が必要である．

ⓑ トランスフェクション試薬は吸着しやすいものが多く，分注したり，他の容器に移し替えることはやめよう．また，保存温度も各社異なるので注意が必要である．

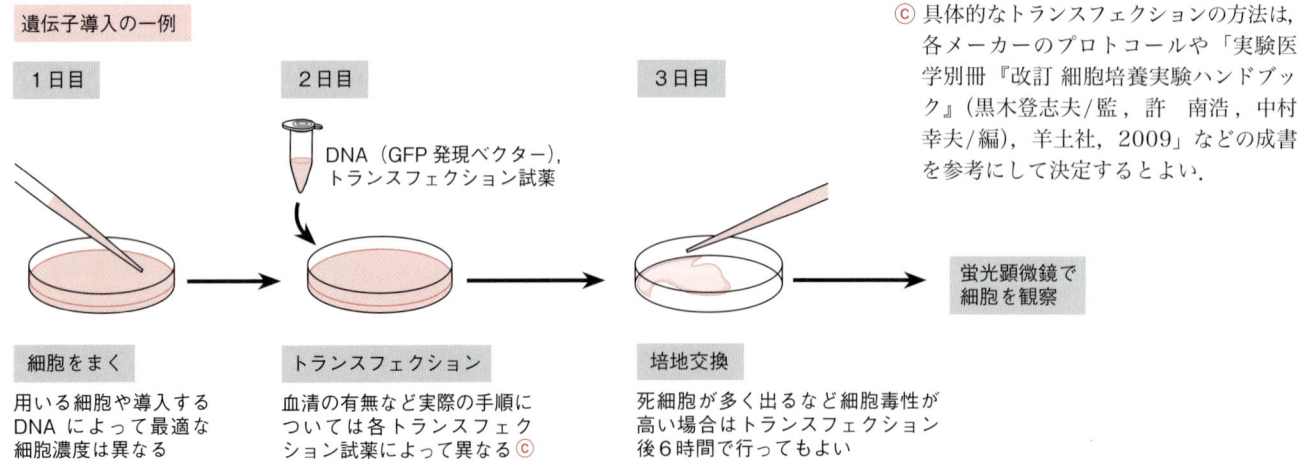

遺伝子導入の一例

1日目	2日目	3日目	
細胞をまく	トランスフェクション	培地交換	蛍光顕微鏡で細胞を観察
用いる細胞や導入するDNAによって最適な細胞濃度は異なる	血清の有無など実際の手順については各トランスフェクション試薬によって異なる ⓒ	死細胞が多く出るなど細胞毒性が高い場合はトランスフェクション後6時間で行ってもよい	

2日目のチューブ：DNA（GFP発現ベクター），トランスフェクション試薬

ⓒ 具体的なトランスフェクションの方法は，各メーカーのプロトコールや「実験医学別冊『改訂 細胞培養実験ハンドブック』（黒木登志夫/監，許　南浩，中村幸夫/編），羊土社，2009」などの成書を参考にして決定するとよい．

<1日目>
❶ いくつかの異なる密度で細胞をまく（コンフルエントの25％，50％，75％など）ⓓ

<2日目>
❷ 滅菌した1.5 mLチューブに滅菌したチップを用いて，無血清培地を X μL 入れる

X ＝ 100 − DNA使用量 − Fugene6使用量

❸ FuGENE 6 Transfection Reagent を 3 μL 取り，❷で入れた無血清培地に直接入れ，穏やかにタッピングして混ぜる ⓔ, ⓕ, ⓖ

❹ トランスフェクションするサンプルの数だけ❷，❸の操作を行う

❺ 希釈したFuGENE6溶液にDNAを直接入れ，タッピングによってすぐ混ぜる

❻ 時間を記録する

❼ 他のサンプルも同様にDNAを添加し混和する

❽ 室温で30分間インキュベーションする（最低15分，最大45分まで）

❾ 35 mmディッシュに生えた細胞の培地を新鮮な培地（血清含有）2 mLに換える

❿ 細胞をトランスフェクション液添加まで CO_2 インキュベータに戻しておく

⓫ ❽のステップが完了したら，細胞を出してきて培地にポタポタと全体に添加してよく混ぜる

⓬ 細胞を CO_2 インキュベーターに戻す

ⓓ 細胞によって細胞増殖の速度が異なる．また，前日にまく細胞密度により導入効率が大きく異なることがあるので，いくつか試すとよい．

ⓔ チューブの器壁などに伝わらせずに直接，溶液中に入れることが重要．
ⓕ FuGENE6使用量（μL）：DNA使用量（μg）＝3：2の条件の場合の添加量．細胞によっては，3：1および6：1等の方がいい場合もあるので，最初は試してみる．
3：1の場合：FuGENE6使用量（μL）：DNA使用量（μg）＝3 μL：1 μg
6：1の場合：FuGENE6使用量（μL）：DNA使用量（μg）＝6 μL：1 μg
ⓖ ディッシュのスケールによって使用する量を調整すること．

＜3日目＞

⓭ 翌日に細胞を観察して，元気であれば培地替えの必要はない．細胞毒性が出ているようであれば，培地替えを行う⒣

⓮ 通常，24〜48時間後にGFPの蛍光を観察する

⓯ 観察の20分ほど前に蛍光顕微鏡の電源およびランプをウォームアップさせておく⒤

⓰ 細胞を50倍で観察して，フォーカスを合わせる

⓱ 蛍光顕微鏡の蛍光フィルターをGFP用にセットし蛍光ランプのシャッターを開けて細胞を観察する

⓲ 蛍光が観察されたら微妙なピント調整を行う

⓳ 蛍光顕微鏡付属の撮影ソフトで，位相差像，GFP蛍光像をそれぞれ撮影し，撮影後に位相差像と蛍光像を重ね合わせた画像も併せて保存あるいはJpeg形式などの画像ファイルとして書き出しを行う

⓴ 画像は，別のPCなどでAdobe photoshopなどの画像ソフトを用いて画像処理などを行う

㉑ 位相差像に占める細胞数と蛍光画像でGFP陽性細胞数を算出して，遺伝子導入効率を算出する⒥

⒣ 細胞によっては，細胞毒性が強く出る場合があり，トランスフェクション後6時間程度で培地替えを行う場合もある．

⒤ 蛍光顕微鏡の使い方については「無敵のバイオテクニカルシリーズ『改訂 顕微鏡の使い方ノート』（野島 博/編），羊土社，2003』などを参照．

⒥ より正確な遺伝子導入率を知りたい場合は，複数の画像を用いて導入率を算出して平均を出す．あるいは，フローサイトメーターで解析を行いGFP陽性率を算出する．

結果の例

以下のように，蛍光顕微鏡観察したGFP陽性細胞と位相差像を重ね合わせると，どの細胞がGFP陽性であるか簡単にわかる（下のカラー写真については**巻頭カラー図4**を参照）．

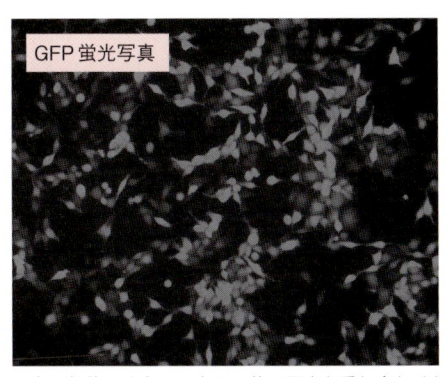

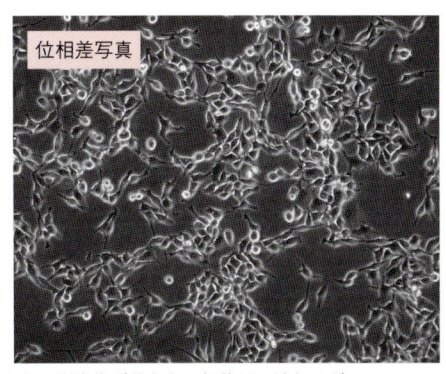

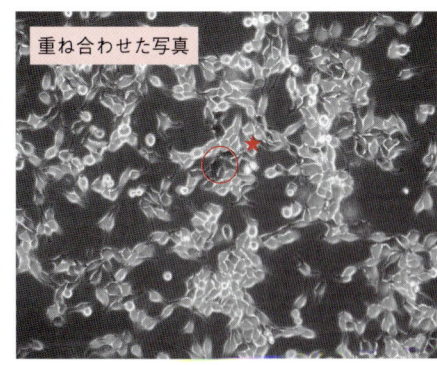

★印の細胞のように，左の2枚の写真を重ね合わせたときに蛍光像が見えない細胞は，遺伝子が導入されていないかごくわずかしかGFPを発現していないと考えられる

実習 2-3　放射性同位元素で標識する

　放射性同位元素を取り扱うには，前もって所定の教育訓練，健康診断を受けることが法で義務づけられ，正式に登録する必要があるので，ここでは先輩が行うのを見学するにとどめる（施設には見学のための一時立ち入り，と届ける）．

　特に注意することは，汚染の防止，放射性廃棄物の注意（どんな廃棄物が出るか，どのように廃棄処理するか），放射性同位元素の実験室へ持ち込むもので忘れ物はないか，などである．これらの注意事項の説明は先輩などから聞いておくこと．

▶ あらまし

1）放射性同位元素を加えて標識する
2）必要な時間培養する
3）洗浄・固定する
4）放射活性を測定する

実験ノート

#0019　トリチウムチミジンのDNAへの取り込み　2010年 4月23日（金）

目的　細胞の増殖活性を測定する

用意
- ☐ PBS（−）（ 2010- 3 -25 -　　）
- ☐ 24ウェルプレート（8ウェルにカバーグラスを入れて細胞をまき込んである）
　細胞名：TIG-3（ 2010- 4 -25 plated, Subconfluent ）
- ☐ Thymidine–[methyl–^{3}H]（ 74GBq/mmol, NEN lot#3043217 ）
- ☐ 5%TCA（トリクロロ酢酸の5%水溶液）
- ☐ エタノール
- ☐ シンチレーションカクテル

（第4日実習1でまき込んだものを使う）
（細胞の状態，まいた日付　処理の内容）
（会社名，lot番号，比活性　濃度などを記入）
（実際には3.7kBq/μL in PBS（−）に希釈したものを使う）

操作

（1:00）培地にトリチウムチミジン 3.7kBq/μLを10μL加える
　↓
CO$_2$インキュベーターに戻し4時間培養する（ 1:15 〜 5:15 ）
　↓
アスピレーターで吸引（Hot Trapに）　←（アイソトープ廃液を集めるビン）
　↓
2回 ┌ PBS（−）1mLを加えて洗う
　　 │ ↓
　　 └ アスピレーターで吸引（Hot Trapに）
　↓
5%TCA 1mLを加えて固定
　↓
室温で10分放置
　↓
TCAを吸い取る
　↓
水 1mLで2回洗う
　↓
エタノール1mLを加えて5分放置
　↓
カバーグラスを取り出しキムタオルの上で風乾

		↓	
☐		バイアルにシンチレーションカクテルを10mL入れる	
☐		↓ カバーグラスを入れる	
☐	(6:10)	↓ 液体シンチレーションカウンターにバイアルをセットする	
		↓ 取り込まれたトリチウムチミジンを [³H] のウィンドウで5分間測定する	
	(7:30)	↓ 1分間あたりのカウントを算出する	

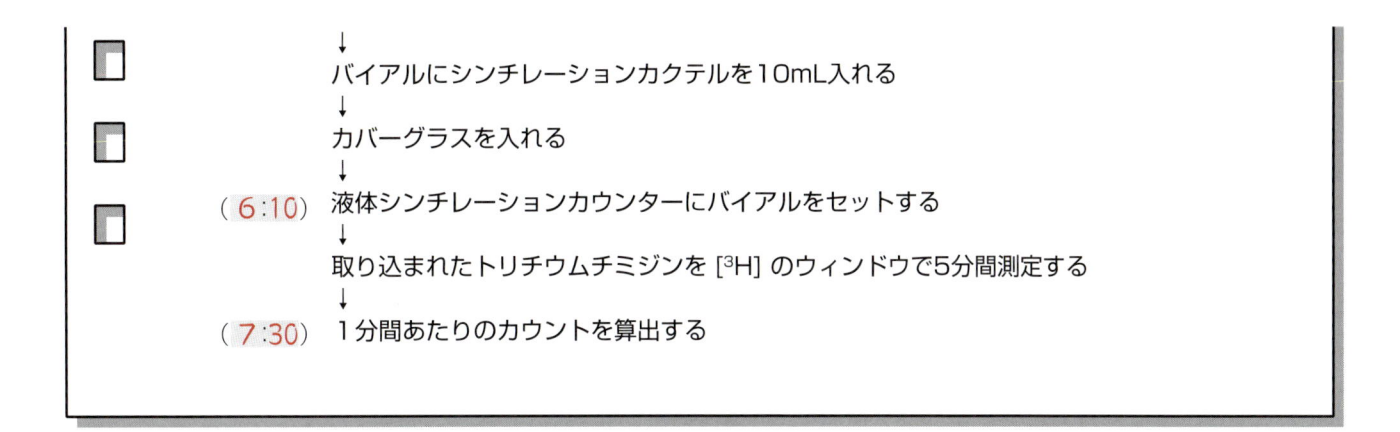

❶ 0.5mLの培地に [³H]-Thymidine（トリチウムチミジン）3.7 kBq/μL を 10 μL 加える ⓐ

❷ CO₂ インキュベーターに戻し4時間培養する ⓑ

❸ アスピレーターで吸引（Hot Trap ⓒ に回収する）

❹ PBS（−）1 mL を加える

❺ アスピレーターで吸引（Hot Trap に回収する）

❻ 5％TCA 1 mL を加えて固定 ⓓ

❼ 室温で 10 分放置

❽ TCA を吸い取る ⓔ, ⓕ

❾ 水 1 mL で 2 回洗浄

❿ エタノール 1 mL を加えて 5 分放置 ⓖ

ⓐ 培地はあらかじめ0.5 mLにしておく方が，後の撹拌が容易である．
加えるチミジンの放射能量，比放射能は，用いる細胞，実験目的によって異なる．加えるチミジンの液量は 5 μL でもよいが，10 μL くらいの方が誤差が少ない．

ⓑ チミジンを取り込ませる時間（培養時間）も，細胞などにより異なる．

ⓒ 放射性のあるものを hot という．hot の廃液を回収するトラップ（アスピレータの廃液溜め）．

ⓓ 5％TCA は，生化学分野でタンパク質などの高分子を沈殿させるのによく使われる．通常，氷冷したものを用いるが，ここでは細胞内のDNAが固定されればよいので，氷冷しなくてもよい．

ⓔ 5％TCA およびその後の水洗で，トリチウムチミジンとそのリン酸化前駆体は除かれ，DNAに取り込まれたものだけが細胞内に残るので，トリチウムの放射能はDNA合成の指標になる．

ⓕ 5％TCA および水洗の水は放射性の水溶液廃液として捨てる．

ⓖ エタノールは，TCAの除去，脱水，脱脂などの目的と，カバーグラスを早く乾燥させるのが目的．エタノールは放射性有機廃液として捨てる．

解説 チミジンをチップで加えるときのコツ

チップで加えるとき，チップの先を培地に突っ込まないで，ウェルの壁につけるようにするとよい．チップをいちいち替えるのは面倒なので，同じチップを使うときは，隣のウェルにコンタミさせないためにこうする（ウェルごとにチップを換えるなら，突っ込んでもかまわない）．器壁はやや湿っているので器壁の液は素直に培地に落ちる．器壁が乾いているときは，後でプレートを傾けるか振るかして，液が落ちたことを確認すること．加え終わったら，プレートを回して液を混ぜておくこと．

チップは放射性不燃ゴミとして捨てること．

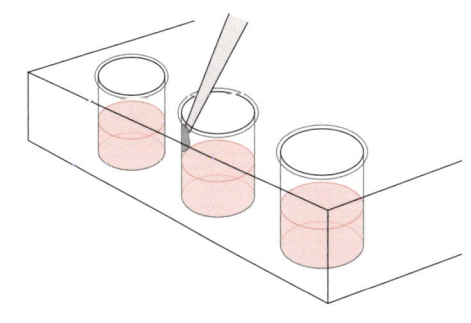

⓫ カバーグラスを取り出しキムタオルの上で風乾する

⓬ バイアルにシンチレーションカクテルを 10 mL 入れる

⓭ カバーグラスをバイアルの中に入れる(h)

⓮ 液体シンチレーションカウンターにバイアルをセットする

⓯ 取り込まれた[³H]-Thymidine を[³H]のウィンドウで5分間測定する

⓰ 1分間あたりのカウントを算出する

(h) カバーグラスのままの測定は，定量性に欠け，測定効率の補正もできないが，簡便である．測定後，カバーグラスを取り出せば，シンチレーションカクテルはそのまま再利用できる（ただし，再利用する前にバックグラウンドを測って汚染のないことを確認する）．使用済みのシンチレーションカクテルは放射性有機廃液として捨てる．

解説　取り込まれたチミジンの算出法

用いたチミジンの比活性：A　Bq/m mole
取り込まれたカウント：B　cpm
計数効率：C %

とすれば

$$\underbrace{\underbrace{\frac{B}{60}}_{1秒間あたりのカウント} \times \frac{100}{C}}_{1秒間あたりの崩壊数} \div A = 取り込まれた量（m\ mole）$$

Bq は1秒あたりの崩壊数
（＝1秒あたりの放射線の数）
cpm は1分間あたりのカウント

ただし，カバーグラス法では測定効率が正確に出せないので，正しい値は出ない．しかし，対照群と実験群の比較や，時間的変化などの相対的な結果を求める際には簡便でよい．

▶ チミジンの取り込み量について

　チミジンは細胞内で代謝されるが，高分子としてはDNA以外にはほとんど取り込まれない．増殖の盛んな細胞はDNA合成も盛んだから，取り込み量が多い．もちろん，細胞内でのチミジンの *de novo* 合成（新規合成）を抑制すれば，外来チミジンの利用はより高くなる．逆に，チミジンキナーゼの欠損した細胞では，外来性のチミジンは全くDNAに取り込まれない．

> **ハイ，お疲れさまでした**
> 　さて，ちょっと無理なスケジュールであったが，ひとまず入門編は終了した．まだまだ一人前には程遠いが，それでも簡単な実験はできるようになった．あとは注意深く練習を積むことで慣れてくるだろう．これからが本番の開始だ．

特別実習　細胞培養に必要な準備を学ぼう！

本日の到達目標
- 細胞培養に必要な準備や共通の仕事ができるようになる

実習のポイント
・研究室で共通に使うものには一層の注意を払うこと

ここでは，研究室で細胞培養のために共通の仕事としてやっていること（研究室によっては，やらなくてよいかもしれないが）のいくつかをあげ，前述の実習の合間に，先輩がやっていることを見ながら習い覚えるためにまとめてある．

実習1　培養室のメンテナンス

実習1-1　培養室の掃除

重要
★ ホコリをたてるような掃除はかえって雑菌をまき散らすことになる．普通の掃除機やましてほうきで掃くようなことは禁物である（★1）

Point
★1 無菌室は，常にホコリやゴミがたまらないように注意する！掃除係だけでなく使用者全員の意識がきわめて大事である．研究サンプルのもとになる細胞が台無しにならないよう注意しよう．

1）床の掃除

毎日，化学雑巾あるいは不織布などをつけたモップで床を掃除する．これはホコリを取るためである．

培地などの飛沫が飛んでいるかもしれないので，1週間に1回は，固く絞った雑巾で床を拭く．床だけ拭いても，履き物の裏が汚れていては何にもならないわけだから，無菌室内の履物についても気を付けて丁寧に拭く．

掃除をするとどうしても多少のホコリが舞い上がるから，その後すぐには無菌操作をしたくない．したがって，1日のなかでは夜あるいは夕方，1週間のなかでは週末の夕方など，なるべくみんなが使わなくなった頃をみはからって行う．あるいは予告しておいて，その後みんなが利用しなくてもよいように段取りする．

2）実験台や機器などの掃除

実験台など，滅菌したものやディッシュを置くところは，使うたびにアルコール綿などで拭いているであろうが，使わなかったところもアルコール綿で拭く（★2）．顕微鏡のステージも同様である．

ホコリがたまらないようにすることが，コンタミを防ぐためには重要である．カビも雑菌もホコリと行動をともにするからである．普段あまり使わない実験台なども，必要に応じて，化学雑巾あるいは不織布などで1日1回は拭いてホコリを取る．

インキュベーターの上や棚などは目につきにくくてもホコリがたまるから，1週間に1回は忘れずに拭く．

Point
★2 アクリルなどのプラスチックは，アルコールで変色しないかどうか確認しよう！
インキュベーターの表示パネルをアルコール綿で拭いて，真っ白になり表示が見えなくなったこともあるので注意する．

インキュベーターのノブ，顕微鏡のノブなどしばしば手を触れるところは触れるつどにも拭いているだろうが，1週間に1回くらいは丁寧に拭くようにする．

3）その他

ときどきは，戸棚，実験台の脚，クリーンベンチやインキュベーターの外側（裏側も含めて）など，普段あまり掃除しないところも拭き取るように心がけよう．意外にホコリがつくものである．こういうところは，よく気が付いてまめにやる人がいればよいが，まずそういうことは期待できないだろうから，1カ月に1回とか，あらかじめ当番を決めておかないとどうしても手抜きになる．大事なときにコンタミが増えた，ということのないように心がけよう．

実習1-2　インキュベーターの掃除

▶ 培養室は無菌ではない

培養室は無菌ではないので，CO_2インキュベーターを開閉するたびに雑菌が入る可能性がある．もちろん，ディッシュも出し入れするし手も触れる．CO_2インキュベーター内は湿度が100％に近いので，カビが生えやすい．

カビが生えて胞子をまき散らすことになるとおおごとである．炭酸ガス濃度検知のための管の内部や，庫内の気相や温度を均一化するための小さなファンの部分にまでカビが生えると簡単には掃除できない．

培養室の清潔さ，インキュベーターの利用頻度などによって一概には言えないが，インキュベーター内部の掃除は必要である．明らかな汚れが見えなくても定期的に掃除する方がよい．コンタミが増えたことに気付いてからでは掃除が大変になるし，完全に除去できなくて，頻繁にコンタミが起きるようになるかもしれない．

ディッシュなどを一時的に避難させるための別のインキュベーター容量が十分でなければ，前もって期日を決めて実験計画を調整し，培養中のディッシュなどをなるべく減らしておく必要があるだろう．

▶ 掃除のしかた

ディッシュなどを全部出したあと，トレイなど外せる部分は全部外して，流しで洗剤をつけてよく洗う．十分に水洗して乾燥機で乾燥する．場合によっては乾熱滅菌してもよい．

インキュベーター内部は，まず水滴をペーパータオルなどでよくぬぐう．もし，カビが生えているのを発見したら，やたらに広げないように注意して，前もってその部分だけをよく拭きとる．必要に応じて洗剤などタオルにつけて，その部分をよくこする．その後，洗剤などタオルにつけて庫内全体をよく洗い，水で十分に拭きとる．最後に，アルコール綿あるいはヒビテンやオスバン（**事前講義4「培養室の見学」**参照）などの殺菌液をしみこませたタオルでよく拭きとる．

扉の内側も同様にきれいにする．扉を開けたまましばらく乾燥する（乾燥中は，培養室に人の出入りがない方がよい）．

加湿用のステンレスバットも出して洗浄し，新しい蒸留水を入れ，防腐剤として例えばデヒドロ酢酸ナトリウム一水和物を1 g/L程度に溶かす．硫酸銅を用いる方法もあるが，廃液処理をしなければならないので大変である．最近はクリアーバスなどの商品があり，水溶やインキュベーターの防腐剤として用いられている．

実習1-3 炭酸ガスボンベの交換

CO_2インキュベーターを使っていると，ある頻度でボンベの交換が必要になる．初めのうちは先輩が交換するのを見て要領を覚え，次に，見ていてもらいながら自分で交換することで交換方法を覚える．

1 炭酸ガスゲージの見かた

◆ 一次圧と二次圧

炭酸ガスのゲージ（圧力計）には，一次圧（ボンベ内の圧力）のゲージと，ボンベからのガスを減圧して供給する二次圧のゲージがついている（右図）．ボンベ内の炭酸ガスの大部分は液化しており，上部空間の気相の圧力が一次圧になる．一次圧のゲージは25気圧まで測れるが，一次圧は通常5〜5.5気圧程度で，室温よって多少変動する（気温が上がれば圧力も上がる）．液体CO_2がある間は一次圧の変化はほとんどないが，液体がなくなると圧力が急速に低下しはじめる．以後の圧力低下は早いので，なくなる前に新しいボンベに交換する必要がある．二次圧のゲージは1気圧（外気圧プラス1気圧）まで測れるが，通常0.3から0.4気圧程度に調節する．

☞ **炭酸ガスゲージの扱いは慎重に**

ゲージは結構重く壊れやすいので，ガスボンベの交換に慣れないうちは先輩などと一緒に2人で行うこと．

2 炭酸ガスボンベの交換

▶ **1本の炭酸ガスボンベを交換する**

1）ゲージを取り外す

今まで使っていたボンベの頭のバルブを右に回してしっかり閉める．四角形のバルブなので，専用の工具を使うこと（レンチ等で代用しない方がよい）．ゲージの一次側のバルブを左へ回して完全に閉めておく．バルブは通常，水道の蛇口のように右へ回すと閉まるのが普通であるが，ここで使うゲージの一次バルブは逆なので，注意を要する．二次ゲージの圧が下がってゼロになったら，二次側のバルブを右へ回して完全に閉めておく．レンチ等を使って，ボンベの口からゲージを外す．

2）ゲージを取り付ける

新しい炭酸ガスボンベを用意する．接続部分にパッキングのあるものでは，ちゃんとついていることを確認して，ボンベの口にゲージを取り付け，レンチで閉める．こういうとき，しっかり閉める必要はあるが，力任せに思い切り閉めてはいけない．ややコツがいる．

3）炭酸ガスを流す

専用の工具を使ってボンベ上部のバルブを左に回して開ける．四角形のバルブなので，専用の工具を使うこと．これで，一次圧のゲージはボンベ内の圧力（5〜5.5気圧）を示す[a]．一次バルブを少しずつ右に回すと，バルブが開いて二次ゲージの圧が上がるので，二次ゲージが0.3気圧くらいになるように調節する．次に二次バルブを右に回して開いて，炭酸

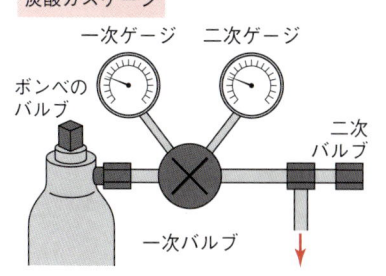

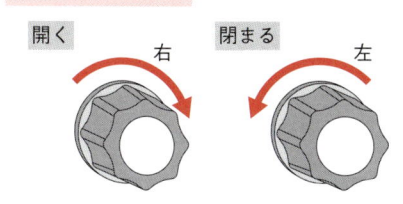

[a] バルブを開けるとき，ゲージ正面にいないこと，と先輩に注意された．ゲージは一番弱い部分なので，事故で吹き出すとすればここからで，ガラスが飛んできて目がつぶれたら危ない．そういう事故はほとんどないのでまず大丈夫ではあるが，ちょっとした注意で万が一の大怪我を防ぐなら，防ぐ方が利口だ．

ガスを流し始める．

　CO_2ガスインキュベーターは，かつては流しっぱなしのものが多かったが，最近のものは庫内の炭酸ガス濃度を測定して，濃度が低下したときだけ炭酸ガスを注入するので，炭酸ガスがいつも流れているわけではない．ボンベを交換して，30分か1時間くらいの間は，圧力が予定通りであるか，安定しているかをときどきチェックすること．二次圧については，炭酸ガスを供給しているインキュベーターの種類，台数，ボンベとインキュベーターの間の配管の様子や距離などの状況によっても違う．われわれの研究室では，炭酸ガス供給の配管は金属管を使っていて途中での漏れがないため，二次側のゲージは0.1気圧まで測れるものを使って，0.03気圧くらいに調節して流している．

　ボンベを交換した日をボンベに書いておくとよい．何回か交換を繰り返せば，およそどのくらいの頻度で交換するかがわかり，次に交換する時期の見当がつく．

▶ 複数の炭酸ガスボンベを交換する（自動切り替え機付きの場合）

　われわれの研究室では，たくさんのCO_2インキュベーターに対応するため，自動炭酸ガス切り替え装置で対処している．参考のために紹介する．3本の炭酸ガスボンベが1つのラインになるようにして，2セットの計6本で運用する．これを用いると，炭酸ガスボンベに直結する部分にはゲージがない．それらを集約した部分のゲージがある．

　最初の3本が空になると，自動的に隣の3本セットのラインに切り替わる．

　右上の図の黒い棒状ゲージが向いている方向が最初のボンベをセットした方向である．それが，空（ゲージがゼロ）になっていれば，すぐに注文すること．定期的にチェックして，切り替わっていたら業者に注文する．3本ごとの交換で，業者が無料で交換してくれる（ほとんどの場合，無料だと思う）．交換後は，黒いゲージを反対方向に切り替える．これを忘れると切り替わらないので注意．3本あると次の切り替えまでかなり時間的余裕があるが，必ず定期的にチェックできるようにしておくこと．

　炭酸ガスボンベからCO_2インキュベーターまでは，専用のスチール製のラインで結び，最終ラインだけテフロン性のチューブでインキュベーターのラインとつなげればよい．CO_2インキュベーターが多数ある場合は，写真のような炭酸ガスゲージを介してつなげる．

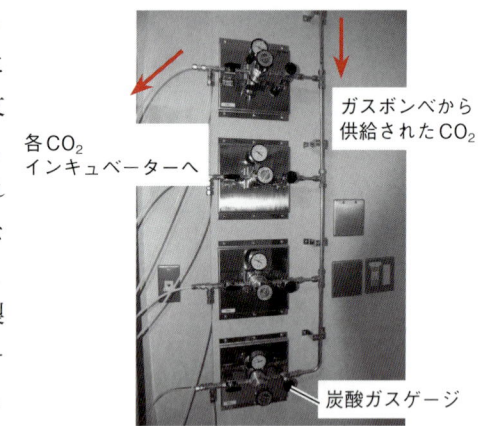

実習2　器具・試薬の滅菌

実習2-1　オートクレーブ

> **重要**
> ★ 加圧状態で開けない！
> ★ 詰め込み過ぎない！
> ★ 水の量に注意！
> ★ 水は毎回交換
> ★ 必ず使用方法を教えてもらってから操作しよう！
> ★ ときどき内部をよく水洗いすること

乾熱滅菌できないプラスチック製品，液体試薬，無菌室から出たゴミなどはオートクレーブ滅菌する（★1）（芋もふかせるが，しない方がよい）．ほぼすべてのバクテリアやカビ類だけでなく，常圧で煮沸などの高温に耐性の強い芽胞も死滅する．ただ，培養に用いるものは，できるだけ清浄な条件で用意したものをさらにオートクレーブする，という態度でありたい．なお，可能なら，これから滅菌して使うためのオートクレーブと，不要なものを捨てる前のオートクレーブとは分けたい．

Point
★1 必ず使用方法を教えてもらってから操作しよう！

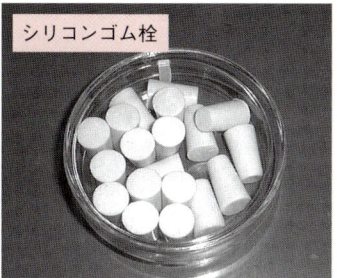

| オートクレーブ | オートクレーブ（旧型） | シリコンゴム栓 | プラスチックキャップ |

小さなゴム栓は，ガラスディッシュに入れてオートクレーブする

培地ビンのフタも，アルミニウム製の弁当箱などに入れて，まとめてオートクレーブする

❶ 乾熱滅菌（実習2-2）のときと同じようにアルミホイルや耐熱性のプラスチック袋で包む(a)

❷ 加熱されたことを確認するために，オートクレーブテープを貼り付ける(b)

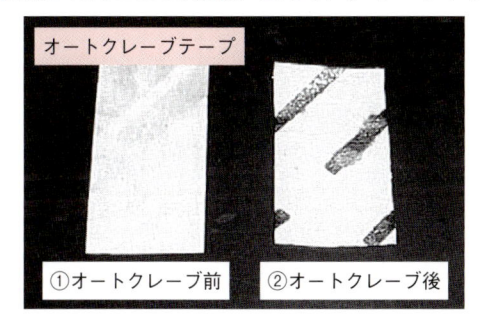

オートクレーブテープ
①オートクレーブ前　②オートクレーブ後

(a) お金のある研究室ではオートクレーブバッグ（一枚ずつになっているものやロールを適当な大きさに切って使うものがある）へ入れ，口をテープで貼る（加熱しても縮まない紙テープなど）．液体試薬はキャップを少しゆるめた状態にして，1/3位が覆われるようにアルミホイルをかぶせる．
(b) 滅菌が終わると黒く変色する（市販のオートクレーブバッグは変色するようなプリントが施してある）．

特別実習：細胞培養に必要な準備を学ぼう！

❸ オートクレーブの圧力容器の底の栓が閉まっていること，水が十分量あることを確認する ⓒ

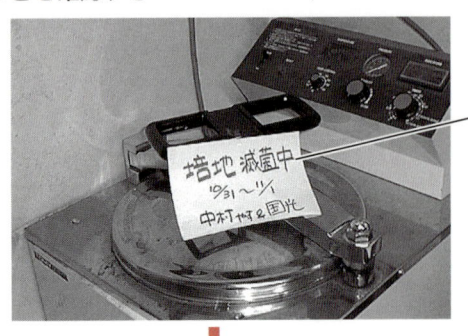

誰のものか，いつ終わるのかなどがわかるようにメモを貼っておく

❹ 滅菌するものを入れる（かごなどを適宜利用する）

❺ 排気バルブを閉め（閉まっていないとスイッチが入らない安全設計になっているものが多い），圧力容器のドアを閉める ⓓ

❻ 温度ダイアルが121℃に設定してあるのを確認したら，タイマーのダイアルを回して15分の位置に設定し，スタートさせる ⓔ

❼ 圧力が上がったら自動的にタイマーが入り，時間が経過したらスイッチが切れる ⓕ

❽ 温度が70℃程度まで下がったら，圧力容器のフタをゆっくり回す ⓖ, ⓗ

❾ 中身を取り出し，乾かす必要のあるものは速やかに乾燥機に移す ⓘ

❿ 乾いたらホコリの入らないところ（戸棚など）に移す

ⓒ ゴミ以外を滅菌するときには水を交換する．
水量を確認するセンサーは，水の電導率を測るので，水道水を張る（蒸留水だと電導度が低すぎて，水がないものと認識される）．

ⓓ 力まかせに強く閉めると，パッキングが変形したり劣化が早くなるので注意すること．

ⓔ 最近では，オートクレーブ後に乾燥モードをもつオートクレーブもあるので乾燥モードで液体をオートクレーブしないように注意しよう．

ⓕ 圧力が上がると，自動的に排気して空気を追い出し，水蒸気圧として2気圧（外気圧より1気圧高い）になるが，自動的になっていない場合は手動で行う．水蒸気圧だけで2気圧とすることが必須で，空気＋水蒸気で2気圧になったのでは充分な滅菌にならない．

ⓖ 液体試薬が入っていないときには，排気バルブを徐々に開けて圧力を解除してもよい（むしろ室温になるまで放置してしまうと，乾燥シークエンスのないオートクレーブでは水滴がついてビショビショになる）．
液体試薬の場合は急に圧力を下げると中の液体が沸騰して外に飛び出すことがあるので，温度，圧力がある程度下がるまで待った方がよい．

ⓗ 熱い水蒸気が出てくるので直接当たらないように十分気を付ける．

ⓘ ゴミは水分を切り，ゴミ箱へ捨てる（培地が入っているとすぐに腐るので速やかに処理する）．

実習2-2　乾熱滅菌

> **重要**
> ★ 乾熱滅菌をしたかどうかわかるようにマグネット表示，張り紙などを活用しよう！基本的に，乾熱の係以外は触らないようにしないと，滅菌したかどうかわからなくなる．
> ★ 乾熱機の上には，燃えやすいものは置かないようにしよう．プラスチックも溶けてしまう！

ガラス，金属製品はすべて乾熱滅菌を行う．培地やトリプシン/EDTAを入れるビン，マイヤーフラスコⓐ，ピペット缶，カバーグラス，クローニングシリンダー，ピンセット，スパーテルなど．

❶ 滅菌したいものを滅菌状態が保てるように包むⓑ
　・ピペットなどは専用の滅菌缶へ入れて滅菌するⓒ
　・カバーグラスやクローニングシリンダーは，ガラスディッシュに入れ，さらにアルミホイルで覆う
　・培地ビンは樹脂製のキャップを外し（融ける），上からビンの1/3位が覆われるように二重に折ったアルミホイルで覆う

❷ 乾熱滅菌機に移し，温度が160℃に上がってから1時間放置するⓓ, ⓔ, ⓕ

❸ 終わったら滅菌済みの札をかける（滅菌されているかどうか他の人はわからない）

❹ 滅菌機のドアを閉めたままで室温まで冷却する（ここで翌朝まで放置する）

❺ 室温まで冷えたらホコリが入らない場所に移す

ⓐ 三角フラスコのこと．本名はエーレンマイヤーフラスコだが，ラボではマイヤーと称することが多い．
ⓑ 乾熱滅菌されると変色するテープを貼っておくとよい（なくてもよい）．
ⓒ わずかの本数なら，アルミホイルでくるんでもよい．
ⓓ あまりギッシリ詰め込まない．
ⓔ 160℃以上に温度が上がらないように注意する．温度コントロールのしっかりしている機械なら放置してもよい．温度が上がりすぎると，ピペットに詰めてある綿栓が焦げてフィルターの機能がなくなる．また，抜くときに取れなくなる．
ⓕ 焦げるものがなければ，180℃，30分の条件も使われる．

実習2-3　濾過滅菌

☞ **培養細胞に添加する試薬などは，滅菌する必要がある**

多くのものは熱で分解あるいは失活するのでオートクレーブできず，濾過操作の必要はかなり高い．増殖因子や生理活性物質などによっては，濾過フィルターに吸着することがあるなどの注意をする必要があるが，ここではそこまでの各論には触れない．

通常0.22μmのフィルターが使われる．これはバクテリアやカビなどは通過しないが，ウイルスは（単独の粒子としては）通過する．また，マイコプラズマは細胞壁がないため，加圧濾過すると通過するといわれるから，滅菌方法としては万全ではない．

濾過フィルターの材質にはいくつかの種類があり，タンパク質を吸着しにくいもの，有機溶媒に強いものなど，目的に応じて使い分けるようにする．

1 数十mLまでの濾過

▶ **注射筒の先につける濾過器（シリンジフィルター）を使用する**

注射筒の先にそのままつけるもの，外れにくいようにねじ込みのロックがかかるものがある．液量に見合うサイズの注射筒を用意する．

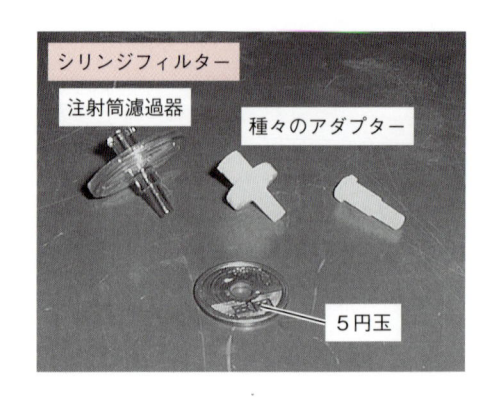

❶ パッケージが正常で滅菌状態が保たれているかどうか確認する

❷ クリーンベンチ内で開封する（必要に応じて開口部分の周囲をアルコール綿で拭く）ⓐ

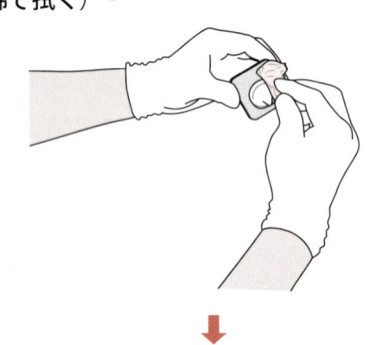

ⓐ パッケージの内部は無菌状態になっている．内部に触らないように注意する（フィルターのサイズが小さいので取り出さずパッケージの外側を持つ）．

❸ 注射筒を袋から取り出し滅菌する液を吸い取るⓑ

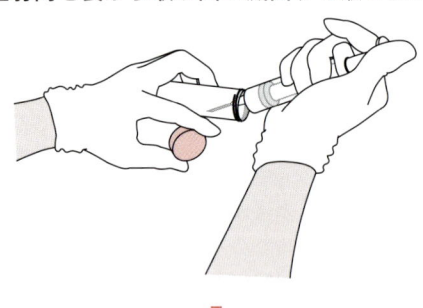

ⓑ 注射筒の先が十分に入らず全量取れないときは注射針を付けて吸い取る．

❹ フィルターのパッケージを持ち，液が垂れないように注意しながらシリンジフィルターの注入口に注射筒の先をねじ込むⓒ

ⓒ しっかり差し込まないと，濾過する際に圧力がかかるので外れてしまう．

❺ フィルターの先に触れないように注意しながら注射筒に付けたフィルターを取り出す

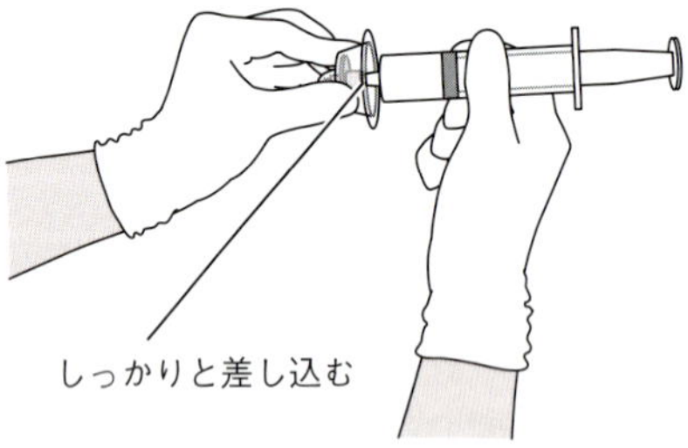

しっかりと差し込む

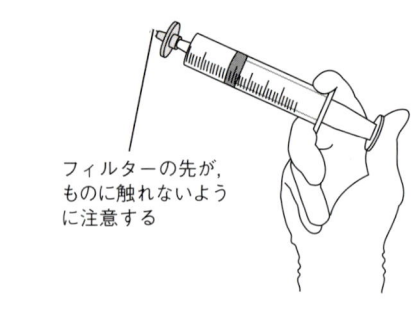

フィルターの先が，ものに触れないように注意する

❻ フィルターの先を滅菌してあるチューブの口にあてがい，注射筒のピストンをゆっくり押す[d], [e]

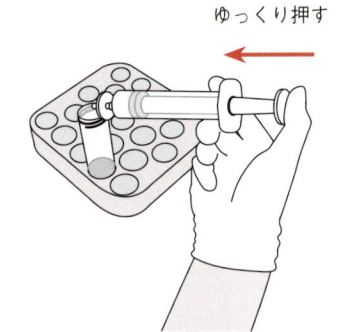

ゆっくり押す

❼ 出し終わったら，フィルターと注射筒を分離し，注射筒のピストンを引いて空気を入れてから再びフィルターを付け，ピストンを押して空気を入れてみる[f]

[d] いきなり大きな力で押すと，液が飛び出したり，フィルターが外れたりすることがある．

[e] フィルターをつけてからピストンを引かないこと．フィルターの下から上へ流すような操作をすると，フィルターが破れる恐れがある．

[f] フィルターが完全ならば抵抗があってピストンを押し込むことができない（空気は通らない）．空気が先まで抜けるようならフィルターに穴が開いており滅菌ができていない．このようなときは新しいフィルターを付け再び同じ操作を行う．

2 数十mLから数百mL程度の濾過

▶ ボトルトップタイプの使い捨て濾過器が便利である

◆ 大きさに種類があるので液量に合わせて選ぶ

受け器がついているもの，ガラスのボトルの口径に合うネジがついていて，ねじ込んで使うもの，ビンの口に当てて使うもの，がある．後の2つは，口が欠けていて減圧状態が保てないビンは使えないので，状態のよいビンを使用する．

❶ 滅菌したビンの口にフィルターユニットを取り付ける

❷ 吸引用のホースをつなぐ（アスピレーターのチューブなど）

❸ プレフィルターが付いているものはフィルターの上に置く

❹ 滅菌する液を上部の容器に注ぐ[a]

❺ 吸引ポンプのスイッチを入れる

❻ 下部の容器に滅菌された液が落ちる[b]

❼ 終わったらフィルターユニットを外し，滅菌溶液が入ったビンのフタを閉める

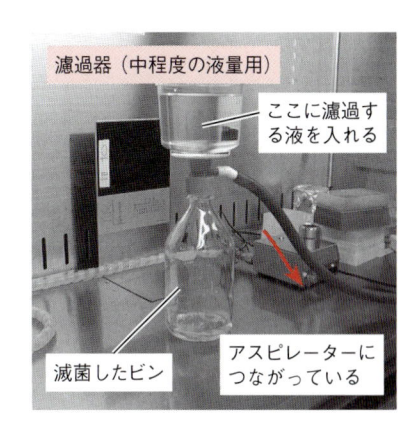

濾過器（中程度の液量用）
ここに濾過する液を入れる
滅菌したビン
アスピレーターにつながっている

[a] トップヘビーになるので転倒しないように注意して支える．

[b] 上部の容器の容量を超えた液量を濾過する場合には，液がなくなる前に吸引ポンプのスイッチを切り次の容器に差し替える（空にするとフィルターが乾きフィルターが目詰まりする）．次第に目詰まりしてくるので数回が限度である．

特別実習　細胞培養に必要な準備を学ぼう！

3 大量の溶液（数Lから10Lまで）の濾過

ステンレス製の濾過台と加圧タンクからなる装置があるが，写真だけ示すことにして，使い方は省略する．

大量溶液の濾過装置
窒素ボンベ（加圧用）
加圧タンク
この部分をオートクレーブする
濾過器

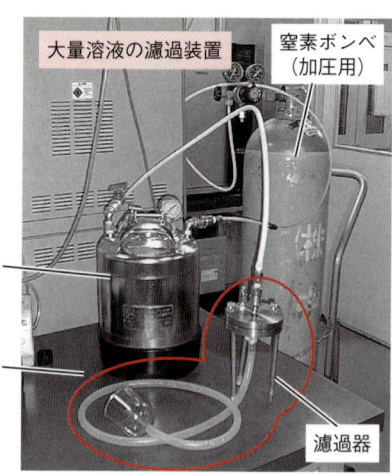

実習2-4　ガラスピペットの洗浄と滅菌

これは，使い捨てピペットを使用している研究室では不必要である．

Step 1　ピペットの洗浄

❶ ピペット捨てを培養室から洗い場へ出す
　↓
❷ 水道水を満たしたポリバケツにピペットを移す ⓐ
　↓
❸ ピペット捨ての水（洗剤入り）を捨て，ピペット捨ての容器を水道水で洗ってから，新しい水道水を入れ，洗剤を加えて混ぜ，培養室に戻しておく（★1）ⓑ
　↓
❹ ピペットから綿を抜き ⓒ，ピペット洗浄器へピペットを入れる
　・太い注射針（例えば18ゲージくらいのもの）の先を少し曲げたものでひっかけて抜き出す

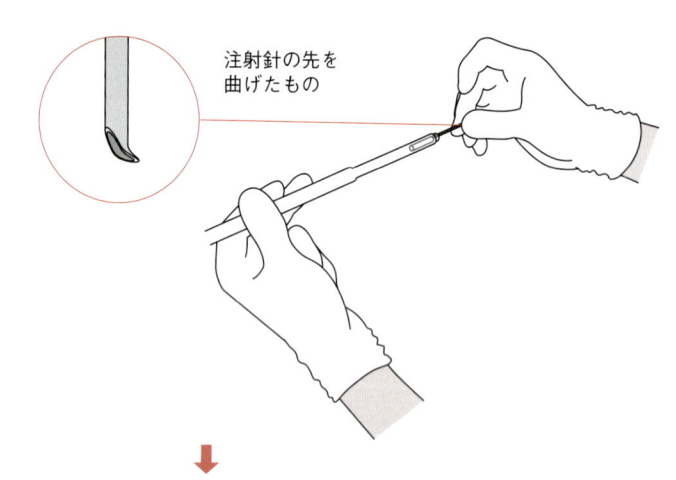

注射針の先を曲げたもの

　↓
❺ ピペット洗浄器で水道水を流しながら30分洗浄する ⓓ, ⓔ
　↓

ⓐ ピペットを乾かさないように，常に水に浸けておく．
ⓑ 腐りやすいので，ピペット捨ての水は毎回換える．

Point
★1 洗剤は毎日変えること！ピペットには細胞が付着している！

ⓒ 綿を濡らすと抜きやすい．洗浄する時間がないときは，洗剤の入った水に浸けておく（でも，なるべく早く洗う）．

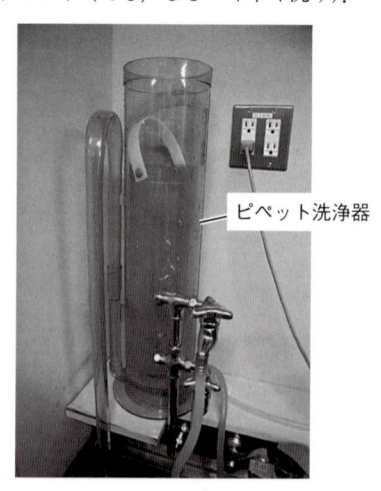

ピペット洗浄器

ⓓ ピペットの先端を上にする．先端を下にしたものは内部に水が十分に入らず，洗浄できない．
ⓔ ときどきピペット洗浄器の内筒を左右に回転させるなどしてよく洗浄する．

❻ 数本ずつピペットを取り出し，精製水で洗う（ピペットの内側，外側ともに）

⬇

❼ 元を下にしてピペット内部の水をよく切る

⬇

❽ 先端を上にしてかごに入れ，乾燥機で乾燥する

⬇

❾ 乾燥が終わったらいつまでも放置しないで，ピペットの種類に分類して収納する

Step 2 ピペットの準備

❶ 洗浄・乾燥したピペットに綿を詰める

⬇

❷ ピペット缶に入れる（もちろん，先端が奥になるように）(f)

(f) ステンレスの角型のものが使いやすい．ピペットに合わせて大小の種類がある．ピペットの先を保護するために，ピペット缶の底にクッション（乾熱に耐える市販品がある）を入れておくとよい．ピペットをたくさん使わないなら，アルミホイルなどでくるんでもよい．

Step 3 乾熱滅菌

❶ 160℃に上がってから1時間乾熱滅菌する

⬇

❷ 終わったら室温に戻るまで放置する(g)

(g) 滅菌が終わって冷えたらいつまでも放っておかないで，速やかに培養室の戸棚にしまう．

解説 なぜ綿を詰めるのか

ピペッターあるいはゴムキャップからピペット内へ雑菌が落ち込むのを防ぐ

綿を詰めてもバクテリアのような小さいものの通過を防げるとは思えないが，塊になったバクテリアやホコリはひっかかる．ホコリについたバクテリアもひっかかる．

培地を吸い上げすぎたときピペッターやゴムキャップを汚染するのを防ぐ

このため，脱脂綿ではなく，布団屋で売っている普通の綿を使う．化繊でなく木綿を使う（脱脂綿では培地が簡単に通過してしまう．化繊は乾熱滅菌に耐えない）．

きつからず緩からずに詰める

空気も通りにくいほどきつすぎると，培地を吸い上げにくくなるし，後で抜けなくなる．ゆるすぎると空気を上下するときに動いてしまう（ヘタをすると落ちる）．

量は少なからず多からず

少なすぎるとバリアーの役割を果たさない．多すぎてピペットの元からはみ出すと，使う際に炎でいちいち焼かないといけないので使いにくい．

というわけで，1〜2cmの長さに詰めるには多少の経験（コツ）がいる．適当量の綿をちぎり，繊維がバラバラにならないように指先で少し丸めて（まとめて），ピペットの元から詰め，ミクロスパーテルなどで適当な位置まで押し込む．ピペットの種類（太さ）によって量を加減すること．

一度で適当量をちぎり取る練習をする

丸めてから足りないことに気付いて綿を足すと，どうしても2つに分かれてしまって具合が悪い．

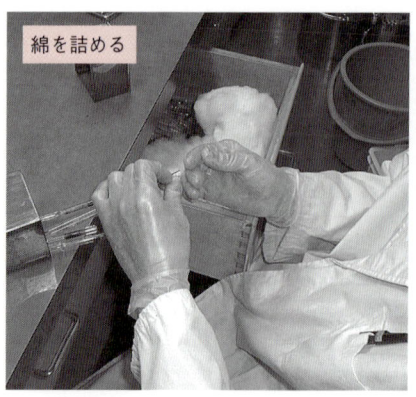

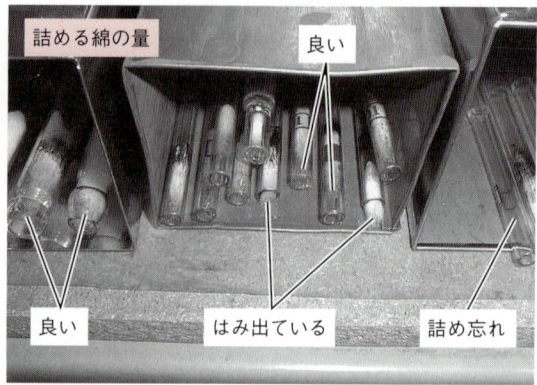

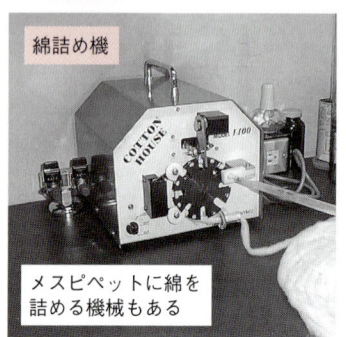

● 実習3　共通試薬の調製

実習3-1　培地を作る

できあがった市販品もある（★1）．少量しか使わないなら購入した方が安上がりで便利である．

▶ **培地にはいろいろな種類がある**

培地にはいろいろな種類のものがあり，細胞の種類によって決められたものを用いる．

付着細胞株にはMinimal Essential Medium（MEM）やその改良培地が，浮遊細胞株にはRPMIなどがよく使われる．分化した機能を維持する細胞には，特別な培地が使われることが多い．細胞バンクから入手するときにはあらかじめ培地の種類を調べておき到着する前に準備しておく．ここではダルベッコ変法イーグル基礎培地（Dulbecco's modified Eagle's medium：DMEM）の作り方を実習する．

◆ **濾過滅菌するものとオートクレーブ滅菌するものがある**

マイコプラズマやウイルスによる汚染は濾過滅菌では除くことができないが，オートクレーブ滅菌では可能である．リスクを減らす，という意味ではオートクレーブの方が望ましい．

> **Point**
> ★1 市販品は，同じ商品名でもメーカーによって同じ試薬の組成ではないことがあるので，まとめて買うなどの場合には，あらかじめカタログでよく点検し，必要ならサンプルなどで確認しよう！

実験ノート

0020　　**DMEMを作る**　　2010年 3 月18日（木）

メモ
作るもの：DMEM　10L（500 mL ビン × 22本）
当番：

用意
- ☐ 精製水
- ☐ 粉末培地（オートクレーブ滅菌用のもの）
- ☐ グルコース
- ☐ 炭酸水素ナトリウム
- ☐ 抗生物質（ペニシリン，ストレプトマイシン）
- ☐ L-グルタミン
- ☐ ビン（乾熱滅菌したもの）
- ☐ フタ
- ☐ シリンジフィルター

> 粉末，溶液が市販されている．ここでは粉末を使う

操作

〈1日目〉
(10:30)
●DMEM溶液
　精製水　　　　　　　　9L
　DMEM粉末　　　　　　100g　lot.（Nissui 041806）
　グルコース　　　　　　35g　lot.（ナカライM7P215）
400mLずつ22本に分注

正 正

> 精製水を1Lずつ入れたのをcheckしている

●炭酸水素ナトリウム溶液
　精製水　　　　　　　　500mL
　炭酸水素ナトリウム　　16g　lot.（和光 2553）

●フタ30個

↓
オートクレーブ　121℃, 15分　　(10:55〜11:15)

↓
翌朝まで放置

> もちろん温度が121℃になってからの時刻

〈2日目〉（2010-3-19）（金）
(1 :25)●抗生物質・グルタミン溶液
　精製水　　　　　　　　　　　　500mL
　ペニシリンGカリウム塩　　　　20万U×5（Meiji　GLD163）
　硫酸ストレプトマイシン　　　　1g（Meiji　SSD2251）
　L-グルタミン　　　　　　　　　5.84g（和光　DLJ5379）
濾過滅菌する
↓
DMEM溶液（400mL）に炭酸水素ナトリウム溶液 22mL，抗生物質・グルタミン溶液 22mLを加える
↓
ラベルを付ける
↓
(1 :50) 4℃へ移す
↓
作製記録をまとめて保管する

実習3　共通試薬の調製

特別実習　細胞培養に必要な準備を学ぼう！

新しく準備するもの

- **精製水**

    純水を使うが，できるだけ純度の高いもの，イオン交換樹脂を通し蒸留し MilliQ などで精製したものを用いる．電導度の値など装置の状態を常にチェックしていつも同じような純度になるよう気を付ける．

- **グルコース**

    通常，粉末培地には最低濃度が 1 g/L になるように含まれている．ここでは最終濃度が 4.5 g/L になるように追加する（通常のものより細胞の増殖がよくなる．これを high-glucose 培地という）．

- **ビン**

    必要な本数より少し多めに用意し，アルミホイルを二重にして大きめのフタをし，160℃で 1 時間，乾熱滅菌しておく．

    キッチンアルミホイルでなく，圧手のアルミホイルもあるので，そちらを使えば一枚でよく耐久性もよい．

    培地を入れた後でオートクレーブするが，あらかじめ滅菌したビンを使う方が安心．

- **フタ**

    これもビンに合わせて少し多めに用意する．滅菌缶（アルミニウム製の弁当箱で可）に入れオートクレーブ滅菌する（★2）．

- **抗生物質とグルタミン**

    抗生物質とグルタミンは熱に弱いので，オートクレーブせず，濾過滅菌する．

> **Point**
> ★2 つまみやすいようにフタ上部が上になるようにきれいに並べる．

〈1日目〉

❶ 9 L の精製水を入れたタンクに DMEM 粉末 100 g を加えて溶かす ⓐ

⬇

❷ さらにグルコース 35 g を加え十分に溶解する．これを 400 mL ずつ培地ビンに分注する ⓑ

⬇

❸ 別のビンに炭酸水素ナトリウムを 16 g とり 500 mL の水に溶解する

⬇

❹ フタをエタノール綿で拭いて滅菌缶に詰める

⬇

❺ ❷，❸で準備したビンの口を 2 つ折りにしたアルミホイルで覆う ⓒ

⬇

❻ オートクレーブに移し，121℃，15 分滅菌する．室温に冷めるまで放置する（翌朝までおく）

⬇

〈2日目〉

❼ 翌日，ペニシリン G カリウム塩 20 万単位 5 本，硫酸ストレプトマイシン 1 g，L-グルタミン 5.84 g を 500 mL の精製水に溶かし，ボトルトップフィルターを用いて濾過滅菌する

⬇

ⓐ このとき，粉末を先に入れて後から水を加えると，粉末中に含まれる空気のために非常に溶けにくい．水を張った上に粉末をパラパラと注いで（粉末の層が厚くならないようにする），溶けたらまた加えることを繰り返すと早く溶ける．

ⓑ メスシリンダーなども滅菌したものを使おう．

ⓒ 後でフタをしたときに十分覆われるような大きさで．

❽ オートクレーブから培地，炭酸水素ナトリウム，フタを取り出しクリーンベンチに並べる

↓

❾ 培地ビンのアルミホイルのフタをゆるめ口をバーナーの炎であぶる

↓

❿ 1本あたりペニシリン・ストレプトマイシン・グルタミン液，炭酸水素ナトリウム液をそれぞれ22 mLずつ加えていく ⓓ, ⓔ

↓

⓫ 培地ビンの口を火であぶり，オートクレーブしておいたフタを取り出して火であぶって閉め，再びアルミホイルで覆う ⓕ

↓

⓬ すべて入れ終わったら，クリーンベンチから培地ビンを取り出しラベルを付け冷蔵庫に移して保管する ⓖ

↓

⓭ 使用直前に必要に応じて非動化した血清（実習3-2）などを加える

ⓓ この順番で加える．炭酸水素ナトリウム液を加えると培地に入っている指示薬（フェノールレッド）の色が黄色から赤橙色に変わるので操作の完了が確認できる．

ⓔ これで444 mL/ボトルとなり，約50 mLの血清を加えれば10％血清入りの培地となる．

ⓕ 2人で作業し，1人が分注して，もう1人がビンをあぶってフタを閉めていくとやりやすい．

ⓖ ラベルは溶液名，作った年月日とペニシリン・ストレプトマイシン・グルタミン液，炭酸水素ナトリウム液を分注した順番がわかるように記入する．
例：DMEM 09-10-10-1（2009年10月10日に作った1本目）

実習3-2　血清を非動化する

培養に用いる血清中には，細胞増殖因子や血清タンパクの他に，液性免疫の機能因子の1つである**補体**が含まれている．多様な補体のなかには培養細胞を認識して細胞毒性を示すものが含まれていて，血清をそのまま培地に加えて培養に用いると細胞の増殖が抑制されたり死んだりすることがある．補体は56℃で30分程度処理することによって失活する．この操作を血清の非動化という．

実験ノート

☐ #0021　　血清の非動化　　　　　　　　　　　　　2010年 2月 9日（火）

☐ （用意）☐ FBS 500mL×10本　lot.（ Hyclone 7M0528 ）

☐ （操作）
（9:10）水浴で溶かす
↓
56℃，30分インキュベートする　（9:33〜10:03）
↓
ラベルを付ける
↓
（10:15）低温室へ移す
↓
（15:30）冷凍庫（−20℃）で保存する
↓
記録をまとめてファイルする

❶ 血清は凍った状態で輸送・保存されているので37℃くらいの水浴につけ溶かす（★1）ⓐ, ⓑ

↓

❷ 56℃に温めた水浴に移し，56℃になってから30分間保温するⓒ

↓

❸ ラベルに非動化処理済みであることと日付を記入する

↓

❹ 低温室に入れて温度を下げる（★2）ⓓ

↓

❺ −20℃の冷凍庫に保管するⓔ, ⓕ

Point

- ★1 溶かす過程でこまめによく混ぜること！ 混ぜないと不溶性のタンパク質が出ることがあり高価な血清がダメになることもある．
- ★2 非動化処理後は，十分に冷ましてから凍らせること！ 冷まさないで入れると冷凍庫に入っている試薬や酵素がダメになることもある．

ⓐ このとき溶けるまでそのまま放置しておくと沈殿したタンパク成分が溶けなくなることがあるので，血清が溶けるまでの間に何度かビンを回してなるべく速やかに溶かす．

ⓑ 撹拌する際に泡立てないように，また血清がフタの方までとび上らないように注意すること．

ⓒ このときも，たびたびビンを回して内部が速やかに56℃に上がるようにする．

ⓓ 終わったら凍結して保存するが，すぐに冷凍庫に移してはいけない．血清の熱で冷凍庫の試薬が溶けてしまうので，低温室に入れ温度を下げてから冷凍庫に移す．

ⓔ −80℃だとビンが割れることがある．

ⓕ 何度も凍結融解しない方がよいので，しばしば使う1本は冷蔵庫でよい．たくさん使うのでなければ，50 mLあるいは100 mLに分注し，1本だけ冷蔵庫に，残りは−20℃に保存しておく．

解説 血清の非動化処理のしかた

水浴に入れるとき

ビンをぎっしり入れないように（ビンのまわりを水が流れるように），水が流れるような水浴がよい．液面のレベルは内容液と同じレベルにする．

放置しないで何度かビンを回してなるべく速やかに溶かす．溶けた後もたびたび振って内部の温度を一定にする．

どこで内部が56℃になったことを知るか

ビン内部の温度を測ることはできないが，推定することはできる．ビンの内部の液温が低いときは，振るとビンの表面の温度が下がる．内部も温まれば振っても温度が変わらなくなる（手で感じる程度としては）．もう1つは，56℃に設定した水浴のサーモスタットが連続的にONになっていたのが，ONとOFFを繰り返すようになる．内部温度が56℃になったからである．それから30分置く．非動化した後は，血清の色が処理する前と比べて茶色く変化しているはずである．

実習 3-3 トリプシン/EDTA を作る

水溶液になった市販品もある．少量しか使わないなら，それも便利であろう．

実験ノート

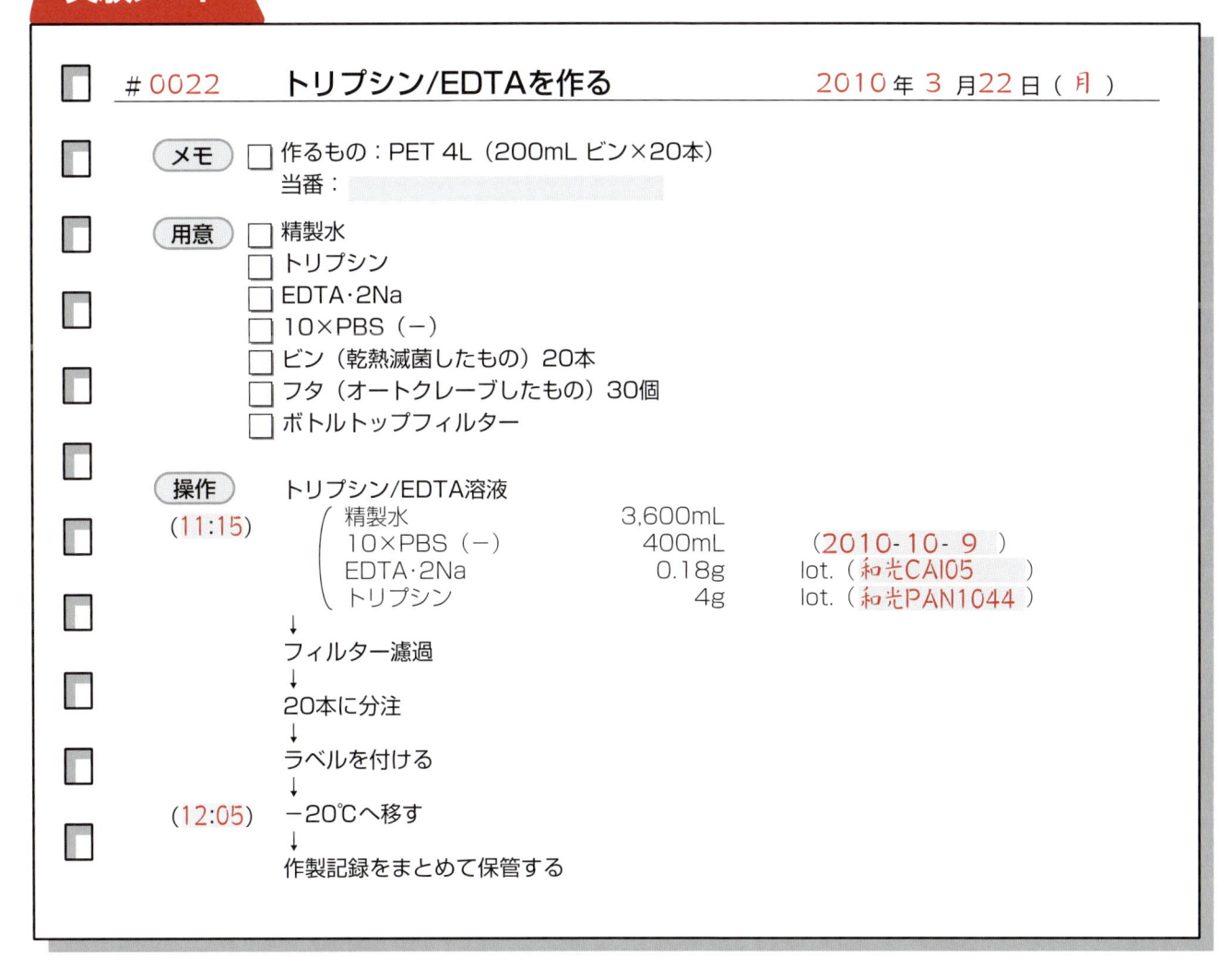

| #0022 | トリプシン/EDTAを作る | 2010年3月22日（月） |

メモ　作るもの：PET 4L（200mL ビン×20本）
当番：

用意　精製水
トリプシン
EDTA・2Na
10×PBS（−）
ビン（乾熱滅菌したもの）20本
フタ（オートクレーブしたもの）30個
ボトルトップフィルター

操作
（11:15）　トリプシン/EDTA溶液
　　精製水　　　　　　　3,600mL
　　10×PBS（−）　　　　400mL　　（2010-10-9）
　　EDTA・2Na　　　　　0.18g　　lot.（和光CAI05）
　　トリプシン　　　　　4g　　　lot.（和光PAN1044）
↓
フィルター濾過
↓
20本に分注
↓
ラベルを付ける
↓
（12:05）　−20℃へ移す
↓
作製記録をまとめて保管する

新しく準備するもの

- **精製水**

　培地を作る水と同様に純水を使う．イオン交換樹脂を通して蒸留しMilliQなどで精製したものを用いる．

- **10倍および1倍濃度 PBS（−）**

　（−）はカルシウム，マグネシウムが入っていないという意味．
　あらかじめ作り置きしておいたものを使う〔KCl 12g, KH_2PO_4 2g, NaCl 80g, $Na_2HPO_4・12H_2O$ 28.85g．これを精製水で溶解し1Lとすると，10倍濃度のPBS（−）になる〕．
　1倍濃度のPBS（−）を作るには，10倍濃度のものを精製水で10倍希釈してオートクレーブする．

実習3　共通試薬の調製

- トリプシン

    粉末のものを用いてもよいが，最近では，培養専用のマイコプラズマ検査済みで希釈するだけでよい溶液状のトリプシン溶液，あるいは，トリプシン/EDTA溶液が市販されている．少量しか使わない場合は市販品が便利であろう．

- ビン

    必要な本数より少し多めに用意し，アルミホイルを二重にして大きめのフタをし，160℃，1時間の乾熱滅菌しておく．ビンの口が広い広口ビンを用いてもよい．ピペッティングの作業で溶液の分取が容易になる．

- フタ

    これもビンに合わせて少し多めに用意する．滅菌缶に入れオートクレーブ滅菌する．

❶ 大型のビーカーに精製水，10×PBS（−），EDTA・2Na，トリプシンを加える [a]

↓

❷ トリプシンの粉が見えなくなってから，さらによく撹拌する [b]

↓

❸ 無菌室に運びボトルトップフィルターで濾過滅菌する

↓

❹ ラベルを貼り，−20℃で保有する

[a] 粉末のタンパク質は，粉末の上から水を注ぐと溶けにくいことがあり，水の上から加えて浮かべながら溶かすとよい．
[b] トリプシンが自己分解していくので，室温に長時間放置しないこと．

実習3-4　血清のロットチェック

血清は，原産国やメーカーによって品質に差があり，同じメーカーのものでもロット間で細胞の生育状況に違いが出ることがある．また，使用する細胞によってその感受性もまちまちなので，通常は研究室で主に使用している細胞をロットチェックの標準細胞として使うとよい．血清のロットによっては細胞が増えないこともあるので，新しいロットの血清を培地に使用する際には，必ずロットチェックを行う必要がある．

▶ **方法**

血清のロットチェックは，以下の3つの方法が考えられる．

1）細胞増殖，細胞死によるチェック

通常の培養条件で細胞を培養し，増殖に問題がないか，細胞死の割合が高くないかなど，顕微鏡観察での確認を行う．

1週間程度の培養で，細胞の増殖などに影響が出るようなロットは，まず使い物にならない．細胞の形態なども注意深く観察する．実験者の目視での判別はロットチェックの第一の判断材料として重要である．この方法はラフなチェック方法なので，多数のロットがある場合の2）の事前チェックと考えてほしい．

2）コロニー形成率によるチェック

1）は，主に実験者の主観的なチェックになるが，もう少し定量的にロットチェックを行う場合に主に用いられる方法はコロニー形成率である．コロニー形成時には，細胞が単独になるように薄くまくので，血清を含む培地に依存した影響を受けやすい．通常，1）の増殖で問題がない場合でもコロニー形成率によるチェックでは差が出てくることもある．1）は

短期的に判断できるが，この方法は通常2週間程度かかる．血清をまとめ買いする場合などは，研究室で使用する細胞に対して，この方法で評価することを強くお勧めする．

3）実験系に必至な条件によるチェック

特殊な培養条件を要求する場合，それを評価できる方法で行うものである．例えば，幹細胞や分化誘導実験などに用いる場合には，すでに確立された条件のもと，血清のみを替えた培地を用いて目的の反応がみられるかをチェックする．

〈ここでは「2）コロニー形成率によるチェック」の方法を解説する〉

❶ 増殖状態のよい細胞を用意する

❷ 1種類の細胞，1つのロットに対して100 mmディッシュ20枚を用意する

❸ 200 mLの滅菌ビンにそれぞれのロットの培地を100 mL入れる ⓐ

❹ 細胞を継代するときと同様の方法で細胞を剥がして，細胞をカウントする ⓑ

❺ ❸で用意したビンに，10 cell/mLおよび100 cell/mLになるように細胞を調製する ⓒ

❻ ❷で用意したディッシュに❺で調製した細胞を10 mLずつ10枚にまく

❼ 約2週間培養を行う ⓓ

❽ ギムザ染色を行い ⓔ 形成されたコロニーをカウントする

ⓐ ポジティブコントロール（従来使用してきた血清の入った培地）を必ず含める．

ⓑ 第2日を参照．

ⓒ 使用する細胞によりコロニーの形成率は異なるので，ディッシュあたりの細胞数は適宜調製すること．

ⓓ 通常この間，培地替えの必要はないが，コロニーがたくさんできたディッシュは，培地が消耗する場合がある．その場合は，必要最小限で培地替えを行う．

ⓔ 第3日実習3「コロニーのギムザ染色」を参照．

結果の例

正常線維芽細胞 TIG-3 ロットチェックの結果

血清ロット	播種細胞数/100mm ディッシュ	平均コロニー数
A	100	33
A	1,000	>300
B	100	23
B	1,000	>300
C	100	21
C	1,000	>300
D	100	0
D	1,000	4
E	100	4
E	1,000	41

大腸癌細胞 RKO ロットチェックの結果

血清ロット	播種細胞数/100mm ディッシュ	平均コロニー数
A	100	119
A	1,000	>300
B	100	168
B	1,000	>300
C	100	152
C	1,000	>300
D	100	0
D	1,000	6
E	100	119
E	1,000	>300

・ロットA：ポジティブコントロール（従来用いてきた培地）
・ロットB〜E：今回の実験でチェックするロット

正常線維芽細胞（TIG-3）では，ロットDとEは明らかにコロニー形成率が低く，不適である．BとCは現在用いているものと遜色なく，BとCの間に優劣は見られない．他方，大腸癌細胞（RKO）では，Dは明らかに不適である．Eは現在用いているものと遜色がないが，BとCの方が優れている．以上，コロニー形成率の結果からは，ロットBかCを選ぶべきであると判断されるが，どちらがよいかまでは言えない

実習4　細胞の管理

実習4-1　細胞を凍結保存する

　培養細胞の多くは，液体窒素中に保存すれば長期間保存できる．特に，貴重な細胞株は継代中にコンタミして失うととりかえしがつかないので，必ず凍結保存すべきであり，できれば2カ所以上に分散して保存することが望ましい．

　細胞によって，凍結に弱い（解凍したときに生細胞が少ないあるいはいなくなる）こともあるが，多くの細胞株は凍結保存に耐える．

　−80℃のディープフリーザーでも数カ月は保存できるが，長期的には液体窒素に保存する．

　ガラスアンプルに封じるのがもっともよいといわれるが，無菌的にアンプルを封じる（ピンホールがないように）のは技術がいる．

　スクリューキャップのついたプラスチックの凍結用チューブは，凍結中に液体窒素が侵入する心配があるので最善ではないが，簡便なのでよく使われる．液体窒素の侵入は，凍結チューブ内への微生物の混入の心配があることと，解凍の際にチューブが爆発する恐れもあるところに不安がある．このため，液体窒素内に保存するのではなく，液面より上部の空間に保存するタイプの保管容器もある．

　凍結保存中に液体窒素が侵入しないようにチューブをカバーするものが市販されている．

実験ノート

#0023　細胞の凍結保存　　　　　　　　　　2010年 4月24日（土）

用意
- 凍結する細胞：TIG-3（2010-4-17 plated, 100mm ディッシュ×6　Confluent）
- DMEM（2010- 3 -19- 3）　10% FBS lot.（Hyclone 7MO528）
- PBS（−）（2010- 4 -12- 3）
- トリプシン/EDTA（2010- 3 -22- 1）
- セルバンカー lot.（808060）

操作　細胞懸濁液をつくる
（9:05）各ディッシュから培地を吸引　　〔今回は6枚分〕
↓
PBS（−）5mLで2回洗う
↓
トリプシン/EDTAを2mL加える
↓
室温放置
↓
培地 2mLを加えサスペンド
↓
1,200rpm，3分間遠心
↓
上清をアスピレート

凍結する
細胞にセルバンカー 6mL加えサスペンド　〔100mmディッシュ1枚に対してセルバンカーを1mL加える〕
↓
凍結チューブ6本に1mLずつ分注

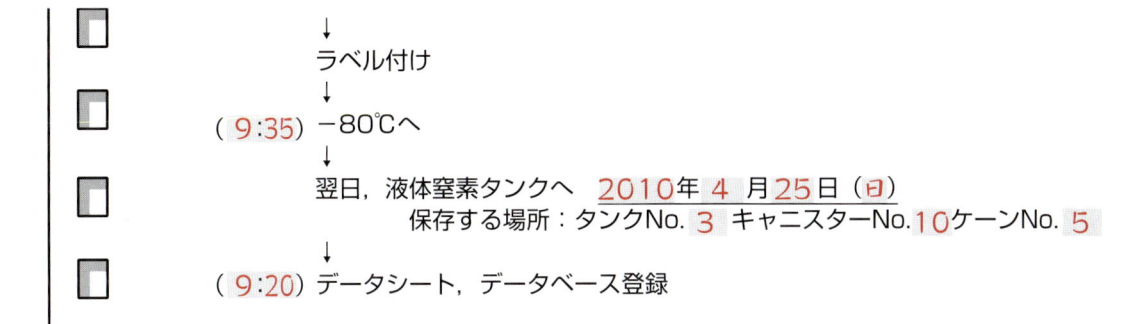

| ↓
| ラベル付け
| ↓
| （ 9:35 ）－80℃へ
| ↓
| 翌日，液体窒素タンクへ　2010年 4 月25日（日）
| 　　　　保存する場所：タンクNo. 3　キャニスターNo. 10　ケーンNo. 5
| ↓
| （ 9:20 ）データシート，データベース登録

新しく準備するもの

● 遠心管立てや凍結チューブ立て

　遠心管立てや凍結チューブ立ては完全に滅菌しなくてもよいが，クリーンベンチに入れるのだから，できるだけきれいにしたものがよい．もちろん，ステンレスの遠心管立ては乾熱滅菌もオートクレーブもできる．

● セルバンカー・バンバンカー

　細胞を凍結するとき，氷の結晶ができると細胞構造を破壊するため，細胞が生き返らない．氷の結晶の成長を防ぐため，以前は10％DMSO（dimethyl sulfoxide）や，10％グリセロールを凍結剤として用いていたが，現在，市販で使いやすいものが入手できる．

❶ 細胞の浮遊液を作るまではすでに習ったとおり[a]

❷ 100 mmディッシュ6枚の細胞をそれぞれ2 mLのトリプシン/EDTAで剥がし，2 mLの培地を加えて細胞浮遊液（計24 mL）とする

❸ 50 mLの遠心管に，駒込ピペットで細胞浮遊液を入れる

❹ 遠心中にキャップの内側にホコリが入らないように，キャップとチューブの間をビニールテープで巻いて封じる

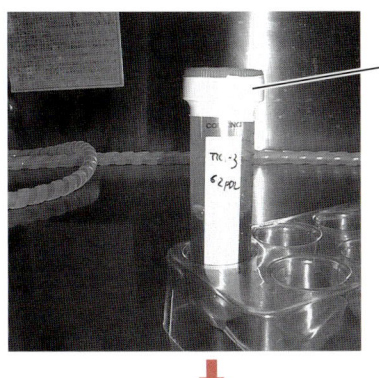

　ホコリが入らないようビニールテープを巻く

❺ 1,200 rpm，3分室温で遠心する

❻ 凍結チューブを袋から出す[b]

[a] 一般に10^6細胞/mL程度で凍結する．目安として100 mmディッシュいっぱいの細胞を1 mLの浮遊液にして凍結する．

[b] ディッシュを出すときと同様に，他のチューブには触れないように注意する．手でつままずに，ピペットを引き出すときのように，火炎滅菌したピンセットで出すのも安全な方法．ピンセットが熱いうちにつまんでプラスチックが変形するようなことをしない．

❼ チューブに油性マーカーペンで細胞名，日時などを書く

⬇

❽ チューブ立てに立てる

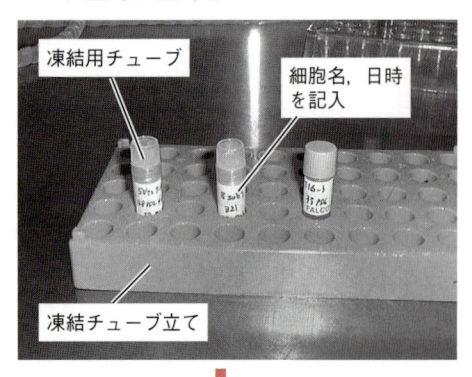

凍結用チューブ
細胞名，日時を記入
凍結チューブ立て

⬇

❾ 凍結チューブのフタを取り，チューブの上にのせておく ⓒ

ⓒ チューブとフタは小さいので，ひっくり返さないように注意する．

⬇

❿ 遠心が終わったら，遠心管の外側をアルコール綿で丁寧にぬぐってから，クリーンベンチへ入れる

⬇

⓫ 50 mLチューブのビニールテープを丁寧に剥がし，フタを取る

⬇

⓬ 滅菌パスツールピペットで上清を丁寧に吸い取る

⬇

⓭ 細胞凍結液（セルバンカー・バンバンカー）6 mLを駒込ピペットで加える ⓓ

ⓓ 細胞凍結保存液［セルバンカー（十慈フィールド社から販売）］は，冷蔵庫保存．
$5 \times 10^5 \sim 5 \times 10^6$/mLで細胞を凍結する．使用時にも室温に戻さず，なるべく冷やしておいたものを使う方がよい．

⬇

⓮ 駒込ピペットでよくピペッティングする

⬇

⓯ 凍結チューブに1 mLずつを分注する（正確に分注するときはメスピペットを使う）

ⓔ 液体窒素に入れるのでテープやパラフィルムなどはしない．どうしてもテープなどをしたい人は液体窒素に入れるときに剥がす．

⬇

⓰ 凍結チューブのキャップを閉める ⓔ

⬇

⓱ 発泡スチロールのケースに入れ，なるべく早く−80℃のフリーザーに入れ，一晩凍結させる ⓕ

ⓕ いきなり液体窒素に入れるのではなく，徐々に凍結する．このためのプログラムフリーザーという装置をもっていれば，それを使えばよい．
さらに少し解説する．水溶液をゆっくり凍らせると，溶質を排除しながら氷の大きな結晶ができるので，細胞構造が破壊される．瞬時に凍結できれば，氷の結晶を作らずに凍結状態に移行するかもしれないが，それは不可能である．氷の結晶ができにくいようにセルバンカーを加え，徐々に（例えば1℃/分など）凍結するのが最も細胞傷害が小さいといわれる．凍結速度を調節しながら凍結する装置がプログラムフリーザーである．ただ，発泡スチロールケースを使って凍らせる方法は，最適ではないかもしれないが，安上がりで，多くの培養細胞（特に株細胞）で実用上問題なく凍結できるために，汎用されている．

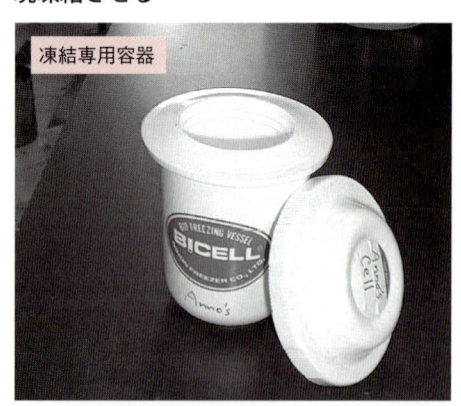

凍結専用容器

こういう専用容器に入れて−80℃に入れてもよい

⬇

❽ 翌日，液体窒素タンクへ移す

1) 凍結チューブを入れるケーンおよび保護筒を用意し，ケーンの頭に番号を書き，液体窒素タンクのところに置いておく⑨

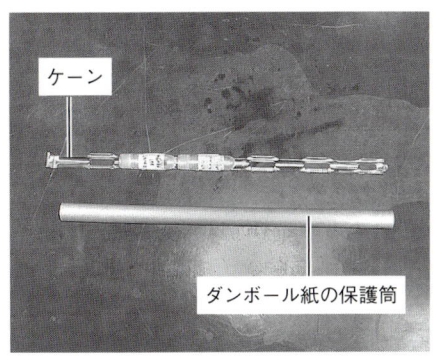

ⓖ 凍結した細胞を極力溶かさないよう，準備は万全にしておく．

2) 冷凍庫から凍結細胞の入った発泡スチロールのケースを出し，液体窒素タンクのところに運ぶ
3) 発泡スチロールを開け，凍結チューブを出してケーンにさす
4) 保護筒にケーンをさし込む ⓗ
5) 液体窒素タンクのフタを取り，キャニスターを取り出し，ケーンを入れ，素早く戻して，フタをする ⓘ
6) 入れた場所（タンク，キャニスター，ケーンの番号など）を記録する ⓙ，ⓚ

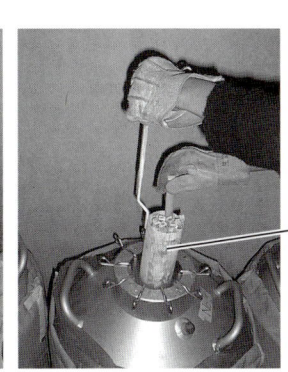

ⓗ 凍結チューブはケーンから外れやすいので，保護筒はつけた方がよい．凍結チューブがケーンから外れると回収はかなりやっかいである．
ⓘ キャニスターは液体窒素から完全に引き上げる必要はなく，ケーンを入れる場所がわかりさえすればよい．
ⓙ 記録簿の書き方は，ノート，カード，パソコンなど研究室によって工夫されているであろう．
ⓚ 液体窒素の補充は定期的に行う．

❾ 凍結記録ノート，またはデータベースに登録する ⓛ，ⓜ

記入例

```
Tahara Lab.Cell Bank Data Sheet
細胞名   ：KA62(73)
細胞由来：HUE101-1 に pSV2neoSV40LT を
         transfect したもの
凍結者  ：anno     凍結日時：09/10/24
DISH(mm)：100      凍結本数：3
凍結枚数：3
培地    ：MCDB151
血清・増殖因子：10% FBS
残りアンプル数：3            使用者 1
タンク No.    ：4                  2
キャニスター No.：4                3
アンプルホルダー No.：2            4
備考：                             5
                                   6
```

ⓛ 液体窒素タンクを開ける回数を減らすため，後で書こうと思っていると忘れてしまうので，その場で書くようにする．
ⓜ ケーンは6本の凍結チューブをつけられるので，一般には一度に6本を単位として凍結する．もちろん，必要に応じて一度にたくさん凍結することもあるし，一時的に2本ずつのこともある（目的による）．

凍結ごとにコンピュータのデータ上に追加する．1枚は打ち出してファイルする．

▶ 凍結細胞のチェック

可能であれば翌日，1本を出して培養し，コンタミはないか，死細胞は多くないかをチェックする（残りは5本になるが）．コンタミなどがあれば残りの5本も使えない可能性があるので，新たに凍結し直した方が安全である．

実習 4-2　細胞を解凍する

実験ノート

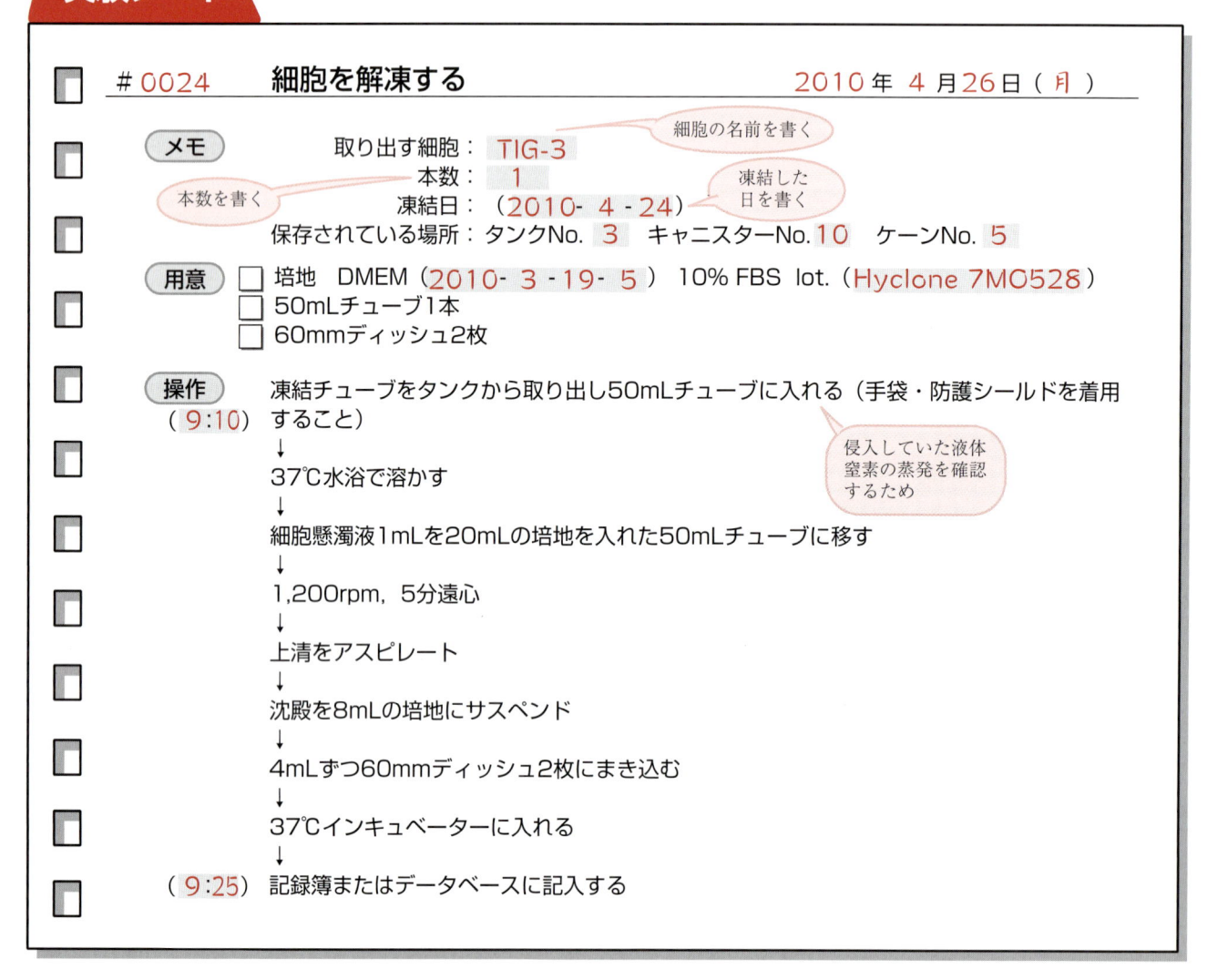

```
# 0024    細胞を解凍する                    2010年 4月26日（月）

メモ        取り出す細胞： TIG-3        ←細胞の名前を書く
            本数： 1
            凍結日：（2010- 4 -24）     ←凍結した日を書く
本数を書く→
            保存されている場所：タンクNo. 3  キャニスターNo. 10  ケーンNo. 5

用意   □ 培地  DMEM（2010- 3 -19- 5）  10% FBS  lot.（Hyclone 7MO528）
       □ 50mLチューブ1本
       □ 60mmディッシュ2枚

操作    凍結チューブをタンクから取り出し50mLチューブに入れる（手袋・防護シールドを着用
(9:10)  すること）
          ↓                                    ←侵入していた液体
        37℃水浴で溶かす                          窒素の蒸発を確認
          ↓                                      するため
        細胞懸濁液1mLを20mLの培地を入れた50mLチューブに移す
          ↓
        1,200rpm，5分遠心
          ↓
        上清をアスピレート
          ↓
        沈殿を8mLの培地にサスペンド
          ↓
        4mLずつ60mmディッシュ2枚にまき込む
          ↓
        37℃インキュベーターに入れる
          ↓
(9:25)  記録簿またはデータベースに記入する
```

❶ 37℃の水浴を用意する
　　↓
❷ 液体窒素タンクから必要な凍結チューブを取り出す[a]　　　　[a] 次ページの解説「凍傷に対する注意」を参照
　　↓
❸ 空の50 mLチューブに凍結チューブを入れ，液体窒素の蒸発を確認する[b]　　[b] 次ページの解説「爆発に対する注意」を参照
　　↓
❹ 水浴で凍結を融解する[c]　　　　　　　　　　　　　　　　　[c] 166ページの解説「温め方」を参照
　　↓

▶ **以下の操作はクリーンベンチ内で行う**

❺ 凍結チューブ表面をアルコール綿でよくぬぐって，チューブ立てに立てる

　↓

❻ 50 mL チューブに 20 mL の培地を入れておく

　↓

❼ 凍結チューブのフタを開ける

　↓

❽ 2 mL の駒込ピペットで凍結チューブ内の細胞浮遊液をよく懸濁し，50 mL チューブへ移す ⓓ

　ⓓ 懸濁するとき泡を立てないのはいつものとおり．

　↓

❾ 同じ駒込ピペットで❽で 50 mL チューブに移した液を 1 mL 取り，凍結チューブへ入れて懸濁して 50 mL チューブへ戻す（凍結チューブから洗い込む）

　↓

❿ 50 mL チューブのフタを閉め，ビニールテープを巻いて（ホコリよけ）2,000 rpm，5 分遠心する

　↓

⓫ 上清を吸い取る

　↓

⓬ 沈殿に 10 mL メスピペットで培地 8 mL を加えて，懸濁する

　↓

⓭ 60 mm ディッシュ 2 枚に 4 mL ずつまく ⓔ

　ⓔ 100 mm ディッシュ 1 枚から回収していた細胞を 60 mm ディッシュ 2 枚にまくのは，1 枚コンタミしても，1 枚は助かる可能性を期待するからである．

　↓

⓮ 細胞を解凍したら必ず記録簿に記録する（記録上存在しているはずの細胞がないと困る）ⓕ

　ⓕ 記録上 5 本残っているはずなのに 4 本しかないなどの不備を発見したら，それも記録して後の人が困らないようにする．

　↓

⓯ 翌日，観察する ⓖ
・コンタミはないか
・浮遊している死細胞は多くないか
・細胞は接着してよく伸びているか
・もしコンフルエントになっていれば継代する

　ⓖ 記録簿に細胞の状態を記載する（次に使用する人のため）．
　特に，コンタミや死細胞が凍結時の問題と考えられるときは，残った凍結細胞も使えない可能性がある．

解説　凍傷に対する注意

厚くて使いにくいが，専用の革手袋をする．液体窒素タンクからケーンを引き出し，落下防止の保護筒（紙筒）を外して，目的の凍結チューブをピンセットで外し，すぐに広口ビンへ入れる．ケーンはすぐに保護筒をはめて，液体窒素へ戻す．モタモタしていると，空気中の水分が氷になって付着する（氷が付着すると保護筒にはまらなくなる）．

解説　爆発に対する注意

凍結チューブ内に液体窒素が侵入していることが少なくない．チューブを温めれば液体窒素が急速に気化する．たいていの場合，気化した窒素はパッキングから漏れて，やがて液体窒素はなくなる．しかし，かつて，凍結チューブの品質の問題のために，解凍前に頻繁に爆発したことがあった．今日ではたいてい大丈夫とは思われるが，念のため，顔と頭を覆う防護面は必

ず装着すること．防護面で覆われない体部もすべて衣類で覆うこと．例えば，実験衣のえりを立てて首まで覆う，袖口はたくしあげずに先まで伸ばす，などする．

液体窒素から出したチューブは，プラスチックの広口ビン（ここでは 50 mL の遠心チューブを使った）などに素早く入れ（もちろん，フタはしない），様子をみる．液体窒素が侵入していればシューと音を立てて窒素が吹き出す．しばらくして音が止めば液体窒素はなくなっている．1分たっても音がしなければ窒素は入っていなかったと考えてよいだろう．

> **解説　温め方：液体窒素が消えたらなるべく急速に解凍する**
>
> "凍結チューブを 37℃ に温めた水浴に放りこんで（チューブは浮く）溶けるのを待つ" と書いてある指導書がある．取り出したとき，内側の方が必ず陽圧になるので水浴の水が侵入することはあり得ず，コンタミすることはないという．
>
> その通りなのかもしれない（そうしてもよい）が，きれいとはいえない水浴の水がフタのパッキングなどに付着するのは気持ちが悪い．コンタミする不安を避けたいので，ピンセットで凍結チューブのフタ部分を保持して，37℃ の水浴につける．凍結した液の少し上くらいまでを水浴に浸し，フタのパッキング部分まで浸らないように注意する．チューブを水浴内で動かして，なるべく急速に温まるようにする．内部の凍結液が溶けてきたら，たびたびチューブを振りまぜ，速やかに溶けるようにする．溶けたらなるべく早く先へ進む．多少は氷のかたまりが残っていてもかまわない．
>
> （図の注記：パッキングは水浴につけないように／液面の少し上まで水浴につける）

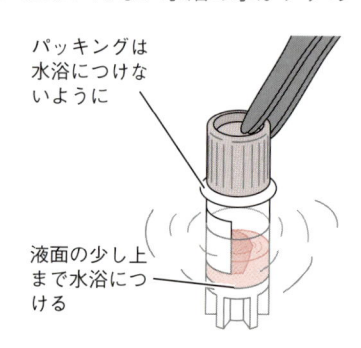

実習 4-3　マイコプラズマの検出

> **重要**
> ★ マイコプラズマ検査は，必ず日程を決めて定期的に行う！
> ★ 新しく入手した細胞は，必ずマイコプラズマ検査をしてから使用する．これを怠ると，マイコプラズマ汚染が広がる！

マイコプラズマ感染は，その培養細胞を用いた実験結果に影響を与えるだけではなく，培地や液体窒素を介して他の細胞にも感染が広がる危険性がある．他の人に迷惑をかけないためにも自分が培養している細胞は責任をもって定期的にみておきたい．ここではマイコプラズマの簡便な検出法として知られている，二本鎖 DNA の鎖間に入り込む蛍光色素 DAPI (4',6-Diamidine-2'-phenylidole dihydrochloride) による核染色を行う．

最近では，PCR 法を用いたマイコプラズマ検査キットなども市販されている．いずれにしても定期的に検査することが大事である．

実験ノート

\# 0025　　マイコプラズマ感染をチェックする　　2010 年 4 月22日（木）

用意
- ☐ カバーグラス上にまき込んだ細胞
  細胞名：TIG-3　（2010- 4 -15 plated, 45PDL　　　）
- ☐ PBS（−）（2010- 4 -12- 3 ）
- ☐ 100%エタノール
- ☐ 50%グリセロール・PBS（−）液
- ☐ 100ng/mL DAPI水溶液　（DAPI stock（1mg/mL in DMSO）1 μL
  　　　　　　　　　　　　　　PBS（−）　　　　　　　　　　　10 mL ）

（要時調整する）

操作

（1:10）マルチウェルプレートで育てた細胞から培地をアスピレート
　　　　↓
　　　　PBS（−）1mLを加えて洗う
　　　　↓
　　　　100%エタノールを1mL加える
　　　　↓
　　　　室温で10分放置
　　　　↓
　　　　アスピレート
　　　　↓
　　　　DAPI水溶液1mLを加える　（ここで，蛍光顕微鏡のUVランプ点灯）
　　　　↓
　　　　室温，10分放置
　　　　↓
　　　　アスピレート
　　　　↓
　　　　PBS（−）1mL加え，カバーグラスを取り出す
　　　　↓
（1:45）スライドグラスにマウント
　　　　↓
　　　　蛍光顕微鏡で観察
　　　　（DAPI用にフィルターセット）

［写真を貼っておこう］

核がきれいに染色されている
以外は染色されたものは
見えなかった。
Heavyなコンタミは
ないと思う。

特別実習　細胞培養に必要な準備を学ぼう！

実習4　細胞の管理　167

❶ 観察したい細胞をあらかじめ，カバーグラスにまき込んでおく[a]

↓

❷ 固定した細胞（100％エタノール，10分）に 100 ng/mL の DAPI 溶液を加え10分放置する[b]

↓

❸ 一度 PBS（−）で洗う

↓

❹ スライドグラスの上に 50％グリセロール・PBS（−）液を一滴垂らし，カバーグラスを裏返しにして気泡が入らないように注意しながら液の上にのせる[c]

↓

❺ 余分な 50％グリセロール・PBS（−）液をティッシュの端で吸い取る

↓

❻ 蛍光顕微鏡で観察する

[a] カバーグラスへのまき込みについては**第4日実習1**を参照

[b] 30分くらい放置すれば，固定しなくても染色されるが，細胞内に取り込まれる効率はあまり高くはないので染まりはよくない（蛍光強度が弱い）．

[c] カバーグラスの端をまず載せ，ゆっくりともう一方の端を下ろしてゆくと気泡が入りにくい．

考察

核が青色にギラギラ光っているはずである．細胞質のミトコンドリア DNA も光る可能性がある．もしも細胞質に青い光点がたくさんあったり，細胞のない場所まで点々と光るようだったら，その細胞はマイコプラズマに汚染されている可能性が高い．この方法は簡便ではあるが，あまり高感度ではなく，見えないからといって安心はできない．

通常の培地は抗生物質を含んでいるので，マイコプラズマがコンタミしていても増殖が抑制されている可能性がある．マイコプラズマのわずかのコンタミでも検出したいときは，抗生物質を除いた培地で1週間くらい培養して増殖させてからチェックすることが望ましい．

細胞質への[³H]-Thymidine の取り込みを見る方法，マイコプラズマを培養する方法，あるいはマイコプラズマのゲノム DNA に設定したプライマーを使用した PCR 法など特異的で感度が高いキットなどもある．

残念ながら汚染が確認されたら，細胞をオートクレーブして捨てるのが一番安全である．

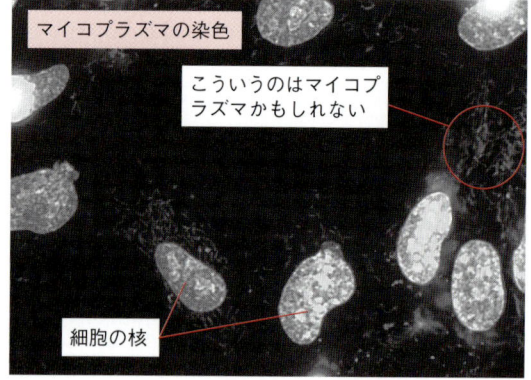

楕円の核が染色されているほかに，細胞質部分に汚い染色が見える

● 特別実習を通じて

▶ 前準備しておくことの大切さ

いざ使おうとしたときに滅菌されたビンが足りないなど，必要なものがきちんと準備されていないと実験ができなくなるので，常にストックがあるように気をつける．

共通で利用するものは，誤りがあると仲間全体に迷惑がかかる．例えば，作った培地がコンタミしていた，培地の組成が間違っていた，などは大迷惑である．

索引

和文

ア行

アイピース	88
足場依存性	17, 18
アスピレーター	30, 50
アスピレートのやり方	80
位相差顕微鏡	31, 45
一次抗体	131
インキュベーターの掃除	142
ウェイトリング	38
ウォーターバス	27
液体窒素タンク	163
遠心機	33
オートクレーブ	145
オートクレーブテープ	145
オートクレーブバッグ	59
オスバン	25

カ行

ガスバーナー	40
カバーグラス	109, 130
カビのコンタミ	46
株化	19
株細胞	19
幹細胞	18
癌細胞	17, 18
間充質	19
乾熱滅菌	147
間葉系組織	19
ギムザ希釈液	100
ギムザ染色	98, 99, 103
グリース	114
クリーンベンチ	29, 40
クリスタルバイオレット	77
クリスタルバイオレット液	79, 81
グルタミン	154
クレゾール石けん液	25
クローニング	95, 112
クローニングシリンダー	114
クローン	95
蛍光顕微鏡	32, 137
継代	16, 19, 62
継代数	63
ケーン	163
血球計算盤	77, 81
血清	20
血清の非動化	155
血清のロットチェック	158
懸濁のやり方	94
格子を切ったアイピース	89
抗生物質	154
抗体	131
酵母のコンタミ	46
固定	130, 133
駒込ピペット	22
駒込ピペットの扱い方	69
ゴミの始末	59
コロニー	112
コロニー形成	95
コロニー形成率	104, 158
コロニーを数える	102
コンタクトインヒビション	15, 63
コンタミ	23, 45
コンタミネーション	23
コンフルエント	15, 16, 63

サ行

細胞株	19
細胞周期	15, 126
細胞のクローニング	95
細胞の凍結保存	160
細胞の分散	72
細胞の混ぜ方	73
細胞分裂期	15
細胞分裂像	15
細胞を解凍する	164
殺菌灯	30, 41
サテライトコロニー	105
実験ノート	37
シャーレ	21
集団倍加レベル	16
初代培養	19
シリンジフィルター	148
シングルセル	75
水浴	27, 37, 65
正確な分注	91
静止期	127
赤道板	15
接触阻止能	18
セルバンカー	161
線維芽細胞	17, 19
前室	25
増殖因子	19, 20
増殖活性	138
増殖曲線	15, 122, 126

タ行

対数増殖期	15, 127
単一細胞	70
炭酸ガスボンベの交換	27, 143
遅滞期	15, 126
定常期	127
ディッシュ	21
ディッシュの取り出し方	66
デヒドロ酢酸ナトリウム一水和物	29
手袋	38
テロメア	16
テロメラーゼ	16
電動ピペッター	34, 35, 54
凍結保存	160
倒立位相差顕微鏡	31
トランスフェクション	135

索 引

トランスフォーム細胞 … 17, 18
トリパンブルー …………… 87
トリプシン/EDTA
　………………… 20, 65, 157
トリプシン消化 …………… 70

ナ 行
二次抗体 ………………… 131

ハ 行
廃液トラップ ……………… 30
倍加時間 ………… 122, 127
培地 ……………………… 19
培地替え ………………… 34
培地を作る ……………… 152
培養室 ………………… 23, 24
培養室の掃除 …………… 141
パスツールピペット … 22, 49
バンバンカー …………… 161
非動化 …………………… 155
ビニールテープ ……… 41, 93
ヒビテン液 ……………… 25
ピペッティング ……… 72, 73
ピペット ………………… 22
ピペット操作 …………… 63
ピペットの洗浄 ………… 150
標準誤差 ………………… 127
封入剤 …………………… 134
フェノールレッド …… 20, 47
不死化細胞 …………… 16, 17
フタの持ち方 …………… 55
浮遊細胞 ………………… 18
分注 ……………………… 90
分注器 …………………… 92
分裂寿命 ………………… 16
ペニシリン・ストレプトマイシン
　………………………… 155
放射性同位元素 ………… 138
包埋剤 …………………… 104

母液 ……………………… 57
ホコリ ……………… 23, 141
補体 ……………………… 155

マ 行
マイクロメーター ………… 89
マイコプラズマ ………… 23
マイコプラズマ検査 …… 166
マルチウェルプレート … 21, 107
無菌室 ……………… 23, 28
無菌操作 ………………… 34
メスピペット ………… 22, 53
メタノール固定 ………… 133
滅菌 ……………………… 145
免疫染色 ………………… 131

ユ 行
有限分裂寿命 ………… 16, 17
誘導期 …………………… 126

ラ 行
裸核 ……………………… 77
ラバーポリスマン ………… 79
冷蔵庫 …………………… 26
冷凍庫 …………………… 26
濾過滅菌 ………………… 147
ロット管理 ……………… 27
ロットチェック ………… 158

欧 文

A〜C
anchorage-dependency　17
anchorage-independent　18
cell line ………………… 19
CO_2インキュベーター
　…………… 21, 28, 43, 67
conditioned medium …… 96

conditioning …………… 96
confluent ………………… 15
contact inhibition ……… 15

D〜G
DMEM ………………… 152
DNA合成期 ……………… 15
doubling time …… 122, 127
FBS ……………………… 20
GFP発現ベクター ……… 135
growth curve ………… 122
G0期 ……………… 15, 126
G1期 ……………………… 15
G2期 ……………………… 15

i〜M
iPS細胞 ………………… 18
lag phase ………… 15, 126
M期 ……………………… 15
multi-layer ……………… 15

P〜T
passage ………………… 63
PBS（−） ………… 20, 157
PDL ………………… 16, 62
pH指示薬 …………… 20, 47
pile-up …………… 15, 18
population doubling level … 16
primary culture ………… 19
S期 ……………………… 15
stationary phase ……… 127
TCA …………………… 139
TIG-3 …………………… 17

数字・記号
24ウェルプレート ……… 107

著者プロフィール

井出 利憲（いで としのり）

<略歴>
- 1965年　東京大学薬学部卒業
- 1970年　東京大学大学院薬学研究科博士課程修了（薬学博士）
- 1978年　広島大学医学部薬学科助教授
- 1988年　広島大学医学部薬学科教授
- 2003年　広島大学大学院医歯薬学総合研究科 研究科長
- 2006年　広島国際大学薬学部教授
- 2008年　愛媛県立医療技術大学 学長
- 2010年　公立大学法人愛媛県立医療技術大学 理事長・学長

<読者へのひとこと>

細胞培養は，医学・理学・歯学・薬学・農学・工学など，実に広範な領域の研究に利用されています．すっかり普及している技術で，今さら目新しくもないありふれた技術ですが，それでも，新たに培養技術を習おうとする初心者にとっては，技術面でも精神面でも若干の敷居の高さがあるようです．1冊の本で全てが解決するはずはありませんが，初心者の敷居が低くなるように，初心者の痒いところに手が届くようにと願って旧版を書き改め，新しい企画も取り入れて改訂しました．旧版に増してお役に立つことを期待しています．

田原 栄俊（たはら ひでとし）

<略歴>
- 1988年　東京薬科大学薬学部製薬学科卒業
- 1994年　広島大学大学院医学系研究科博士課程後期分子薬学系専攻修了（薬学博士）
- 1998年　National Institute of Environmental Health Sciences（NIEHS），National Institute of Health（NIH）の Dr. J Carl Barrett（NIEHS研究所長，Chief of Laboratory Molecular Carcinogenesis）のもとに留学
- 2001年　広島大学医学部総合薬学科助教授
- 2002年　広島大学大学院医歯薬学総合研究科助教授
- 2006年～現在　広島大学大学院医歯薬学総合研究科教授
- 2008年～現在　日本RNAi研究会 会長

<読者へのひとこと>

多くの研究者が気軽に培養細胞を扱うようになってきましたが，その培養技術を教育できる人材は意外と少ないのが現状です．研究室に配属された学生に同じ細胞を渡して培養してもらっても，細胞の増殖や状態が人により結構違ってきます．状態の悪そうな細胞から回収したサンプルでPCRやウエスタンをやっても，再現性が得られずつまずく人も少なくありません．つまり，細胞培養が適切に行えないと，その後の実験結果にも大きく影響することになるのです．扱う細胞の種類によって，培養の仕方が違うのでその細胞にとって適切な状態で育てることは意外と難しいのですが，本書を有効に使って皆さんの研究の一助になることを期待しています．

無敵のバイオテクニカルシリーズ

改訂 細胞培養入門ノート

1999年 1月 1日第1版第1刷発行	著　者	井出利憲，田原栄俊
2009年 5月25日第1版第9刷発行	発行人	一戸 裕子
2010年 6月10日第2版第1刷発行	発行所	株式会社 羊　土　社
2025年 2月 1日第2版第8刷発行		

〒101-0052
東京都千代田区神田小川町2-5-1
TEL：03(5282)1211
FAX：03(5282)1212
E-mail：eigyo@yodosha.co.jp
URL：www.yodosha.co.jp/

Printed in Japan
ISBN978-4-89706-929-6

印刷所　株式会社 平河工業社

本書の複写にかかる複製，上映，譲渡，公衆送信（送信可能化を含む）の各権利は（株）羊土社が管理の委託を受けています．
本書を無断で複製する行為（コピー，スキャン，デジタルデータ化など）は，著作権法上での限られた例外（「私的使用のための複製」など）を除き禁じられています．研究活動，診療を含み業務上使用する目的で上記の行為を行うことは大学，病院，企業などにおける内部的な利用であっても，私的使用には該当せず，違法です．また私的使用のためであっても，代行業者等の第三者に依頼して上記の行為を行うことは違法となります．

JCOPY <（社）出版者著作権管理機構 委託出版物>
本書の無断複写は著作権法上での例外を除き禁じられています．複写される場合は，そのつど事前に，（社）出版者著作権管理機構（TEL 03-5244-5088，FAX 03-5244-5089，e-mail：info@jcopy.or.jp）の許諾を得てください．

乱丁，落丁，印刷の不具合はお取り替えいたします．小社までご連絡ください．

CellMax DUO簡易細胞培養システム
(CellMax DUO System)

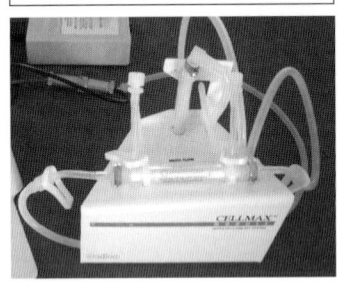

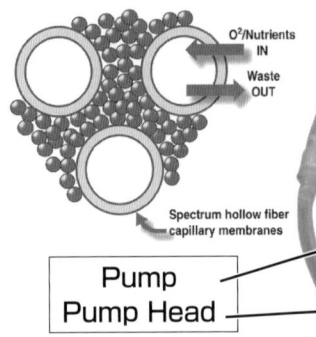

新製品！

培養モジュール（+Oxigenator）

Pump
Pump Head

DUO System Setup

〈特性〉
◎操作簡単！フラスコ培養の延長感覚！
（CellMaxの機能向上、コンパクト！）
◎高密度細胞培養システム
（モノクロ抗体、組み換え蛋白生産、細胞代謝成分研究、細胞増殖回収）
◎2本同時培養可（比較培養、大量生産）
◎オプションにて自動化システム提供可

Spectrum Laboratories 日本支社　　〒520-0105 滋賀県大津市下阪本3-12-18
電話（FAX兼用）077-578-0166, e-mail : spectrum.j@gol.com　URL : www.spectrumlabs.com

---

改訂 バイオ試薬調製 ポケットマニュアル

欲しい試薬がすぐにつくれる
基本操作と注意・ポイント

田村隆明／著

実用性バツグン！10年以上にわたって実験室で利用され続けているベストセラーがついに改訂！！溶液・試薬の調製法や実験の基本操作はこの1冊にお任せ．デスクとベンチの往復にとっても便利なポケットサイズ！

■ 定価 3,190円（本体 2,900円＋税10%）　■ B6変型判
■ 275頁　■ ISBN 978-4-7581-2049-4

理系なら知っておきたい ラボノートの書き方 改訂版

論文作成，データ捏造防止，
特許に役立つ書き方＋管理法がよくわかる！

岡﨑康司, 隅藏康一／編

実験ノート・筆記具の選び方から，記入・保管・廃棄のしかたまで，これ一冊で重要ポイントが丸わかり！改訂により，大学におけるノート管理の記述を強化＆米国特許法の先願主義移行にも対応．山中伸弥博士推薦の一冊

■ 定価 3,300円（本体 3,000円＋税10%）　■ B5判
■ 148頁　■ ISBN 978-4-7581-2028-9

発行　**羊土社 YODOSHA**　〒101-0052 東京都千代田区神田小川町2-5-1　TEL 03(5282)1211　FAX 03(5282)1212
E-mail : eigyo@yodosha.co.jp
URL : www.yodosha.co.jp/

ご注文は最寄りの書店，または小社営業部まで

Wako

D-MEM、E-MEM、RPMI-1640 等汎用商品を品揃え！

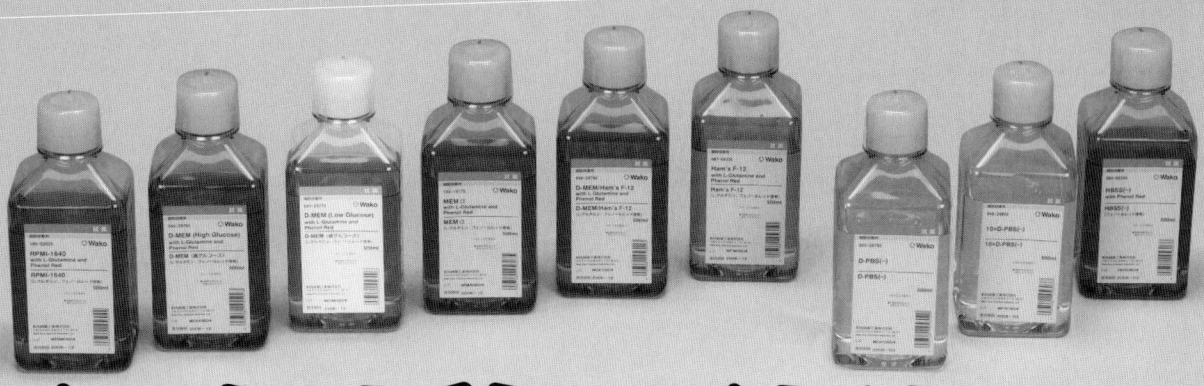

細胞培養用 液体培地

液体培地

【品質試験】マイコプラズマ試験、エンドトキシン試験、無菌試験、細胞増殖能試験 適合

品　名	L-グルタミン	フェノールレッド	ピルビン酸	HEPES	コード No.	容量
D-MEM (High Glucose)	●	●			044-29765	500ml
	●	●	●		043-30085	500ml
	●	●		●	048-30275	500ml
		●			045-30285	500ml
					040-30095	500ml
D-MEM (Low Glucose)	●	●	●		041-29775	500ml
E-MEM	●	●			051-07615	500ml
G-MEM	●				078-05525	500ml
MEM α	●	●	●		135-15175	500ml
RPMI-1640	●	●			189-02025	500ml
					187-02021	1L
	●	●		●	189-02145	500ml
	●				186-02155	500ml
		●			183-02165	500ml
Ham's F-12	●	●	●		087-08335	500ml
Ham's F-12K (Kaighn's Modification)	●	●	●		080-08565	500ml
D-MEM／Ham's F-12		●	●		048-29785	500ml
	●	●		●	042-30555	500ml
	●		●		045-30665	500ml
		●	●	●	042-30795	500ml

平衡塩溶液

【品質試験】マイコプラズマ試験、エンドトキシン試験、無菌試験 適合

品　名	コード No.	容量
HBSS(－) with Phenol Red	084-08345	500ml
HBSS(＋) without Phenol Red	084-08965	500ml
D-PBS(－)※	045-29795	500ml
10×D-PBS(－)※	048-29805	500ml
PBS(－)※	166-23555	500ml

※ D-PBS(－) は KCl を含んでいますが、PBS(－) は KCl を含んでいません。

組成、その他の製品については、こちらをご覧下さい

http://wako-chem.co.jp/siyaku/info/bai/article/CellCult.htm

和光純薬工業株式会社

本　　社：〒540-8605 大阪市中央区道修町三丁目1番2号
東京支店：〒103-0023 東京都中央区日本橋本町四丁目5番13号
営　業　所：北海道・東北・筑波・横浜・東海・中国・九州

問い合わせ先
フリーダイヤル：0120-052-099　フリーファックス：0120-052-806
URL：http://www.wako-chem.co.jp
E-mail：labchem-tec@wako-chem.co.jp

PreSens
PRECISION SENSING

センサー・ディッシュ・リーダー SDR2® (Sensor Dish Reader)

蛍光式酸素測定原理によるセンサー・ディッシュ・リーダー（SDR2）は、細胞培養過程/細菌（バクテリア）成長過程でのpH/DOのオンラインモニタリングが可能です。

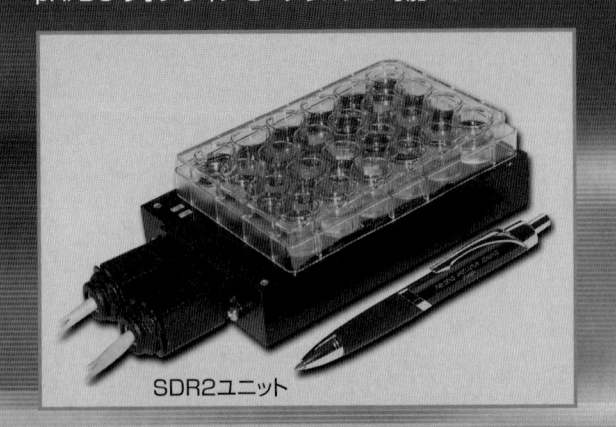

SDR2ユニット

ニードル式 酸素センサー

微量サンプル液体（μLオーダー）及び極小空間中の酸素濃度計測が可能

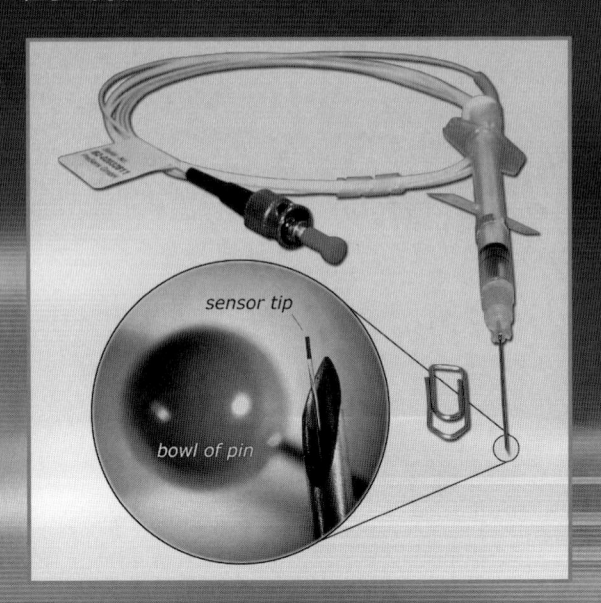

sensor tip
bowl of pin

特長

- オンラインモニタリング可能。
- インキュベーターでの設置が可能。
- SDR2ユニットは最大10台まで増設可能。
- 校正不要（キャリブレーション・フリー）。
- γ線滅菌済。（HydroDish HD 24/OxoDish® OD 24）
- 接着細胞への使用も可能です。
- 温度補正は内部温度センサーで自動補正されます。

アプリケーション

- **細胞培養モニタリング**
  OxoDish®は、酸素濃度の変化を検知することによりセル成長をモニタリングできます。哺乳類細胞の低酸素消費変化さえも容易にモニタリングすることができます。
- **受精卵細胞呼吸モニタリング**
- エンザイム・スクリーニング
- ドラッグ・スクリーニング
- ホモジニアス・アッセイ
- 毒性評価モニタリング
- 酵素反応モニタリング
- 浮遊細胞培養モニタリング
- ミトコンドリア酸素活性モニタリング
- 哺乳類細胞培養モニタリング
- 低酸素培養モニタリング

振とうフラスコリーダー SFR (Shake Flask Reader)
微生物培養/細胞培養用途

SFRは既存の振とう器に設置できるDO/pHモニターユニットです。最大9個までのフラスコ中のDOおよびpHを同時に非接触モニタリングすることができます。
このセンサーフラスコは予め校正済みのセンサーが仕込まれており、底面の透明な部分からDO/pHをモニターします。

特長

- 非接触・非破壊測定
- DO/pHの同時モニタリング
- キャリブレーション・フリー
- 様々な容器に対応可能
- 既存の振とう器に取付可能
- Bluetooth対応（ケーブル無し）

Shake flask
Sensor spots

その他取扱い製品●ミトコンドリア酸素活性/培養細胞呼吸測定装置

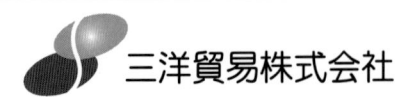

三洋貿易株式会社

科学機器事業部
〒101-0054 東京都千代田区神田錦町2丁目11番地 三洋安田ビル8F
TEL 03-3518-1187 FAX 03-3518-1237
URL://www.sanyo-si.com/ e-mail:info-si@sanyo-trading.co.jp

愛される製品
信頼される技術

BIOLABO

細胞凍結保存液
セルバンカーシリーズ

セルバンカー1 プラス

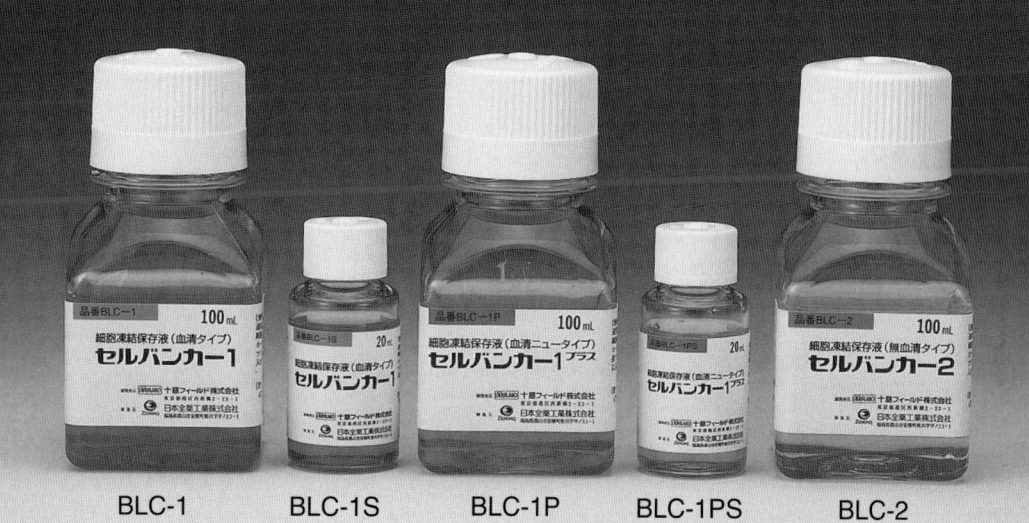

| BLC-1 | BLC-1S | BLC-1P | BLC-1PS | BLC-2 |

製品名	製品番号	包装単位	消費期限	備考
セルバンカー1	BLC-1	100mL	3年	血清タイプ
	BLC-1S	20mL×4本		
セルバンカー1プラス	BLC-1P	100mL		血清ニュータイプ
	BLC-1PS	20mL×4本		
セルバンカー2	BLC-2	100mL		無血清タイプ

特長
- 試薬の調整及びプログラムフリーザーが不要ですので、細胞の保存が短時間で、安価にできます。
- 細胞を長期間凍結保存できますので、凍結操作を頻繁に行う必要がありません。
- ディープフリーザーで急速に凍結保存できます。
- 融解後の生存率が良好です。

※カタログ及びサンプルを用意しておりますので下記までご連絡ください。

総発売元

BIOLABO 十慈フィールド株式会社

本　社／〒105-0003　東京都港区西新橋2-23-1　第三東洋海事ビル8F
TEL 03-5401-3035(代)　FAX 03-5401-3020
URL．http://www.juji-field.co.jp　E-mail:info@juji-field.co.jp

製造元

ZENOAQ 日本全薬工業株式会社

ZENOAQ（ゼノアック）は日本全薬工業の企業ブランドです。
URL：www.zenoaq.jp

実験医学をご存知ですか!?

実験医学ってどんな雑誌？

ライフサイエンス研究者が知りたい情報をたっぷりと掲載！

「なるほど！こんな研究が進んでいるのか！」「こんな便利な実験法があったんだ」「こうすれば研究がうまく行くんだ」「みんなもこんなことで悩んでいるんだ！」などあなたの研究生活に役立つ有用な情報、面白い記事を毎月掲載しています！ぜひ一度、書店や図書館でお手にとってご覧になってみてください。

医学・生命科学研究の最先端をいち早くご紹介！

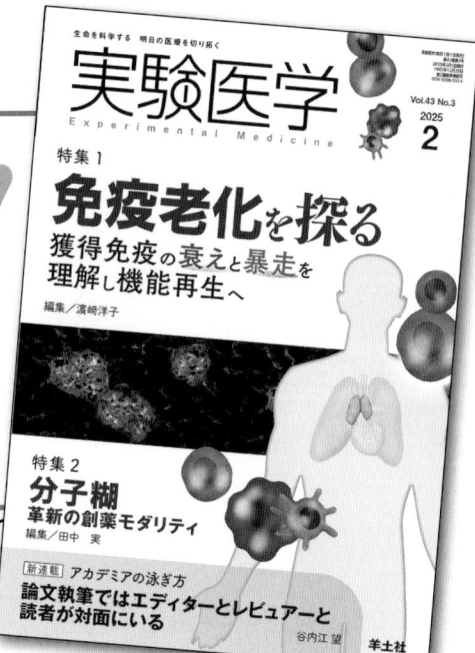

実験医学 Vol.43 No.3 2025 2
特集1 **免疫老化を探る** 獲得免疫の衰えと暴走を理解し機能再生へ 編集／濱崎洋子
特集2 **分子糊** 革新の創薬モダリティ 編集／田中 実
新連載 アカデミアの泳ぎ方 論文執筆ではエディターとレビュアーと読者が対面にいる 谷内江 望

今すぐ研究に役立つ情報が満載！

| 特集 では | 分子生物学から再生医療や創薬などの応用研究まで、いま注目される研究分野の最新レビューを掲載 |
| 連載 では | 最新トピックスから実験法、読み物まで毎月多数の記事を掲載 |

こんな連載があります

NHPD　News & Hot Paper DIGEST　トピックス
世界中の最新トピックスや注目のニュースをわかりやすく、どこよりも早く紹介いたします。

クローズアップ実験法　マニュアル
ゲノム編集、次世代シークエンス解析、イメージングなど多くの方に役立つ新規の、あるいは改良された実験法をいち早く紹介いたします。

Lab Report　ラボレポート　読みもの
海外で活躍されている日本人研究者により、海外ラボの生きた情報をご紹介しています。これから海外に留学しようと考えている研究者は必見です！

その他、話題の人のインタビューや、研究者の「心」にふれるエピソード、研究コミュニティ、キャリア紹介、研究現場の声、科研費のニュース、ラボ内のコミュニケーションのコツなどさまざまなテーマを扱った連載を掲載しています！

Experimental Medicine　実験医学　B5判
生命を科学する　明日の医療を切り拓く

月刊 毎月1日発行　定価2,530円（本体2,300円＋税10％）
増刊 年8冊発行　定価6,160円（本体5,600円＋税10％）

詳細はWEBで!! 実験医学 検索

お申し込みは最寄りの書店、または小社営業部まで！

TEL 03（5282）1211　MAIL eigyo@yodosha.co.jp
FAX 03（5282）1212　WEB www.yodosha.co.jp/

発行 羊土社

実験医学別冊 もっとよくわかるシリーズ

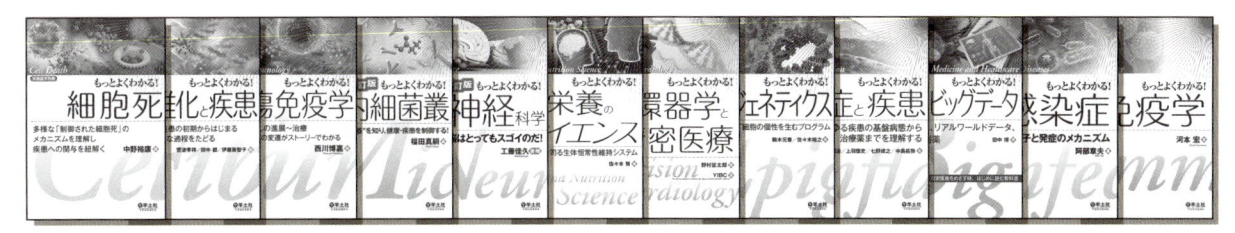

もっとよくわかる！細胞死
多様な「制御された細胞死」のメカニズムを理解し
疾患への関与を紐解く

中野裕康／編
- 定価 5,390円（本体 4,900円＋税10％）
- ISBN 978-4-7581-2214-6
- B5判
- 261頁

もっとよくわかる！線維化と疾患
炎症・慢性疾患の初期からはじまるダイナミックな過程をたどる

菅波孝祥, 田中 都, 伊藤美智子／編
- 定価 5,500円（本体 5,000円＋税10％）
- ISBN 978-4-7581-2213-9
- B5判
- 172頁

もっとよくわかる！腫瘍免疫学
発がん〜がんの進展〜治療
がん免疫応答の変遷がストーリーでわかる

西川博嘉／編
- 定価 5,500円（本体 5,000円＋税10％）
- ISBN 978-4-7581-2212-2
- B5判
- 167頁

改訂版 もっとよくわかる！腸内細菌叢
"もう1つの臓器"を知り、健康・疾患を制御する！

福田真嗣／編
- 定価 4,840円（本体 4,400円＋税10％）
- ISBN 978-4-7581-2211-5
- B5判
- 195頁

改訂版 もっとよくわかる！脳神経科学
やっぱり脳はとってもスゴイのだ！

工藤佳久／著
- 定価 4,620円（本体 4,200円＋税10％）
- ISBN 978-4-7581-2210-8
- B5判
- 296頁

もっとよくわかる！食と栄養のサイエンス
食行動を司る生体恒常性維持システム

佐々木 努／編
- 定価 4,950円（本体 4,500円＋税10％）
- ISBN 978-4-7581-2209-2
- B5判
- 215頁

もっとよくわかる！循環器学と精密医療

野村征太郎／編,
YIBC（Young investigator Initiative for Basic Cardiovascular science）／著
- 定価 5,720円（本体 5,200円＋税10％）
- ISBN 978-4-7581-2208-5
- B5判
- 204頁

もっとよくわかる！エピジェネティクス
環境に応じて細胞の個性を生むプログラム

鵜木元香, 佐々木裕之／著
- 定価 4,950円（本体 4,500円＋税10％）
- ISBN 978-4-7581-2207-8
- B5判
- 190頁

もっとよくわかる！炎症と疾患
あらゆる疾患の基盤病態から治療薬までを理解する

松島綱治, 上羽悟史, 七野成之, 中島拓弥／著
- 定価 5,390円（本体 4,900円＋税10％）
- ISBN 978-4-7581-2205-4
- B5判
- 151頁

もっとよくわかる！医療ビッグデータ
オミックス、リアルワールドデータ、AI医療・創薬

田中 博／著
- 定価 5,500円（本体 5,000円＋税10％）
- ISBN 978-4-7581-2204-7
- B5判
- 254頁

もっとよくわかる！感染症
病原因子と発症のメカニズム

阿部章夫／著
- 定価 4,950円（本体 4,500円＋税10％）
- ISBN 978-4-7581-2202-3
- B5判
- 277頁

もっとよくわかる！免疫学

河本 宏／著
- 定価 4,620円（本体 4,200円＋税10％）
- ISBN 978-4-7581-2200-9
- B5判
- 222頁

発行 羊土社 YODOSHA
〒101-0052 東京都千代田区神田小川町2-5-1　TEL 03(5282)1211　FAX 03(5282)1212
E-mail：eigyo@yodosha.co.jp
URL：www.yodosha.co.jp/

ご注文は最寄りの書店、または小社営業部まで

実験医学別冊 最強のステップUpシリーズのご案内

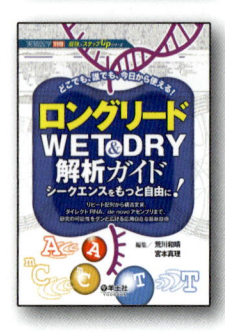

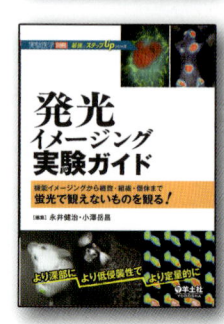

「始めてみたい」「上手になりたい」に応える情報を厳選・詳説

AlphaFold時代の
構造バイオインフォマティクス実践ガイド
今日からできる！構造データの基本操作から相互作用の推定、タンパク質デザインまで

富井健太郎／編

- 定価 6,930円（本体 6,300円＋税10%） ■B5判 ■216頁
- ISBN 978-4-7581-2276-4

タンパク質の「構造」から機能を探り、研究を一つ上のステージへ

リアルな相互作用を捉える 近接依存性標識プロトコール
BioID・TurboID・AirIDの選択・導入から正しい相互作用分子の同定まで、論文には書かれていない実験のノウハウ

澤崎達也，小迫英尊／編

- 定価 7,590円（本体 6,900円＋税10%） ■B5判 ■174頁
- ISBN 978-4-7581-2274-0

ノイズに惑わされない「正しい同定」の戦略とTipsを伝授！

ライトシート顕微鏡実践ガイド　組織透明化＆ライブイメージング
臓器も個体も"まるごと"観る！
オールインワン型からローコストDIY顕微鏡まで

洲﨑悦生／編

- 定価 9,900円（本体 9,000円＋税10%） ■B5判 ■203頁
- ISBN 978-4-7581-2268-9

自分で組み立てる低コスト顕微鏡でのマウス全脳の撮影方法も解説

空間オミクス解析スタートアップ実践ガイド
最新機器の特徴と目的に合った選び方、データ解析と応用例を学び、シングルセル解析の一歩その先へ！

鈴木　穣／編

- 定価 8,580円（本体 7,800円＋税10%） ■B5判 ■244頁
- ISBN 978-4-7581-2261-0

劇的な進化を遂げる空間オミクス解析のいまがわかる！

フロントランナー直伝　相分離解析プロトコール
今すぐ実験したくなる、論文にはないコツや技

加藤昌人，白木賢太郎，中川真一／編

- 定価 7,920円（本体 7,200円＋税10%） ■B5判 ■247頁
- ISBN978-4-7581-2259-7

はじめの一歩の入門にも、論文の裏付けの強化にも！

ロングリードWET&DRY解析ガイド　シークエンスをもっと自由に！
リピート配列から構造変異、ダイレクトRNA、de novoアセンブリまで、研究の可能性をグンと広げる応用自在な最新技術

荒川和晴，宮本真理／編

- 定価 6,930円（本体 6,300円＋税10%） ■B5判 ■230頁
- ISBN978-4-7581-2253-5

どこでも使えて低コスト．壁を破る新技術の実践プロトコール集！

エピゲノムをもっと見るための クロマチン解析実践プロトコール
ChIP-seq、ATAC-seq、Hi-C、smFISH、空間オミクス…クロマチンの修飾から構造まで、絶対使える18選！

大川恭行，宮成悠介／編

- 定価 7,590円（本体 6,900円＋税10%） ■B5判 ■270頁
- ISBN978-4-7581-2248-1

クロマチンアクセシビリティ，ゲノム三次元構造も自分でみれる！

決定版 エクソソーム実験ガイド
世界に通用するプロトコールで高精度なデータを得る!

吉岡祐亮，落谷孝広／編

- 定価 6,820円（本体 6,200円＋税10%） ■B5判 ■199頁
- ISBN978-4-7581-2246-7

論文に求められる基本手技を軸に，キットの活用や発展的な手法も！

発光イメージング実験ガイド
機能イメージングから細胞・組織・個体まで
蛍光で観えないものを観る！

永井健治，小澤岳昌／編

- 定価 6,380円（本体 5,800円＋税10%） ■B5判 ■223頁
- ISBN 978-4-7581-2240-5

発光はここまで使える！イメージングの選択肢を広げよう

「目次」「内容見本」はWEB『実験医学online』からチェックしてください！

発行　羊土社 YODOSHA
〒101-0052　東京都千代田区神田小川町2-5-1　TEL 03(5282)1211　FAX 03(5282)1212
E-mail：eigyo@yodosha.co.jp
URL：www.yodosha.co.jp/

ご注文は最寄りの書店，または小社営業部まで

羊土社のオススメ書籍

実験医学別冊
「留学する?」から一歩踏み出す
研究留学実践ガイド
人生の選択肢を広げよう

ラボの探し方・応募からその後のキャリア展開まで、57人が語る等身大のアドバイス

山本慎也,中田大介／編

進路に悩む学生やポスドクの方に留学という選択肢を示し,その魅力を伝えます.留学先の探し方や応募のしかた,採用試験の準備から留学後のキャリア展開まで,みんなが悩むポイントにつき多くの体験談を交えて解説.

- 定価3,960円（本体3,600円＋税10%）
- 240頁
- ISBN 978-4-7581-2273-3
- A5判

生命科学論文を書きはじめる人のための
英語鉄板ワード&フレーズ

研究の背景から実験の解釈まで「これが書きたかった!」が見つかる頻出重要表現600

河本 健,石井達也／著

論文で頻用される"鉄板"表現を書きたいことから直感的に探せる表現集.600キーワードと対応するキーフレーズで,表現に迷うことがなくなります.学部生・大学院生のはじめての執筆のお供にオススメです.

- 定価4,400円（本体4,000円＋税10%）
- 384頁
- ISBN 978-4-7581-0857-7
- A5判

理系のパラグラフライティング

レポートから英語論文まで 論理的な文章作成の必須技術

高橋良子,野田直紀,E. H. Jego,日台智明／著

アカデミックライティングの必須技術「パラグラフライティング」が身につく,理系研究者必携の教本.1つのパラグラフから英語論文まで,順を追った丁寧な解説で,自身の論文作成や文章執筆に直結して役立ちます！

- 定価3,520円（本体3,200円＋税10%）
- 208頁
- ISBN 978-4-7581-0856-0
- A5判

ストーリーで惹きつける
科学プレゼンテーション法

魅力的かつ論理的に自身の研究成果を伝える世界標準のフォーマット

庫本高志／翻訳,BruceKirchoff／著,JonWagner／イラスト

聴衆を感動させるプレゼンテーションができる！ストーリーを軸に,さまざまなシチュエーション別のプレゼンテーションを手厚くカバー.はじめての学会から,一歩先を目指す人まで,プレゼンには必携の一冊です！

- 定価3,960円（本体3,600円＋税10%）
- 223頁
- ISBN 978-4-7581-0855-3
- A5判

発行 羊土社 YODOSHA
〒101-0052 東京都千代田区神田小川町2-5-1 TEL 03(5282)1211 FAX 03(5282)1212
E-mail：eigyo@yodosha.co.jp
URL：www.yodosha.co.jp/

ご注文は最寄りの書店,または小社営業部まで

羊土社のオススメ書籍

実験医学別冊
論文に出る 遺伝子 デルジーン300

PubMed論文の登場回数順にヒト遺伝子のエッセンスを一望

坊農秀雅／編

テストに出る順に英単語を学ぶ参考書のように，論文に出る順にヒト遺伝子を学ぶ！専門内／外の論文の読みこなしに，オミクスデータの解釈に，学会・研究会での質疑応答に，必須の基礎知識を効率よくインプット．

- 定価4,620円（本体4,200円＋税10％） ■ A5判
- 231頁 ■ ISBN 978-4-7581-2277-1

あなたの 細胞培養、大丈夫ですか?!

ラボの事例から学ぶ結果を出せる「培養力」

中村幸夫／監，
西條　薫，小原有弘／編

医学・生命科学・創薬研究に必須とも言える「細胞培養」．でも，コンタミ，取り違え，知財侵害…など熟練者でも陥りがちな落とし穴がいっぱい．こうしたトラブルを未然に防ぐ知識が身につく「読む」実験解説書です．

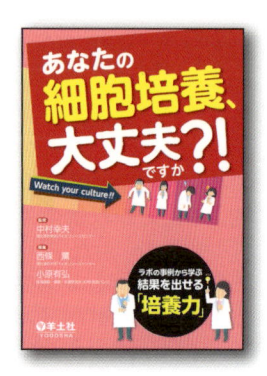

- 定価3,850円（本体3,500円＋税10％） ■ A5判
- 246頁 ■ ISBN 978-4-7581-2061-6

基礎から学ぶ 統計学

中原　治／著

理解に近道はない．だからこそ，初学者目線を忘れないペース配分と励ましで伴走する入門書．可能な限り図に語らせ，道具としての統計手法を，しっかり数学として（一部は割り切って）学ぶ．独習・学び直しに最適

- 定価3,520円（本体3,200円＋税10％） ■ B5判
- 335頁 ■ ISBN 978-4-7581-2121-7

実験医学別冊
改訂 細胞・組織染色の達人

実験を正しく行い、解釈する。免疫染色・ISHと画像解析の超鉄板テクニック

高橋英機／監，大久保和央／著，ジェノスタッフ株式会社／他

国内随一の技術者集団・ジェノスタッフ社のメンバーが総力を結集したベストセラーが待望の改訂！蛍光免疫染色，画像解析を追加し最新の法規制にも対応．この1冊で正しい結果を得るための達人の技が学べます

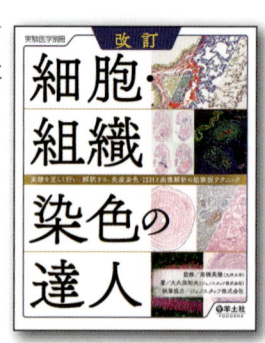

- 定価7,590円（本体6,900円＋税10％） ■ A4変型判
- 237頁 ■ ISBN 978-4-7581-2269-6

発行　羊土社 YODOSHA
〒101-0052　東京都千代田区神田小川町2-5-1　TEL 03(5282)1211　FAX 03(5282)1212
E-mail：eigyo@yodosha.co.jp
URL：www.yodosha.co.jp/

ご注文は最寄りの書店，または小社営業部まで

羊土社のオススメ書籍

実験医学別冊
実験デザインからわかる
シングルセル研究実践テキスト

シングルセルRNA-Seqの予備検討から解析のコツ、結果の検証まで成功に近づく道をエキスパートが指南

大倉永也,渡辺 亮,鈴木 穣／編

シングルセル研究を始めることになったら？実験計画のポイント,サンプル調製,Seurat,Scanpyなど解析ソフトの実例コードや,外注の検討事項まで.全体の流れを把握して即戦力をつけたいあなたに！

- 定価7,920円（本体7,200円＋税10％）
- 323頁
- B5判
- ISBN 978-4-7581-2270-2

実験医学別冊
正しい結果を得るための
イメージング＆画像解析実践テキスト

あなたの目的にあった顕微鏡の選択と撮像、定量解析フローの組み立て

小山宏史,加藤 輝,亀井保博／編

顕微鏡画像は撮像後の定量解析まで求められる時代.「イメージング」と「画像解析」を一貫して学ぶからこそ大事な点が見えてくる.最小限の光学・顕微鏡の知識と応用の利く戦略で,あなたの目的にあった解析法を導きだそう！

- 定価6,600円（本体6,000円＋税10％）
- 267頁
- B5判
- ISBN 978-4-7581-2271-9

実験医学別冊
誰でも再現できる
NGS「前」サンプル調製プロトコール

生物種別DNA、RNA、クロマチン、シングルセル調製の極意

鹿島 誠,伊藤 佑,尾崎 遼／編

実験で「綺麗なデータ」が得られるかはサンプル調製が鍵になる！次世代シークエンサーへの利用を筆頭に,多様な実験系への応用が可能な「極意」を各種生物研究のプロから学ぶ一冊！

- 定価7,700円（本体7,000円＋税10％）
- 441頁
- B5判
- ISBN 978-4-7581-2272-6

実験医学別冊
改訂版
RNA-Seqデータ解析
WETラボのための超鉄板レシピ

ヒトから非モデル生物まで 公共データの活用も充実

坊農秀雅／編

医学・生命科学の定番実験であるRNA-Seqのデータ解析を,料理レシピのようにわかりやすく学べる好評書の改訂.非モデル生物の解析や公共データの活用など,いまどきの研究ニーズに応えるレシピも強化.

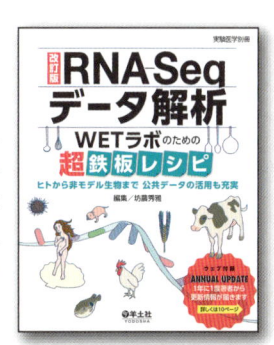

- 定価5,500円（本体5,000円＋税10％）
- 302頁
- AB判
- ISBN 978-4-7581-2267-2

発行 羊土社 YODOSHA
〒101-0052　東京都千代田区神田小川町2-5-1　TEL 03(5282)1211　FAX 03(5282)1212
E-mail：eigyo@yodosha.co.jp
URL：www.yodosha.co.jp/
ご注文は最寄りの書店,または小社営業部まで

細胞.jp は、DSファーマバイオメディカルが運営する細胞情報が満載のホームページです。

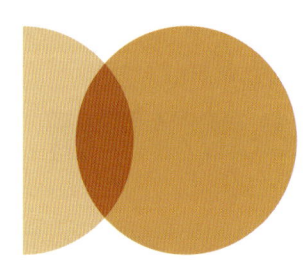

細胞.jp

いのちの未来のために
探している細胞がきっと見つかる

http://www.saibou.jp/

【掲載内容（一部）】

- **商品詳細検索**：動物別、組織別に細胞を簡単に検索できます。
- **細胞培養技術情報**：細胞継代方法・凍結方法など細胞培養の基礎的なことから、アプリケーションまで役立つ情報を掲載しています。
- **細胞培養基礎講座**：日々の細胞培養に関する疑問や悩みを会話形式で分かりやすく解説しています。
- **細胞ロット情報**：提供可能な各種脂肪細胞・角化細胞のロット情報（年齢・性別・部位）を掲載しています。
- **細胞関連製品カタログ**：カタログや資料のご請求、PDFファイルでのカタログ閲覧ができます。
- **用語説明・用語辞典**：細胞に関する用語説明・用語辞典です。
- **製品サンプルお申し込み**：各種製品サンプルのお申し込みができます。
- **FBSロットチェックサンプル依頼**：FBSロットチェックサンプルのお申し込みができます。
- **よくあるご質問**：弊社まで頻繁に寄せられる質問をQ&A形式でまとめました。

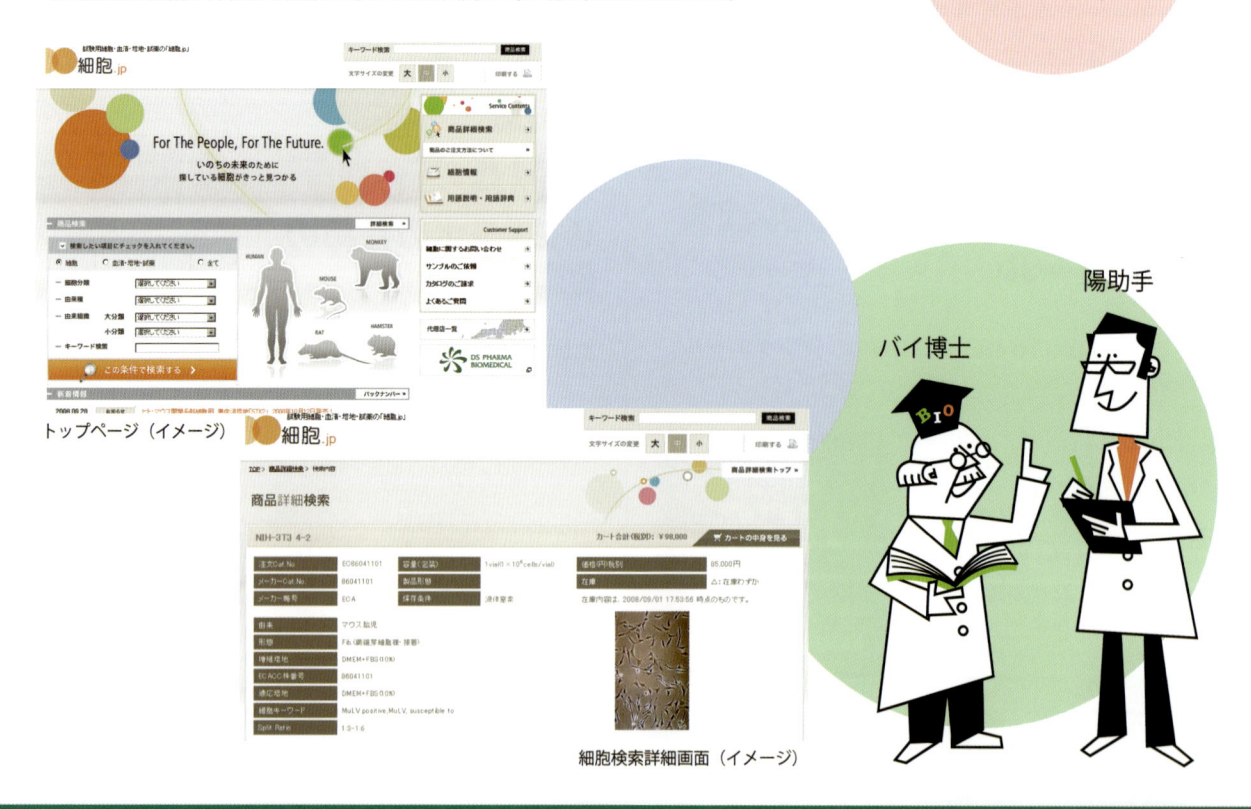

トップページ（イメージ）

細胞検索詳細画面（イメージ）

バイ博士　陽助手

大日本住友製薬グループ
DSファーマバイオメディカル株式会社
〒564-0053　大阪府吹田市江の木町33番94号

ラボラトリープロダクツ部（ライフサイエンス関連製品）
〈受注・発送／学術的お問い合わせ〉　〈営業的お問合せ〉
TEL 06-6386-2164　　　　　　　　　東日本：TEL 03-5685-7205　FAX 03-3828-6547
FAX 06-6337-1606　　　　　　　　　西日本：TEL 06-6386-2164　FAX 06-6337-1606
URL：http://www.dspbio.co.jp　　　Eメール：labopro@bio.ds-pharma.co.jp

MILLIPORE

NEW!

セルカウント これからは Scepter

本体 高精度の測定・解析機能を、ピペットサイズに凝縮
- 計数方式には電気的検知帯法（コールター法）を採用
- 測定結果を72検体まで記憶可能
- 測定結果をパソコンにダウンロード可能
- 専用解析ソフトウェアをご用意
- 本体電源は充電式（パソコンからUSBで充電）

チップ サンプル吸入量と細胞容積を精密に計測
- 専用サンプリングチップ（非滅菌・ディスポーザブル）
- アパチャー径 ：60μm
- 吸入サンプル量 ：50μL
- 測定可能細胞数 ：10,000～500,000個/mL
- 有効測定範囲 ：8～25μm

製品名	カタログ番号	入数	価格（円）
Scepter Handheld Cell Counter	PHCC00000	1 set	420,000
Scepter Tips 60um. 50/pk	PHCC60050	50 tips	22,000

ADVANCING LIFE SCIENCE TOGETHER
Research. Development. Production.

www.millipore.com/jpscepter

日本ミリポア株式会社　〒108-6023　東京都港区港南2-15-1 品川インターシティ A棟 23階　TEL.0120-633-358　FAX.03-5460-0688
ライフサイエンス事業本部　製品についてのお問い合せは　http://www.millipore.com/jptechservice　0120-633-358

MILLIPOREおよびADVANCING LIFE SCIENCE TOGETHERはMillipore Corporationの登録商標です。"M" logo は Millipore Corporationの商標です。価格には消費税は含まれておりません。

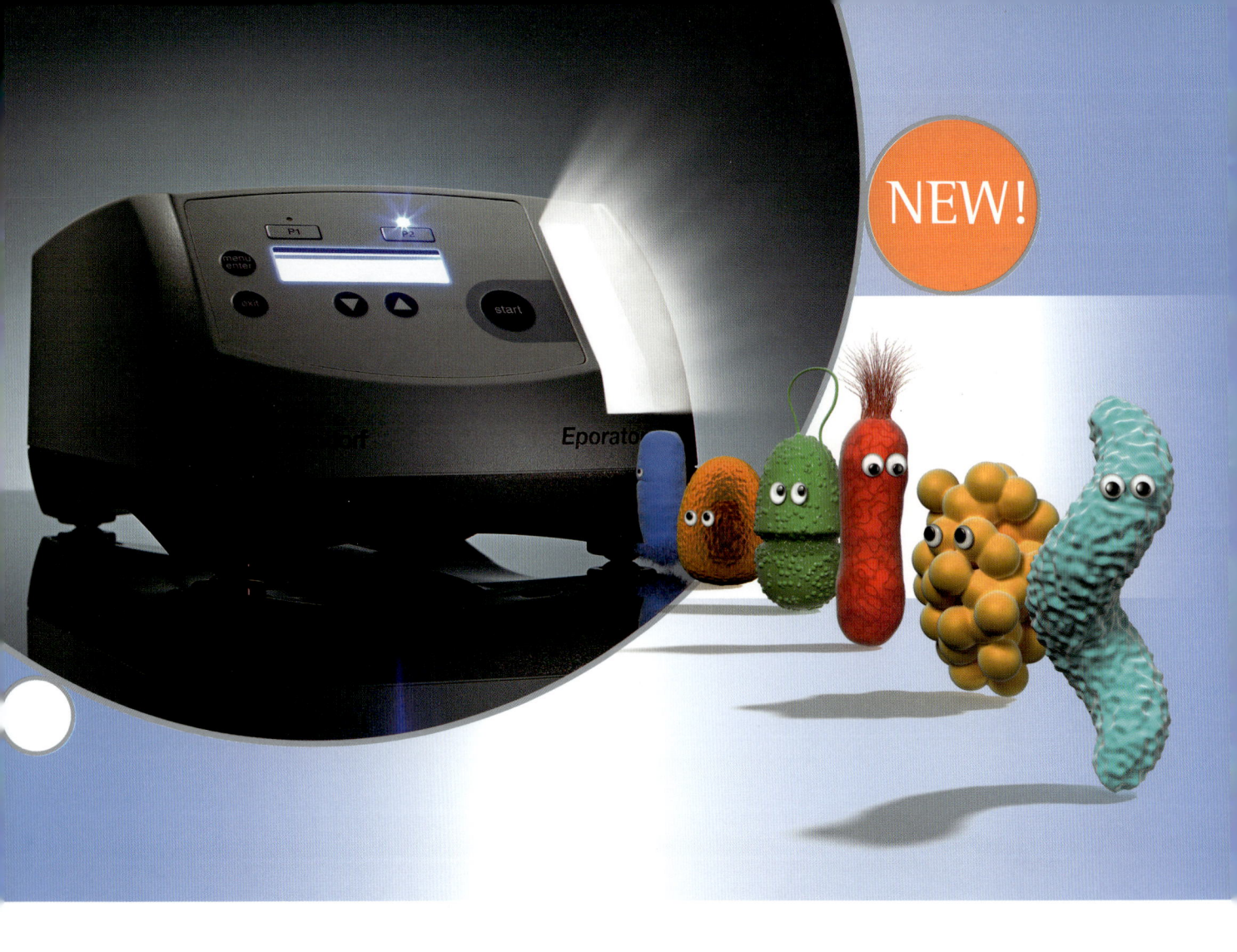

Your bacteria's favorite!

Eppendorf Eporator®

Small footprint - great results!

エッペンドルフの **Eporator®** が、大腸菌や酵母の形質転換をより効率良く、簡単なものにします。従来の化学的手法に比べて、エレクトロポレーション法では高い形質転換効率が容易に得られます。高性能ながら A4 サイズのコンパクトさを実現しました！
あなたの大切な大腸菌や酵母に、Eporator を試してみませんか？

Unique features of the Eppendorf Eporator

- シンプルな１ボタン操作です。
- 液晶ディスプレーにより直感的な操作が可能です。
- ２つのプログラムキーによく使う設定を保存できます。
- 安全な電子回路と統合されたチャンバーが漏電や誤用を防止します。
- 極めてコンパクトなデザインです。
- USB ポートにより ULP に準拠した文書化が簡単です。

For more information visit
www.eppendorf.com/jp

eppendorf Japan

エッペンドルフ株式会社 101-0031 東京都千代田区東神田 2-4-5
HP: www.eppendorf.com.jp E-mail: info@eppendorf.jp Tel: 03-5825-2361 Fax: 03-5825-2365